"十三五"国家重点出版物出版规划项目

海绵城市设计系列丛书

海绵城市：
从理念到实践

主　审　蔡新立

主　编　卫　超

副主编　赵　杨

编　委　程　俊　汪　萍　车　伍　李俊奇　朱　晗
　　　　谢　华　陈永生　彭宜君　郑　俊　杨尚飞
　　　　刘家和　刘　剑　李跃辉　严　梅　胡　斌
　　　　刘　强　李贞子　金　晶　范　卉　卢明慧

U0291526

江苏凤凰科学技术出版社

序

　　我国历史上是个农业国家，以农耕文化为主导、以乡村为组织形式，在自给自足、游牧散居、乡土乡愁中孕育了中华文明。到了近代，随着工业文明代替农耕文明，数次工业革命带来的机械化、自动化、信息化浪潮改变了生产组织方式，带来了生产力的提升，带动了城市的高速发展，使城市取代了乡村成为人类社会主要的组织形态。城市的高强度开发，以不到1%的国土面积集聚了近60%的人口，贡献了约80%的经济总量，同时也带来了高度集中的污染负荷，水生态退化、水环境恶化、水资源紧张、水安全威胁、水文化没落等诸多问题也随之而来。随着城镇化的持续推进，人民群众对生态环境改善的需求日益增长，党中央高瞻远瞩、审时度势，党的十八大提出建设生态文明的要求，指明了我国农耕文明、工业文明后的发展路径，明确了我国绿色、低碳、生态的新型城镇化发展要求。习近平总书记曾多次指出，要建设自然积存、自然渗透、自然净化的海绵城市。为贯彻习近平总书记的指示精神，国务院办公厅印发了《关于推进海绵城市建设的指导意见》，明确提出海绵城市建设的目标、要求和途径。海绵城市建设是城市建设领域落实生态文明的重要举措，是我国新型城镇化健康发展的内在要求，是顺利实现"两个一百年"奋斗目标的有力保障，是全面建成小康社会的必由之路。

　　为推进海绵城市建设，住房和城乡建设部会同财政部等有关部门在全国30个城市开展了海绵城市建设试点。试点工作推动了海绵城市理念的落地生根，现在已呈星火燎原之势，在治理黑臭水体、防治内涝灾害、缓解水资源紧缺、恢复城市水生态、提升城市人居环境等方面成效显著，显示了这一理念的强大生命力，成为解决城市水生态、水环境、水资源、水安全等方面"城市病"的有力措施。

社会各界对海绵城市建设的接受度不断提升，理解和认知也在不断深化，涌现了很多好的做法和经验。

安徽省是全国最早在全省所有市开展海绵城市建设的省份之一，安徽省明确了海绵城市建设要求，因地制宜探索本地区建设海绵城市的目标和技术路线。池州市作为国家海绵城市建设试点，在运用海绵城市理念解决积水内涝、水体黑臭，逐步实现"小雨不积水、大雨不内涝、水体不黑臭、热岛有缓解"的目标上做出了有益的探索。

《海绵城市：从理念到实践》一书回顾了我国海绵城市建设从探索到成为国家战略的背景、历程和有关政策要求，结合安徽省尤其是池州市的海绵城市建设实践，以图文并茂的案例介绍了海绵城市建设规划编制、项目设计、考核要求、投融资与管理等方面的内容。相信本书的出版发行对于安徽省乃至全国海绵城市建设都有一定的参考借鉴意义。

是为序。

住建部城建司副司长

序

海绵城市并不是一个全新的概念，早在 20 世纪七八十年代，最佳管理设施（BMPs）就被提出用以降低径流峰值，减少面源污染。随后，低影响开发（Low Impact Development）、绿色雨洪基础设施（Green Stormwater Infrastructure）以及模型和信息技术开始兴起，强调要从流域的角度来实施雨洪管理，并最大限度地利用自然排水系统（天然沟渠、坑塘、河流等），将其广泛地运用于实践，逐渐形成了系统的理论体系。在中国，海绵城市建设以"自然积存、自然渗透、自然净化"为整体要义，以"渗、滞、蓄、净、用、排"为方针政策，涵盖了水生态、水环境、水安全、水资源、水文化五个方面的主题，以保护、利用、恢复和完善城市水系为主，人工优化与补充为辅，涉及低影响开发设施建设、市政小排水系统建设、河湖水系建设、市政给水排水系统建设等多方面内容，希望通过它实现"小雨不积水，大雨不内涝，水体不黑臭，热岛有缓解"的总体愿景。

很明显，在中国目前的建设背景下，随着城市化进程的进一步深入，各类型的生态环境问题不断出现，逐渐影响人们的生活。因此，继续强调海绵城市的建设是非常有必要的，因为不管是现在还是未来，我们都要在这样的生态环境中生存，所以我们必须珍惜自己的生存环境，以对环境影响最小的模式进行开发建设，如此才会让我们生活得更美好。

海绵城市建设可以看作是对传统建设模式的一个重大变革，其建设目标不再局限于人类满足自身的需求，而更多的是从保护周边的生态环境角度出发，把水、土地、人类活动看作一个完整的系统，就像是汽车中的每一个部件，都是相互联系的，而不是彼此独立的，提供了一种对经济社会建设和社会价值的新认识。国家在推动海绵城市建设一系列举措的初衷上，也是希望能够把海绵城市建设理念融入当前工程建设的每个环节中去，让工程的设计、施工、建设管理的从业人员都有相应的认识。值得欣慰的是，海绵城市建设理念深入人心，低影响开发、黑臭水体整治在普通百姓中也引起了极大的关注，确实取得了良好的社会反响和实践效果。

在新形势下，人们对海绵城市规划、设计、考核等技术内容的实用性信息和建议等方面的需求在不断增长，海绵城市建设事业也在不断深化发展过程中取得了快速发展。本书就是为了响应这种情况的发展，力图找出解决途径，旨在在当今中国海绵城市建设背景下提供系统的问题解决策略，不局限于规划设计层面，更包括了相关的政策背景总结、考核验收、投融资与管理等内容，为城市建设相关政府部门、研究机构及其研究人员提供参考。

本书主要的结构框架可分为以下五部分：第一部分为背景，从总体上回顾了我国海绵城市建设事业的发展历程和重要的发展阶段，涵盖了从国家层面到安徽省层面，并进一步介绍了市级层面（池州试点城市）的发展情况。第二部分为规划，针对海绵城市的规划编制总体概况以及相关规划要点进行了详细的分析，从海绵空间格局、低影响开发雨水系统构建、专项规划衔接、总体建设任务、近期建设详细规划和指导手册等多个层面，结合相关规划实例做了系统的解读。第三部分为设计，也是本书的一个重要篇章，详细讨论了海绵城市的设计程序和设计中低影响开发设施的设计布局，并就公园、建筑与小区、城市道路、城市水系等五个方面的设计技术流程、设计要点进行介绍，并提供了丰富的案例解析来说明海绵城市建设技术在不同项目中的具体应用。第四部分为考核，基于国家海绵城市绩效评价与考核办法，细化了安徽省海绵城市绩效评价与考核的内容，对安徽省地方各级政府的海绵城市建设工作进行科学合理的评价与考核，建立健全海绵城市绩效考核体系，保障海绵城市建设工作的稳步推进。第五部分为投融资与管理，专题分析投融资与管理方案，并根据具体案例的特点，对项目包方案划定、财政可承受能力分析、物有所值评价、PPP（Public-Private Partnership，即政府和社会资本合作）方案的操作手法、PPP项目落地与资金来源等方面做了解读，这对当前和今后一个时期内推行海绵城市建设PPP具有较好的参考和借鉴价值。

本书的编者希望能够提供一本在当前海绵城市背景形势下较为全面、正确、权威的信息。在本书的技术体系框架中，有很多新的想法、信息和技术内容，可以启发大家在海绵城市规划、设计与建设中诞生新的想法和观点。因此，也非常欢迎读者们提出宝贵的意见和建议。

水处理与水环境恢复专家、中国工程院院士

前言

近年来，我国在水生态、水环境、水安全和水资源问题上的关注度越来越高，一些大城市、特大城市，在面对强降雨时都表现出了较大的脆弱性，某些城市甚至发生了城市内涝，"城市看海"现象时有发生，并伴随着城市社会经济的损失及人员伤亡。在此种情况下，如何让城市更加具有"弹性"，增强其风险管理能力，提高城市在面临极端天气情况下的抵御力和修复力成为当前中国城市发展的核心诉求之一。

值得注意的是，中国某些城市一方面面临"水满为患"的问题，另一方面同时遭受着水资源短缺的威胁。中国目前有 16 个省、自治区、直辖市人均水资源量低于国际公认的重度缺水线（人均水资源低于 1000 m^3），有 6 个省、自治区为极度缺水地区，人均水资源量低于 500 m^3。与此同时，水环境质量下降，进一步威胁水环境安全。根据中华人民共和国环境保护部 2014 年公报显示：2014 年，长江、黄河、珠江、松花江、淮河、海河、辽河等七大流域国控断面中，仍然存在 V 类及劣 V 类水体，分别占比 4.8% 和 9.0%，其中海河流域最为严重。如何构建各地健康的水循环系统，增强水源涵养能力，实现点源污染的有效监管，控制日益严峻的非点源污染问题是中国城市的紧迫任务。

面对严峻的城市水问题，中国城市急需重新定位城市水系统的内涵并协调城市建设与水环境的关系，恢复和增强城市水系统的抵御力和修复力，形成安全的可自我修复的城市水系统。"海绵城市"的概念应运而生。2013 年 12 月 12 日，习近平总书记在中央城镇化工作会议的讲话中强调："提升城市排水系统时要优先考虑把有限的雨水留下来，优先考虑更多利用自然力量排水，建设自然积存、自然渗透、自然净化的海绵城市。"代表着以绿色基础设施为主的雨洪建设管理模式成为主导，海绵城市建设被提升到国家战略层面的高度。

为探索海绵城市推进的途径、积累建设经验，国家在2015—2016年先后推出两批海绵城市建设试点，共计30个城市。在评选过程中全国各地积极地申报建设试点，规划成果亮点纷呈，都体现了各自城市的建设特色。同时，基于国家试点城市建设，不少省份也提出了建设省级海绵城市试点城市的诉求，大力地推动了海绵城市理念在各地建设工程中的推广运用。经过近2年的实践摸索，一些城市的海绵城市建设初见成效，并积累了许多能有效推进海绵城市建设的宝贵经验，具有较强的实践指导意义。同时需要看到的是，在海绵城市规划、设计、考核、投融资和管理的全过程中，各地所采用的理念、方法不一，呈现效果也不同，因此需要进一步地总结经验，提出指导性建议和意见，这些对引导海绵城市的后续建设具有非常重要的现实意义。

本书在编写过程中参考了相关书籍、文件和图纸，在此向其作者致以诚挚的谢意。并对提供案例支持的北京建筑大学、上海市政工程设计研究总院（集团）有限公司表示由衷的感谢。由于编者水平有限，书中仍不可避免地存在错误和疏漏之处，请读者批评指正。

编者

目录

第一部分

背景

第一章　海绵城市建设概况

第一节　海绵城市建设内涵

　　海绵城市是指城市能够像海绵一样，在适应环境变化和应对自然灾害等方面具有良好的"弹性"，下雨时吸水、蓄水、渗水、净水，需要时将蓄存的水"释放"并加以利用。在各地新型城镇化建设过程中，通过海绵城市建设推广和应用低影响开发建设模式，加大城市径流雨水源头减排的刚性约束，优先利用自然排水系统，建设生态排水设施，充分发挥城市绿地、道路、水系等对雨水的吸纳、蓄渗和缓释作用，使城市开发建设后的水文特征接近开发前，有效缓解城市内涝、削减城市径流污染负荷、节约水资源、保护和改善城市生态环境。

　　长期以来，现代城市雨水处理的策略包括自然处理和人工工程建设两种，其中人工工程建设主要依靠明渠、暗沟、合流制或分流制地下管网和堤防、泵站、涵闸等一系列的"灰色"基础设施，以"快速排除"和"末端集中"控制为主要规划设计理念。但随着近十年来城市化进程加快，各类城市功能用地及硬化地表、建筑随着人口规模提高而同步快速增长，不透水的地面取代了自然地表，改变了径流产生和汇聚的规律，直接导致了城市综合径流系数增加，传统城市的排水系统不堪重负，暴雨后受灾地区分布多、范围广，城市内涝灾害愈演愈烈，而暴雨内涝后由雨水冲刷带来的面源污染也使得城市水环境污染更加严重。由此，城市雨洪问题引起了社会广泛的关注。

城市雨洪管理实践在国际上已经有较为系统的研究体系，具有代表性的包括美国的最佳管理措施（BMPs）、低影响开发（LID），英国的可持续城市排水系统（SUDS），澳大利亚的水敏感性城市设计（WSUD），新西兰低影响城市设计和开发（LIUDD）等，其基本理念均强调在城市建设过程中，要维持开发建设前的场地水循环及径流水平，但彼此之间也略有差异。如美国的最佳管理措施（BMPs）及由此衍生的低影响开发（LID）策略，强调最大限度地从分散化单独地块源头开始控制雨水、处理雨水，以此来减少径流总量和径流污染排放，达到恢复开发前的径流水平和生态水循环的目的；而澳大利亚的水敏感性城市设计（WSUD），提倡将雨水整合到城市设计体系中，强调雨水综合循环利用、将雨水作为替代水源以减少水需求量及提升城市整体生态环境质量等多重目标，更多考虑集约化的雨水综合利用模式；英国的可持续城市排水系统（SUDS）基于其城市密度大、基础设施发展较早的现状，其雨洪管理更倾向于高密度环境结合的基础设施改造与生态功能补偿，在此基础上，实现城市综合环境改善和水质控制。总体来说，各国的城市雨洪管理名称和内容虽然略有差异，但基本理念是一致的，都重视城市生态环境的可持续发展。

依据城市雨洪管理实践的研究，从传统的灰色排水系统到灰绿结合的综合雨洪管理系统是社会和城市发展的必然选择。要实现这一转变的重要因素便是城市中的各类绿色元素，也就是海绵城市建设中提及的绿色基础设施。所谓的绿色基础设施是一个相互联系的绿色空间网络，由各种开敞空间和自然区域组成，包括城市水系、城市绿地、城市绿道、城乡湿地、乡土植被等，这些要素组成一个相互联系、有机统一的网络系统。相较于传统的灰色基础设施，绿色基础设施是一种高效低碳的公共服务载体。从资源消耗上看，绿色基础设施因其建设手法遵循自然规律，建设材料简单，维护程序易操作，所以可以减少对于不可再生资源的依赖，节约建设和管理维护成本。更重要的是，绿色基础设施可以更好地提升城市的安全性和对气候变化的适应性，提供保护生态环境、消弱城市建设带来的影响、提升城市安全、消减城市自然灾害损失、保护生物多样性、促进粮食生产、适应气候变化等多样的生态服务，同时带来公共健康改善、社区价值提升、资产升值等综合社会经济效益，此三者之间的关系如图 1-1 所示。

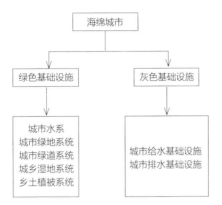

图 1-1　绿色基础设施—灰色基础设施—海绵城市概念关系

　　中国的海绵城市建设在传统的城市雨洪管理基础上，依据中国的国情、问题和目标，因地制宜地有了新内涵。内容涉及低影响开发设施建设、排水系统建设、污水系统建设、河湖生态水系建设、市政给水系统建设等多个方面，并由它们组成一个和谐运转的城市水系统。这个系统需要绿色基础设施与灰色基础设施相互结合，共同实现源头削减、过程转输、末端调蓄的全流程控制体系。

　　海绵城市建设的主要途径包括三个方面，一是对城市原有生态系统的保护：城市原有生态系统是城市径流雨水排放的重要通道、受纳体及调蓄空间，最大限度地保护原有的河流、湖泊、湿地、坑塘、沟渠等水生态敏感区，留有足够涵养水源，应对较大强度降雨的林地、草地、湖泊、湿地，维持城市开发前的自然水文特征，这是海绵城市建设的基本要求。二是生态恢复和修复：对传统粗放式城市建设模式下，已经受到破坏的水体和其他自然环境，运用生态的手段进行恢复和修复，并维持一定比例的生态空间。三是低影响开发：按照对城市生态环境影响最低的开发建设理念，合理控制开发强度，在城市中保留足够的生态用地，控制城市不透水层的面积比例，最大限度地减少对城市原有水生态环境的破坏，同时，根据需求适当开挖河湖沟渠、增加水域面积，促进雨水的积存、渗透和净化。

　　海绵城市建设应统筹低影响开发雨水系统、城市雨水管渠系统及超标雨水径流排放系统，三个系统并不是孤立的，也没有严格的界限，三者相互补充、相互依存，以上下游的关系相互关联、协同作用，且承担着不同的角色，都是海绵城市建设的重要基础元素（图1-2）。

超标雨水排放+调蓄设施

图1-2　海绵城市多级管理示意

（1）低影响开发雨水系统，主要针对中小降雨事件进行径流总量和污染物的控制，以年径流总量控制率和设计降雨量作为重要的控制目标和设计依据。核心是维持场地开发前后水文特征不变，包括径流总量、峰值流量、峰值时间等。从水文循环角度，要维持径流总量不变，就要采取渗透、储存等方式，实现开发后一定量的径流量不外排；要维持峰值流量不变，就要采取渗透、储存、调节等措施削减峰值、延缓峰值时间。

低影响开发雨水系统包括了工程性措施和非工程性措施。工程性措施是指用于控制雨洪过程中出现的污染和洪涝问题的各种处理技术和设施，包括雨水花园、透水铺装、下沉式绿地、绿色屋顶、渗透塘等海绵设施；非工程性措施是指通过管理、制度或教育等非技术手段实现雨洪管理目标，使大型、工程性措施的使用尽量减少，包括科学规划绿地水系、合理布局建筑、合理选用建筑材料等。

（2）城市雨水管渠系统，主要用于控制1~10年重现期的暴雨径流，包括传统排水系统的管渠、泵站等灰色雨水设施，同时进一步结合GSI、BMP等新型雨水基础设施，构建综合的蓄排系统实现对雨水的综合控制，并结合低影响开发雨水系统来进一步提升排水能力。城市雨水管渠系统具有快速排水的功能，但在工程量、改造便捷性、能耗及提供综合服务等方面仍有欠缺。在实际建设中，往往需要结合雨水花园、植草沟、调蓄池、下渗区等绿色基础设施，在管网末端设置调蓄池可以通过暂时存储原本要溢流的合流污水来简单有效地实现暴雨径流消减，构建综合的蓄排系统实现对雨水的综合控制，并根据地块内的源头低影响开发设施能力来进一步提升系统能力。

（3）超标雨水排放系统，针对 10 ~ 100 年重现期的暴雨径流，一般有自然或人工水体、道路和开放空间的行泄通道和大型调蓄设施等，并叠加低影响开发雨水系统与常规雨水径流蓄排系统，共同达到应对 20 ~ 50 年一遇的暴雨灾害甚至更高等级灾害的控制目标。

第二节 海绵城市建设的目标

为加快推进海绵城市建设，修复城市水生态、涵养水资源，增强城市防涝能力，扩大公共产品有效投资，提高新型城镇化质量，促进人与自然和谐发展，国务院办公厅在《关于推进海绵城市建设的指导意见》（国办发〔2015〕75 号）中明确指出，通过海绵城市建设，综合采取"渗、滞、蓄、净、用、排"等措施，最大限度地减少城市开发建设对生态环境的影响，将 70% 的降雨就地消纳和利用。到 2020 年，城市建成区 20% 以上的面积达到目标要求；到 2030 年，城市建成区 80% 以上的面积达到目标要求，并整体实现"小雨不积水，大雨不内涝，水体不黑臭，热岛有缓解"的总体愿望。

海绵城市建设重在全流程管控，从规划、设计、建设到考核验收，每一个环节都严格把握，遵循相关标准规范。其中，在规划阶段应明确海绵城市建设的要求和相关指标，从而使整个城市规划体系能够系统性、综合性地体现和落实海绵城市规划建设的理念、原则、方法以及技术措施。在设计阶段，应将规划的主要相关控制量如年径流控制率、内涝防治指标、径流污染控制指标等通过不同的设计手法予以落实，并采取有效措施予以保障。在建设阶段，城市建设主管部门应通过"两证一书"等途径进行整体指标的控制，并在后续的管理中严格要求工程项目实施必须遵循海绵城市建设要求，完成规划设计的建设任务，并达到相关考核验收标准的要求。海绵城市的验收环节关系着考核是否达标以及绩效评估体系如何执行，是考核海绵城市建设运营成效的重要工具。

第二章　国家海绵城市建设工作

第一节　国家建设背景

在海绵城市建设理念广泛宣传之前，中国大部分城市采用传统的快排模式，仅通过雨水管渠系统进行排水。然而，越来越多的排水设施并没有解决中国的内涝问题，反而带来频发的城市内涝事件，究其原因，大多是设计依据简单、管理粗糙、难以适应中国快速城镇化的发展而导致问题出现。

2013 年 3 月，国务院发布了《关于做好城市排水防涝设施建设工作的通知》提出推行低影响开发建设模式，由此低影响开发建设模式开始进入国家层面的关注视野。从 2013 年 12 月，习近平总书记在中央城镇化工作会议的讲话中将"海绵城市"的要求明确提出至今，来自中央的政策、资金、技术方面的支持力度空前强大，短短几年时间，海绵城市建设迅速进入一个全面建设实施的时期，海绵城市建设的重要推动事件见表1-1。

表 1-1　海绵城市建设的重要推动事件

时间	出处	事件
2013 年 4 月	《国务院办公厅关于做好城市排水防涝设施建设工作的通知》（国办发〔2013〕23 号）	2013 年汛期前，各地区要认真排查隐患点，采取临时应急措施，有效解决当前影响较大的严重积水内涝问题，避免因暴雨内涝造成人员伤亡和重大财产损失。2014 年底前，要在摸清现状的基础上，编制完成城市排水防涝设施建设规划，力争用 5 年时间完成排水管网的雨污分流改造，用 10 年左右的时间，建成较为完善的城市排水防涝工程体系
2013 年 6 月	《住房和城乡建设部关于印发城市排水（雨水）防涝综合规划编制大纲的通知》（建城〔2013〕98 号）	参照《大纲》要求抓紧编制城市排水（雨水）防涝综合规划。各省（区、市）住房和城乡建设部门要在 2014 年 6 月 30 日前，将辖区内各城市规划的近远期建设任务整理汇总，填报建设任务汇总表；并将各城市的排水（雨水）防涝综合规划一并报送住建部城市建设司
2013 年 9 月	《国务院关于加强城市基础设施建设的意见》（国发〔2013〕36 号）	加快雨污分流管网改造与排水防涝设施建设，解决城市积水内涝问题。积极推行低影响开发建设模式，将建筑、小区雨水收集利用、可渗透面积、蓝线划定与保护等要求作为城市规划许可和项目建设的前置条件，因地制宜配套建设雨水滞渗、收集利用等削峰调蓄设施。加强城市河湖水系保护和管理，强化城市蓝线保护，坚决制止因城市建设而非法侵占河湖水系的行为，维护其生态、排水防涝和防洪功能。用 10 年左右时间建成较完善的城市排水防涝、防洪工程体系
2013 年 12 月	中央城镇化工作会议讲话	习近平总书记在中央城镇化工作会议上发表讲话时谈到，建设自然积存、自然渗透、自然净化的"海绵城市"
2014 年 9 月	《住房和城乡建设部关于印发海绵城市建设技术指南—低影响开发雨水系统构建（试行）的通知》（建城函〔2014〕275 号）	住房和城乡建设部（简称住建部）出台《海绵城市建设技术指南——低影响开发雨水系统构建（试行）的通知》，明确"海绵城市"的概念、建设路径、基本原则和技术方法
2014 年 12 月	《财政部　住房和城乡建设部、水利部关于开展中央财政支持海绵城市建设试点工作的通知》（财建〔2014〕838 号）	财政部、住建部和水利部联合下发开展试点工作的通知，发布《关于开展中央财政支持海绵城市建设工作的通知》
2015 年 1 月	《关于组织申报 2015 年海绵城市建设试点城市的通知》	开展试点城市申报工作
2015 年 4 月	2015 年海绵城市建设试点名单公布	确定 16 个试点城市：迁安（河北）、白城（吉林）、镇江（江苏）、嘉兴（浙江）、池州（安徽）、厦门（福建）、萍乡（江西）、济南（山东）、鹤壁（河南）、武汉（湖北）、常德（湖南）、南宁（广西）、重庆、遂宁（四川）、贵安新区（贵州）和西咸新区（陕西）

续表 1-1

时间	出处	事件
2015 年 7 月	《住房和城乡建设部办公厅关于印发海绵城市建设绩效评价与考核办法(试行)的通知》(建办城函〔2015〕635号)	住建部出台试点城市考核办法
2015 年 9 月	国务院常务会议	国务院总理李克强主持召开国务院常务会议，部署加快雨水蓄排顺畅合理利用的海绵城市建设，提高城镇化质量
2015 年 10 月	全国海绵城市建设试点工作座谈会	住建部在武汉召开"全国海绵城市建设试点工作座谈会"，推进 16 个示范城市任务进展
2015 年 10 月	全国海绵城市建设试点工作座谈会	住房和城乡建设部在武汉召开"全国海绵城市建设试点工作座谈会"，落实 16 个示范城市任务进展
2015 年 10 月	《国务院办公厅关于推进海绵城市建设的指导意见》(国办发〔2015〕75号)	国务院办公厅印发《关于推进海绵城市建设的指导意见》
2015 年 12 月	《住房和城乡建设部、国家开发银行关于推进开发性金融支持海绵城市建设的通知》(建城〔2015〕208号)	建立健全海绵城市建设项目储备制度，各城市要尽快建立海绵城市建设项目储备库，并明确项目滚动规划和年度建设计划。2016 年 3 月底前，各城市要完成项目滚动规划和2016 年度建设计划编制工作，并将年度建设计划确定的项目信息报住建部。此后，要在每年 10 月底前报送下一年度建设计划确定的项目信息；加大对海绵城市建设项目的信贷支持力度；建立高效顺畅的工作协调机制
2015 年 12 月	《住房和城乡建设部、中国农业发展银行关于推进政策性金融支持海绵城市建设的通知》(建城〔2015〕240号)	尽快建立健全海绵城市建设项目储备制度，以城市黑臭水体整治、城市排水防涝、雨水资源化利用为突破口，以城市供排水设施、再生水与污泥资源化利用、绿色蓄排与净化利用设施、水体治理与生态修复、海绵型建筑与小区、海绵型道路与广场、海绵型公园与绿地等为建设重点，统筹规划、系统实施，合理确定建设项目，落实承贷主体，并组织承贷主体积极向中国农业发展银行各分行提供项目情况及资金需求情况
2016 年 2 月	《中共中央国务院关于进一步加强城市规划建设管理工作的若干意见》(中发〔2016〕6号)	推进海绵城市建设。充分利用自然山体、河湖湿地、耕地、林地、草地等生态空间，建设海绵城市，提升水源涵养能力，缓解雨洪内涝压力，促进水资源循环利用。鼓励单位、社区和居民家庭安装雨水收集装置。大幅度减少城市硬覆盖地面，推广透水建材铺装，大力建设雨水花园、储水池塘、湿地公园、下沉式绿地等雨水滞留设施，让雨水自然积存、自然渗透、自然净化，不断提高城市雨水就地蓄积、渗透比例

续表 1-1

时间	出处	事件
2016 年 2 月	《关于开展 2016 年中央财政支持海绵城市建设试点工作的通知》（财办建〔2016〕25 号）	组织申报第二批海绵城市建设试点。各省份推荐城市须满足以下条件：（1）城市人民政府成立工作领导小组。（2）按照《国务院办公厅关于推进海绵城市建设的指导意见》（国办发〔2015〕75 号）要求，编制海绵城市建设专项规划。（3）试点区域集中连片（须包括一定比例的老城区），且面积不少于 15 km²，多年年平均降雨量不低于 400 mm。（4）城市建成区内至少有一个汇水片区达到海绵城市建设总体要求；在"小雨不积水、大雨不内涝、水体不黑臭、热岛有缓解"方面取得了初步成效。（5）项目前期准备工作充分且进展良好。（6）本批试点向工作基础较好的城市适当倾斜
2016 年 3 月	《住房和城乡建设部关于印发海绵城市专项规划编制暂行规定的通知》（建规〔2016〕50 号）	海绵城市专项规划可与城市总体规划同步编制，也可单独编制；海绵城市专项规划的规划范围原则上应与城市规划区一致；海绵城市专项规划的主要任务是：研究提出需要保护的自然生态空间格局；明确雨水年径流总量控制率等目标并进行分解；确定海绵城市近期建设的重点
2016 年 4 月	《住房和城乡建设部办公厅关于做好海绵城市建设项目信息报送工作的通知》（建办城函〔2016〕246 号）	信息系统中的海绵城市建设项目将作为各地市申请海绵城市试点、专项建设基金以及政策性、开发性金融机构优惠贷款的基本条件，并作为国办发〔2015〕75 号文件实施情况考核的重要依据。填报信息包括：项目包基础信息、投融资信息、项目包中各项目的具体信息、附件（包括海绵城市建设专项规划、实施计划、项目包的 PPP 协议或运作材料、相关批复手续及必要的说明文件等）
2016 年 4 月	第二批试点公布	14 个城市最终入选第二批海绵城市建设试点，为福州、珠海、宁波、玉溪、大连、深圳、上海、庆阳、西宁、三亚、青岛、固原、天津、北京
2016 年 5 月	《财政部办公厅、住房和城乡建设部办公厅、水利部办公厅关于开展 2016 年中央财政支持海绵城市建设试点年度绩效评价工作的通知》	对海绵城市建设试点工作年度落实情况进行评价，总结试点过程中得到的经验，分析存在的问题并提出改进措施，督导各地加快推进试点工作
2016 年 9 月	《住房和城乡建设部关于印发城市黑臭水体整治——排水口、管道及检查井治理技术指南（试行）的通知》（建城函〔2016〕198 号）	提出控源截污、内源治理、生态修复等工作任务，通过排水口改造、排水管道建设和完善、排水管道及检查井缺陷修复、雨污混接改造、排水设施管理强化等措施，实现消除污水直排、削减雨水径流，提升污水处理效益、减少污水外渗等多重目标
2017 年 3 月	2017 年政府工作报告	推进海绵城市建设，使城市既有"面子"更有"里子"
2017 年 7 月	全国海绵城市试点城市 2016 年度绩效考核工作	深圳、青岛、南宁、池州等城市顺利通过考核验收，住建部要求各试点城市要把考核工作和试点工作的规划吃透，进一步加强统筹力度，确保试点目标保质保量实现，为全国海绵城市建设探出新路

第二节　国家海绵城市重要发展阶段

中国海绵城市建设经历了四个重要发展阶段，分别是启动筹备阶段、试点申报阶段、建设实施阶段、考核验收阶段，四个阶段并不是完全孤立的，而是一个相互交融、彼此校核、稳步发展的过程。

一、启动筹备阶段

在 2013 年 12 月 12 日中央城镇化会议上，习近平同志首次提出海绵城市的理念，明确指出要在提升城市排水系统时优先考虑把有限的雨水留下，优先考虑更多地利用自然排水力量，要大力推进建设自然积存、自然渗透、自然净化的海绵城市。

2014 年，住建部对《室外排水设计规范》进行了修编，整体着眼于传统灰色基础设施的修订完善，特别提出雨水综合管理应按照低影响开发理念，采用源头削减、过程控制、末端处理的方法进行，对城市雨水利用提出了较为详细的规定，并总结了雨水调蓄池容积的计算方法，提出雨水渗透设施、雨水综合利用和内涝防治设施的相关设计原则和要求。

2014 年 10 月，住建部出台《海绵城市建设技术指南——低影响开发雨水系统构建（试行）》（简称《指南》），作为国家层面的第一部海绵城市技术指南，提出了海绵城市建设——低影响开发雨水系统构建的基本原则，规划控制目标分解、落实及其构建技术框架，明确了城市规划、工程设计、建设、维护及管理过程中低影响开发雨水系统构建的内容、要求和方法，并提供了我国部分实践案例，在前期的启动筹备阶段起到了重要的理论指导作用。

（1）在《指南》中，明确了海绵城市建设的适用范围，一是指导海绵城市建设各层级规划编制过程中低影响开发内容的落实；二是指导新建、改建、扩建项目配套建设低影响开发设施的设计、实施与维护管理；三是指导城市规划、排水、道路交通、园林等有关部门指导和监督海绵城市建设有关工作。

（2）《指南》提出了海绵城市建设的基本原则是规划引领、生态优先、安全为重、因地制宜、统筹建设。

（3）《指南》提出在海绵城市建设中应通过统筹低影响开发雨水系统、城市雨水管渠系统及超标雨水径流排放系统的方式，建立灰绿结合系统城市水系统管理体系，共同增强城市的弹性，提升城市突发情况的应对能力。

（4）《指南》指出海绵城市重要的建设路径是以低影响开发建设模式为核心，优先利用自然排水系统，建设生态排水设施，充分发挥城市绿地、道路、水系等对雨水的吸纳、蓄渗和缓释作用，使城市开发建设后的水文特征接近开发前。

（5）《指南》还特别强调对于低影响开发设施的设计、运行和维护管理。

二、试点申报阶段

试点申报阶段缘起于由财政部、住建部和水利部三部委联合发布的中央财政支持海绵城市建设试点工作的通知，该阶段有 2 个重要节点，分别是 2014 年 12 月的第一批海绵城市建设试点申报和 2016 年 2 月的第二批海绵城市建设试点申报。

在 2014 年 12 月，财政部、住建部和水利部发布《关于开展中央财政支持海绵城市建设试点工作的通知》，中央财政对海绵城市建设试点给予专项资金补助，分三年发放。具体补助数额按城市规模分档确定，直辖市每年 6 亿元，省会城市每年 5 亿元，其他城市每年 4 亿元。对采用 PPP 模式达到一定比例的，将按上述补助基数奖励 10%。2015 年 1 月住建部发布《关于组织申报 2015 年海绵城市建设试点城市的通知》，通过"省级推荐—资格审核—竞争性评审"三个阶段，评选出第一批海绵城市建设试点。重点评审各地海绵城市建设实施方案在总体思路是否清晰、地方政府重视程度、目标合理性、项目可行性、投融资模式创新性、配套措施完整性六方面内容。2015 年 4 月，第一批海绵城市建设试点城市名单正式公布。根据竞争性评审得分，排名在前 16 位的城市分别是：迁安、白城、镇江、嘉兴、池州、厦门、萍乡、济南、鹤壁、武汉、常德、南宁、重庆、遂宁、贵安新区和西咸新区。

截止 2015 年 8 月底，仅半年时间，31 个省（自治区、直辖市）和 234 个曾受到内涝县级以上的城市中，分别有 51.6%（16 个）的省（自治区、直辖市）和 32%（75个）的县级以上城市将海绵城市工作列入政府报告或部门年度工作重点，部分城市启动中心城区，以致全市域的海绵城市总体规划，武汉、池州等城市发布了市级海绵城市规划设计导则，掀起了海绵城市建设谋划的第一轮热潮。

2016 年 2 月，财政部联合住建部、水利部下发关于开展 2016 年中央财政支持海绵城市建设试点第二批城市工作的通知，评审内容相比第一次申报更加明确。同时在竞争性评审阶段，对工作目标、技术措施、建设运营模式、PPP 方案、配套措施都提出了明确的要求，特别是在 PPP 方案项中，要明确 PPP 实施基础，包括是否吸引建设方参与合作等；提出合理的政府和社会资本合作（PPP）方案，明确资源整合和打包方案，符合财政部 PPP 工作有关制度规范等，对第二批试点城市的申报提出了较高的基础要求。

4 月 22 日，由财政部、住建部、水利部共同组成的评审专家组，在中国城市规划设计研究院召开 2016 年海绵城市试点竞争性评审会议，共有 17 个城市参加了此次竞争性评审，最终 14 个城市入选第二批试点。

三、建设实施阶段

此阶段分为两个主要节点，与试点申报阶段相呼应，在两批试点城市申报之后，以第一、二批海绵城市试点城市为主体，其他非试点城市协同推进，共同掀起国内海绵城市的建设大潮（表 1-2、表 1-3）。

表 1-2　试点城市海绵城市建设进度

编号	城市	具体项目	建设进展
1	迁安	包括建筑与小区、绿地与广场项目、道路与管网项目、建成区外相关工程、能力建设工程、共涉及 5 大类 214 项工程	截止 2016 年 1 月已开工 83 项，海绵城市工程预计在 2016 年 6 月底前全面开工
2	白城	包括基础规划、标准、政策编制及研究，公园和广场改造和建设，建筑与小区改建和新建，道路改造和建设，河道建设，湖泊及调蓄区建设，污水系统建设，监测平台建设，其他推广示范，共 9 大类 178 项工程	2015 年计划建设项目 125 项，计划投资 12.1 亿元。截止 2015 年 11 月，已完成工程项目建设招投标 101 项，开工建设 101 项，完成工程项目建设 39 项，累计完成投资 10 亿元。2016—2017 年，将重点实施道路与水综合利用改造工程，内涝调蓄池建设工程和河道治理建设改造工程等项目
3	镇江	建设项目 396 项，总投资 80 亿元，划定试点区域 22 km²，区域内建设项目 302 个，全部按照城市总体规划及各相关专业规划要求推进实施	2015 年底，将完成 98 个低影响开发项目，开工 30 个项目，2015 年 PPP 公司需完成和开工的项目共有 45 个，2016 年计划完成海绵城市投资 26.4 亿元，有近 100 个社会主体将参与到海绵城市建设中，各城建主体、公有及非公有主体计划开工 260 个项目，计划完工 214 个；PPP 公司计划开工 75 个项目，计划完工 59 个；委托设计项目 20 个，计划于今年 4 月底前，基本完成 PPP 公司组建

续表 1-2

编号	城市	具体项目	建设进展
4	嘉兴	以南湖为中心,含有老城区、已建区和未建区为示范区,共分为住宅小区、公共建筑、市政道路等 10 大类,总共 488 个项目	截止 2016 年 2 月,8 个项目已经开工建设,累计完成海绵城市建设总投资 6.14 亿元,已开工面积 2.54 km²。2016 年嘉兴将加快海绵城市试点建设,今年将实施 85 个工程建设项目,总投资约 48 亿元
5	池州	2015—2017 年,包括道路交通海绵城市系统,园林绿地系统,建筑小区系统,水生态、水安全系统,能力保障系统,共 5 大类 117 项工程	2015 年,政府直接投资工程项目 55 个,总投资 14.32 亿元,已完工项目 11 个,正在实施项目 29 个,正在进行招标的项目 9 项,正在开展前期工作的项目 6 项,2015 年已完成投资 6.5 亿元,确定池州一中、三台山公园等工程为海绵城市首批示范项目,目前均已开工建设,2016 年计划安排海绵城市政府性投资建设项目 43 个,投资约 15.1 亿元
6	厦门	马銮湾片区试点 59 个项目涵盖了新建、改造小区绿色屋顶、可渗透路面及自然地面;建设下凹式绿地和植草沟;建设污水处理设施和管网;建设污水再生利用设施等	截止 2016 年 1 月底,开工建设项目 40 个,面积 4.61 km²,其中 17 个项目已经完工,完成面积 3.18 km²,完成投资 6.19 亿元。2016 年,计划投入约 47 亿元,实施 150 个海绵改造项目
7	萍乡	3 年内将在 32.98 km² 的示范区内建设 147 个项目,总投资 46 亿元	根据调整后计划,2015 年计划完成海绵城市试点建设面积 2.7 km²,完成 20 个年度建设项目,截止 2016 年 2 月,萍乡海绵城市在建项目 17 个,2015 年 12 个在建小区和公园改造项目已全部完工,完成海绵体改造和建设投资为 7.8 亿元
8	济南	以大明湖兴隆片区为试点区,以玉府河济西湿地片区为推广区,实施 63 个项目,统筹推动城市水系统、园林绿化系统、道路交通系统、建筑小区系统、能力建设系统 5 大系统建设	按照计划,济南市海绵建设试点共实施工程项目 44 个,工程建设项目 40 个,总投资 73.5 亿元,截止 2016 年 4 月,试点建设项目已开工 34 个,完成投资 32.05 亿元,占总投资 40.1%
9	鹤壁	试点项目 6 大类 68 项 317 个	2015 年,鹤壁市实际开工项目 22 个,总投资 10.39 亿元,已完成投资 4.6 亿元,有 31 个项目完成设计和前期手续,2016 年试点项目争取开工 206 个,完成投资 23 亿元,包括河道治理类 9 个、道路类 6 个、雨污分流类 4 个、绿地类 1 个、防洪及水源涵养类 4 个、建筑类 169 个
10	武汉	打造四新和青山两大海绵城市示范区,两大示范区的面积合计约为 38.5 km²	截止 2015 年 11 月,共启动 18 个项目,其中青山示范区已启动 6 个项目,分别为:青山滨江区域综合改造工程,青山港湿地雨污水整治及水环境修复工程等项目;四新示范区启动 12 个项目,分别为:墨水湖南岸公园、太子水榭、江城明珠两个社区,连通港、总港等项目

续表 1-2

编号	城市	具体项目	建设进展
11	常德	包含新河水系综合开发治理及常德备用水源引水、穿紫河沿岸综合开发治理、柳叶湖片区综合开发治理	2015 年开工 10 km²，完成 9 km²，开工 60 个，完成 46 个，完成了船码头机埠市污水净化中心污水主干管网的修复，护城河葫芦口段的黑臭水治理等项目，聘请德国汉诺威水协、中国城市规划设计研究院等国内外顶尖规划设计单位，完成 79 项海绵城市建设项目设计工作
12	南宁	实施 192 个示范项目，设计河流水系、公园绿地、公共建筑、居住小区、道路广场等 8 大类型	2015 年实施项目开工 92 项，完工 40 项，南湖环湖路、石门森林公园海绵化改造等重点项目顺利竣工，还开展前期工作 50 项。2016 年计划完成海绵城市建设项目 73 项，其中续建、新建项目 51 项，前期项目 22 项，并力争至年末项目累计开工 70% 以上，累计竣工 50% 以上
13	重庆	主要依托面积为 18.67 km² 的两江新区悦来新城，以建筑、道路、绿地等城市基础设施作为载体	目前已经启动了多个海绵城市改造项目，其中悦来小学开发项目已经完成。2016 年悦来海绵城市建设计划将投资建设 49 个项目，目前正在重点推进国博中心海绵城市改造工程、悦来海绵城市生态展示中心、会展公园、一江两河等环境整治工程
14	遂宁	315 个规划项目中，建设项目有 43 项，分别为建筑与小区改造、城市道路改造、城市绿地与广场改造、城市水系整治 4 个大类，工程分为三期，在 2017 年底前建设完毕	2015 年计划启动 26 个试点项目，实际启动 44 个项目，其中，2015 年项目 26 个，2016 年项目 18 个，蓬里公园、武警支队等 31 个试点项目已竣工，完成投资 4.5 亿元。2016 年，重点通过 PPP 模式实施，试点项目完成比例超过 60%，完成投资超过 27 亿元，完成海绵城市监控系统建设
15	贵安新区	包括综合治理项目，污水处理项目，管网建设项目，公园项目，道路铺装项目，公共建筑项目，房地产开发项目，信息化平台项目 8 大类 67 项工程	2015 年 9 月底前，新区将实施实质性加快推进北师大附校、北路新区主次干路网一期工程等工程建设实施，10 月底前开工建设寅贡路、湖潮街等一批路网及湖潮河综合整治工程，11 月底前正式启动贵安高铁站站前路及轨道交通 S1 及 S2 等工程
16	西咸新区	以沣西新城核心区为试点区域，涉及 58 个项目，其中市政道路 25 个，公园绿地 6 个，房建 15 个，防洪治理与水生态修复 7 个，污水处理厂及大数据检测平台 5 个	沣西新城总长 6.8 km 的中央绿廊，一期景观工程已竣工验收，湖泊、湿地、森林等功能板块已建成，实际完成水泡面积 2.8 万平方米，绿化面积约 19.8 万平方米。同时还建成了 520 m 的雨水廊道，可通过雨水边沟、溢流管、人工湿地等实现雨水的全面收集

表 1-3　第二批试点城市海绵城市建设进展

编号	城市	具体项目	建设进展
1	青岛	包括建筑小区 177 项、道路与广场 21 项、公园绿地 14 项、管网与河道水系项目多项	截止 2016 年 11 月开工在建项目 22 个，在建区域面积 36 km²，总投资 1.6 亿，其他 30 个项目已完成立项，年底前全面开工
2	宁波	包括海绵型建筑与小区、海绵型公园与绿地、水系和生态修复、防洪排涝及能力建设 6 大类 153 项工程	试点区域计划开工建设 41 个政府投资项目，截止 2016 年底，已有 31 个项目陆续开工
3	福州	包括海绵型建筑与小区 107 个、海绵型道路与广场 48 项，海绵型公园与绿地 15 项、水系整治和生态修复 16 项、内涝治理 3 项、管网建设 8 项，防洪建设 7 项，其他项目 63 个	截至 2016 年 5 月底，试点区开工面积 7.84 km²，开工项目 59 个，累计完成投资 10.19 亿元。2016 年下半年安排 11 个项目，计划完成投资 2.73 亿元
4	上海	浦东新区临港地区分为 7 个不同类型片区，包括海绵型建筑与小区、道路与广场、公园与绿地、排水系统、水系整治和能力建设等。普陀桃浦地区海绵城市建设项目共分为 6 大类：居住小区类项目、公共建筑类项目、绿地广场类项目、市政道路类项目、河道水系类项目、市政排水类项目共计 150 项	浦东新区临港地区已完成投资 1.6 亿元，占海绵总投资 1.96%
5	深圳	光明新区共安排了海绵城市试点建设的 9 类 54 项目，除了光明新区，在全市划定了 24 个海绵建设重点片区，按照海绵城市要求进行规划建设	光明新区 54 项海绵城市建设中，涉及城市基础设施的 24 个项目拟采用"PPP+EPC"（公私合作模式 + 项目总承包）方式统筹建设，总投资额达 21.3 亿元
6	珠海	三年内设立 5 个功能分区（居住小区海绵城市建设示范区、公用建筑海绵城市建设示范区、工业用地海绵城市改造示范区、海绵山体恢复示范区、生态湿地海绵体恢复示范区）和 51 个建设管控分区，共计 447 个海绵城市项目	2016 年珠海共计推进上百个海绵城市建设工程项目，并已出台一系列与海绵城市建设相关配套的规划、工作方案、图集，并建立了海绵城市建设项目库，大部分项目已开展前期工作
7	三亚	试点区内包括海绵设施、海绵型道路、河道综合整治、雨水湿地、管网和厂站 6 大类项目建设，总投资 40.41 亿元	2016 年三亚运用海绵城市理念大力实施生态修复工程，先后修复受损山体 11.7 万平方米，修复海岸带 15 km，补植红树植物 4 万多株，建成了市第十小学片区、市山水国际片区等海绵城市片区

续表 1-3

8	庆阳	包括海绵道路工程 117 项，雨水管道项目 54 项，雨水处理站 10 座，湿地工程 3 项，调蓄池工程 16 项，公园、绿地、广场设施建设项目 15 项，新建公共用地配套海绵城市设施建设项目 32 项，旧住宅小区海绵化改造 82 项	2016 年计划实施样板项目 6 大类 16 项，总投资 14.5 亿元，目前已建成北湖、南湖、和谐广场等城市公园绿地以及市区供排水系统改造等 20 个"海绵城市"项目，在建项目有市区固沟保源生态项目、城区道路绿化、东区污水处理厂及配套管网工程等 6 项海绵城市示范项目
9	西宁	包括海绵建筑与小区工程 184 项，海绵型道路与广场项目 12 项，公园绿地项目 7 项，雨水收集利用 12 项	2016 年实施样板项目 16 项，总投资 14.5 亿元，项目主要包括 6 条海绵道路工程，4 处海绵小区改造工程以及 5 处海绵公园与绿地项目
10	固原	包括 221 个海绵型建筑小区，49 个海绵公园和绿地，151 个海绵型道路和广场，并对 30 km 长的清水河固原城市段进行高标准的综合治理，建设第二污水厂，并建成海绵型城市监测平台	2016 年计划完成海绵城市建设投资 8.85 亿元，其中，建设海绵型建筑与小区 45 个，竣工项目 26 个，投资 3.19 亿元；建设海绵型公园与绿地开工项目 15 个，竣工项目 7 个，投资 2.59 亿元；建设海绵型道路项目 17 个，竣工 17 个，预计投资 1.28 亿元；建设清水河固原城区段水系治理与生态修复项目，投资 0.72 亿元；建设污水处理与再生水利用项目，投资 0.3 亿元；建设海绵城市监测平台，投资 0.1 亿元
11	天津	中新生态城约 22.8 km²，项目涉及给水、雨水、污水、再生水及水系等多个项目，同时还包括解放南路试点片区 16.7 km²	2016 年 4 月出台《天津市海绵城市专项规划》，同年 6 月出台《天津市海绵城市建设技术导则》，15 个示范区的"海绵城市"项目已经基本启动，并进入项目建设期
12	北京	包括海绵型建筑与小区、海绵型公园与绿地、海绵型道路与广场、水系整治与生态修复、防洪与排水排涝、管网建设、管控平台建设 7 大类	已建成城镇雨洪利用工程 1178 处，通过铺设透水砖、建设下沉式绿地、集蓄式雨水利用工程、公共绿地，实现城镇雨水综合利用量 1.62 亿立方米，2016 年将实施 84 个园林绿化建设项目，新建、改造各类绿地、林地、湿地共计 37.1 万亩（约合 247.33 km²）
13	大连	包括海绵型建筑与小区、海绵型道路与广场、水系整治与生态修复、海绵型公园与绿地、内涝整治、管网建设及能力建设 7 大类共计 75 个项目	示范区内目前已建成新华路、延安路、文化街等主次道路改造 10 余条，将军河停车场改造项目和生态游园海绵化改造工程
14	玉溪	包括建筑与小区、绿地与广场、道路与管网、建设区外工程、能力建设工程 5 大类共 214 个项目	截至 2016 年底，集中开工 4 个海绵城市建设项目，包括玉溪大河上游汇水分区工程、玉溪大河下游黑臭水体治理及海绵工程、玉溪大河以北片区海绵工程、老城片区海绵工程，总投资 83.8 亿元

　　与此同时，中央进一步加大顶层推动力度，2015 年 9 月 29 日国务院总理李克强主持召开国务院常务会议，部署进一步工作，加快雨水蓄排顺畅合理利用的海绵城市建设，提高城镇化质量；2015 年 10 月 10 日住建部在武汉召开"全国海绵城市建设试点工作座谈会"，推进 16 个示范城市任务进展，提出建立季度联系会制度、加快标准修订工作、强化考核工作、推荐优秀的产品和团队的具体要求。住建部先后召开多次会议探讨试点城市的建设模式，总结提出以下指导意见：一是海绵城市建设要与棚户区改造、危房改造和老旧小区更新相结合，加强排水、调蓄等设施建设，努力消除因给排水设施不足而"一雨就涝、污水横流"的顽疾，加快解决城市内涝、雨水收集利用和黑臭水体治理等问题。二是在城市新区、各类园区、成片开发区全面推进海绵城市建设，在基础设施规划、施工、竣工等环节都要突出相关要求。增强建筑小区、公园绿地、道路绿化带等的雨水消纳功能，在非机动车道、人行道等扩大使用透水铺装，并和地下管廊建设结合起来。三是总结推广试点经验，采取 PPP、政府采购、财政补贴等方式，创新商业模式，吸引社会资本参与项目建设运营。将符合条件的项目纳入专项建设基金支持范围，鼓励金融机构创新信贷业务，多渠道支持海绵城市建设，使雨水变弃为用，促进人与自然合谐发展。

　　2015 年 10 月 16 日国务院办公厅印发《关于推进海绵城市建设的指导意见》（国办发〔2015〕75 号），要求各地通过海绵城市建设，最大限度地减少城市开发建设对生态环境的影响，将 70% 的降雨就地消纳和利用，到 2020 年，城市建成区 20%以上的面积达到目标要求；到 2030 年，城市建成区 80% 以上的面积达到目标要求。强调抓好组织落实，对各部委提出了具体要求：住房和城乡建设部要会同有关部门督促指导各地做好海绵城市建设工作，继续抓好海绵城市建设试点，尽快形成一批可推广、可复制的示范项目，经验成熟后及时总结宣传、有效推展；发展改革委要加大专项建设基金对海绵城市建设的支持力度；财政部要积极推进 PPP 模式，并对海绵城市建设给予必要资金支持；水利部要加强对海绵城市建设中水利工作的指导和监督。各有关部门要按照职责分工，各司其职，密切配合，共同做好海绵城市建设相关工作。

　　住建部也进一步加大海绵城市建设指导工作。在 2016 年 3 月，住建部印发《海绵城市专项规划编制暂行规定》，作为国内正式的海绵城市类编制技术规范，明确了海绵城市的规划范围、编制任务、建设目标和具体指标、总体思路、分区指引、管控要求、规划措施和专项规划衔接建议、规划成果表达等，为各地编制海绵城市专项规划提供了依据。同时，暂行规定也要求各地结合实际抓紧编制海绵城市专项规划，于2016年10月底前完成设计城市海绵城市专项规划草案，按程序报批。

在2016年4月住建部办公厅发布关于做好海绵城市建设项目信息报送工作的通知，每月5日前上报该市海绵城市项目工作进展，直至项目实施完毕。每月15日前，核查各地申报信息，对于信息不完整或填报不准确的予以及时督促纠正。至此，海绵城市作为基本建设要求在全国普遍展开。

四、考核验收阶段

早在2015年8月，为科学、全面评价海绵城市建设成效，依据《海绵城市建设技术指南》，住建部办公厅下发了《海绵城市建设绩效评价与考核办法（试行）》，作为第一个国家层面印发的海绵城市建设绩效评价与考核办法，从水生态、水环境、水资源、水安全、制度建设及执行情况、显示度6个方面对海绵城市建设的成果进行考核，指标较为全面，分为13个约束性指标和5个鼓励性指标，其中定量指标11个，定性指标7个，并进一步提出了每个指标具体的考核要求、考核方法及对应的指标性质，具有很强的指导意义。但在具体的操作层面，一些指标需要较多的基础数据准备，需要完善的准备方能达到考核效果，同时作为针对全国海绵城市建设绩效的评价与考核办法，缺少总体层面的分级考虑，作为非试点城市难以达到考核要求。因此，全国各省、市也都在《海绵城市建设绩效评价与考核办法（试行）》的基础上，编制了本省、市的考核办法，以更好地指导本地海绵城市建设。

2016年5月，住建部办公厅联合水利部办公厅、财政部办公厅下发关于开展海绵城市建设试点年度绩效评价工作的通知，出台了"2015年度海绵城市建设试点绩效评分细则"，对海绵城市建设试点工作年度落实情况进行评价。本阶段考核对象为海绵城市试点城市，主要针对海绵城市专项规划、海绵城市建设试点做法及成效、财政资金使用和管理、创新模式四个方面进行考核，从具体的评分细则来看，简化了很多考核指标，进一步强化了海绵城市建设专项规划的地位，重在关注试点做法和成效，避免出现为海绵而海绵、过度工程化、过度依赖末端治理措施的现象，成效方面也按照各市三年实施计划的完成度、完成面积来进行考核。同时值得关注的是，本次考核细则里更加重视创新模式，是否建立起有效的成本补偿保障机制、是否采用了 PPP 模式并建立了清晰明确的绩效付费机制、是否建立了有利于城市规划、建设、管理统筹的工作机制。作为第二个国家层面的考核细则，虽然对象主要针对海绵城市试点城市，但也侧面反应了住建部希望进一步通过总结试点过程中的经验，分析存在的问题并提出改进措施，督导各地加快试点推进工作。

第三章　安徽省海绵城市建设工作

第一节　安徽省海绵城市建设背景

安徽省海绵城市建设工作早在 2015 年初就已全面启动，受省委、省政府委托，安徽省住房和城乡建设厅积极探索、勇于创新，在全国范围内率先发布了安徽省《关于开展海绵城市建设的指导意见》，成立了"安徽省海绵城市建设研究中心"，通过专业的技术平台开展海绵城市建设技术培训推广工作，极大地增加了安徽省海绵城市建设科研、咨询、规划设计和产品研发能力，并开展促进海绵城市—低影响开发理念的实践应用。

同时，为进一步规范和促进安徽省海绵城市建设工作，安徽省住房和城乡建设厅组织编制了《安徽省海绵城市规划技术导则》《安徽省海绵城市绩效考核与评价办法》《安徽省海绵城市建设技术低影响开发——雨水控制与利用工程设计标准图集》《安徽省海绵城市建设技术——雨水控制与利用设计手册》四项重要地方标准，并在此基础上建立"安徽省海绵城市建设技术指导专家库"，不断加强对各市、县海绵城市建设技术指导，提高安徽省海绵城市建设管理水平。

安徽省在具体的建设工作中要求省内各地应在城市总体规划、控制性详细规划及道路、公园绿地、市政设施等相关专项规划中落实低影响开发建设理念和海绵城市控制指标，建立健全海绵城市建设管控措施，全面推进海绵城市建设。城市新区、各类园区、成片开发区要全面落实海绵城市建设要求，老城区要结合城镇棚户区和城乡危房改造、老旧小区有机更新等，以解决城市内涝、黑臭水体治理及雨水收集利用为重点，推进区域整体治理，加快雨污分流设施改造，解决城市内涝和水体黑臭问题，逐步实现小雨不积水、大雨不内涝、水体不黑臭、热岛有缓解。到 2020 年，城市建成区 20% 以上的面积达到海绵城市目标要求；到 2030 年，城市建成区 80% 以上的面积达到海绵城市目标要求。

第二节　安徽省海绵城市重要发展阶段

总体来讲，安徽省海绵城市经历了如下三个主要的发展阶段。

一、积极准备阶段

此阶段主要处于 2014 年 5 月至 2015 年 9 月之间，在国家发布了《海绵城市建设技术指南》之后，池州市经评选成为第一批国家海绵城市试点城市，安徽省其他各市开始筹备第二批国家试点城市申报准备工作，同期，安徽省住房和城乡建设厅发布《关于开展海绵城市建设的指导意见》（简称《意见》），要求切实转变城市规划建设理念，推进海绵城市建设，通过工程和生态措施相结合的方式，充分发挥城市水体、绿地、道路、广场、小区等对雨水的渗透、吸纳和净化作用，最大程度实现雨水在城市区域的自然积存、渗透和净化，实现城市排水防涝能力的提升，有效削减径流污染，促进雨水资源的有效利用，构建健康完善的城市水生态系统。

《意见》提出安徽省明确的建设目标，到 2017 年，编制完成与当地财政相适应的海绵城市建设三年滚动规划，全省海绵城市建设试点建设工作全面开展，合肥、亳州、蚌埠、滁州、芜湖、宣城、铜陵、安庆、黄山等海绵城市先行先试建设取得成效，城市内涝积水点基本得到解决，城市建成区年径流控制率达 70% 以上；池州市作为国家海绵城市建设试点通过住房和城乡建设部、财政部、水利部考评验收，全面总结国家和省试点建设经验，向全省推广。到 2020 年，所有城市及 60% 以上的县城区基本达到海绵城市建设标准要求，城市建成区年径流控制率达 80%，自然积存、自然渗透、自然净化的"海绵城市"建设理念全面贯穿于城市规划建设中，城市河湖水系和山体林地田等生态空间得到有效保护。

二、发力进展阶段

此阶段主要处于 2015 年 9 月至 2016 年 5 月之间，安徽省就海绵城市建设开展了一系列工作，大力推进海绵城市在安徽的进展。

为加强海绵城市技术标准体系建设，根据《安徽省住房和城乡建设厅关于印发2015 年度省工程建设地方标准及标准设计图集（修订）计划》的要求，安徽省住房和城乡建设厅开展了一系列安徽省地方海绵城市相关技术表的编制工作，其中包括《安徽省海绵城市建设技术导则》（简称《导则》）、《安徽省海绵城市建设技术低影响开发——雨水控制与利用工程设计标准图集》（简称《图集》）、《安徽省海绵城市绩效考核与评价办法》、《安徽省海绵城市建设技术——雨水控制与利用设计手册》等。

其中《导则》主要参考《海绵城市建设技术指南——低影响开发雨水系统构建（试行）》《海绵城市建设绩效评价与考核办法（试行）》等现行的国家、地方、行业相关法规标准，结合安徽的实际水文、水环境条件进行编制，提出了安徽省海绵城市建设——低影响开发雨水系统构建的基本原则、规划总体目标、控制目标以及安徽省各城市具体目标，落实其构建技术框架，明确了城市规划、设计、维护及管理过程中低影响开发雨水系统构建的内容、要求和方法，重点强调原则、导向性问题，又凸显安徽地方特色、突出针对性和可实施性，科学合理地指导安徽省海绵城市建设工作。

《图集》结合安徽省实际情况，结合市政道路、建筑小区、生态设施、雨水回收利用等多方面进行编制，保障图集的合理性、广泛性、适用性。图集中对 LID 雨水系统的类型及构成进行分类，并提出每种系统的设计流，能指导相关设计人员进行低影响开发雨水系统工程设计，同时对 LID 雨水系统设施的计算做出说明，并对 LID 设施中所使用的材料及标准提出要求。

《安徽省海绵城市绩效考核与评价办法》（简称《办法》）结合安徽省海绵城市发展现状，充分征求各行业部门的相关意见编制。《办法》在住建部《海绵城市建设绩效评价与考核办法（试行）》"6大类18项"以及《2015年度海绵城市建设试点绩效评价评分细则》"4大类15项"考核内容的基础上，细化和调整了考核要求，增加了对于专项工程审查的内容，力求简便易行，便于把握和实施，符合安徽省的海绵城市建设情况和发展方向。

《安徽省海绵城市建设技术——雨水控制与利用设计手册》在综合《导则》和《图集》的内容基础上，进一步提出具体的设计策略。针对LID设施设计的相关参数做出明确要求，提出参数取值来源及取值范围。明确LID设施效能的计算方法，并指出该方法的适用条件及范围。指导相关设计人员进行LID设施的设计和配套图集相关内容的选择和使用。

2015年9月11日，安徽省住房和城乡建设厅发文，为推进和指导安徽省海绵城市建设，安徽省海绵城市建设研究中心成立。该中心的主要任务是研究制订海绵城市建设技术规范、标准、图集；开展海绵城市规划建设技术培训和学术交流；从事海绵城市建设规划设计、技术研究、业务咨询、方案审查；研究开发海绵城市建设技术、产品、设备等。随着该省海绵城市建设工作全面展开，安徽省海绵城市建设研究中心的成立，将大大增强该省海绵城市建设科研、咨询、规划设计和产品研发能力，促进低影响开发理念的实践。

2015年11月11日，由安徽省住房和城乡建设厅主办，安徽省海绵建设研究中心、安徽省城市基础设施PPP中心承办的"安徽省海绵城市建设论坛"在安徽合肥成功举行。论坛集中就当前海绵城市建设中的诸多园林与水科学的重要科学问题展开对话交流。分别就安徽省海绵城市建设思考、雨洪城市主义与地域性、海绵城市规划、海绵城市技术体系、海绵城市运营模式探索共五个方面展开培训。

为推进安徽海绵城市建设，充分发挥相关专业技术人员在海绵城市建设中的重要作用，加强对各地海绵城市建设技术指导，不断提高安徽省海绵城市建设管理水平，安徽省住房和城乡建设厅决定建立"安徽省海绵城市建设技术指导专家库"。

三、全面落地阶段

2016 年 5 月至今，安徽省主要城市海绵城市规划已经编制完成，主要城市均已开始在城市建设工作中融入海绵城市理念。

2015 年以来，安徽省持续加大城市基础设施领域 PPP 模式工作力度，在全国率先制发《安徽省城市基础设施领域 PPP 操作指南》《安徽省城市基础设施领域 PPP 工作手册》等，规范了 PPP 方案制定、招标投标、示范合同文本等流程。组织编制了《安徽省城镇供水服务标准》《安徽省城镇燃气服务规程》《安徽省污水处理厂运行、维护及安全技术规程》《安徽省园林绿化养护标准》等地方标准，为投资测算和政府事后监管提供了依据。成立了"安徽省城市基础设施 PPP 研究中心"，基本形成 PPP 工作推进体系。按照"先试点、先规范、再推开"的工作思路，目前，已经在城市道路、城市污水和垃圾处理、农村垃圾处理、城市排水、园林绿化、市容环卫等方面形成一批典型。其中，池州市污水处理设施厂网一体、安庆市城市外环北路、马鞍山城东污水厂三个 PPP 项目编入财政部全国城市基础设施 PPP 典型案例编写大纲中。同时，按照"成熟一类、总结一类、推广一类"的原则，印发了《池州市污水处理设施及排水管网 PPP 模式实施方案》和《安庆市城市外环北路 PPP 项目实施方案》等，为各市提供可借鉴、可复制、可推广的案例经验。2015 年 9 月，住建厅、财政厅发布了第一批 74 个城市基础设施 PPP 项目，总投资 850 亿元。截至 2015 年 9 月底，已经签约并实施 29 个项目，投资 179 亿元。安徽省推进城市基础设施 PPP 工作和有关经验的做法，受到住建部、财政部的充分肯定。

下一步，安徽省将积极争取国家在政策、资金、技术上的支持，完善政策体系，加快推进该省海绵城市、PPP 各类试点城市、试点项目工作，发挥典型示范引领作用。加快培育该省海绵城市建设、PPP 专业咨询机构，大力培养专业人才，提供技术支撑。加强与国家开发银行、中国农业发展银行等金融机构沟通和合作，落实有关合作协议的要求，积极推动设立城市基础设施 PPP 引导基金，为海绵城市建设及城市基础 PPP 项目"落地"提供融资支持。

海绵城市建设涉及面广、技术要求高，迫切需要一个社会组织加强对行业发展政策、技术路线、规范标准等研究，推动行业健康有序发展。

安徽省海绵城市协会（以下简称协会）由此应运而生。协会是由多部门共同组织，由应用海绵城市建设技术的企业及为其服务的相关单位自愿参加，经注册、登记的具有法人资格的地方性、行业性非营利社会组织。协会将适应社会主义市场经济需要，推动安徽省海绵城市建设，反映行业情况和意见，维护会员的合法权益，协助政府部门加强行业管理，开展行业协调，全心全意为行业服务，促进行业的健康发展，为国家经济建设做出更大的贡献。

第四章　池州市海绵城市创建工作

第一节　池州市海绵城市建设整体策略

池州市海绵城市规划中，水系统相关规划应按照"流域或城市—集水区—子集水区—地块"的不同尺度，"源头—中途—末端"不同层级的基本思路进行，保证各个系统的完整性和良好衔接，统筹规划。

池州市海绵城市规划在总体规划层面上，重点是基于降水和地质等条件，识别并完善自然与人工的水系统，优化循环路径和机制，因地制宜地确定海绵城市建设原则；协调绿地、水系、道路、开发地块的空间布局与城市竖向，明确城市尺度上对径流总量控制、径流峰值控制、径流污染控制、雨水资源化利用等方面的规划控制目标；协调城市水系、排水防涝、绿地系统、道路交通等专项规划，从"源头、中途、末端"多个层面，细化落实低影响雨水系统、城市雨水管渠系统和超标雨水径流排放系统的规划策略、建设标准、总体竖向控制及重大雨水基础设施的布局等相关内容。

基于上述要求，池州市海绵城市规划层级的系统建设应从总体规划的海绵城市专项研究以及海绵城市控制性详细规划两个尺度展开。总体规划尺度，应从城市尺度对整个池州的海绵城市以及相关的黑臭水体、尾水处理等项目，结合各个专项规划的具体要求进行统筹安排（图1-4）。其中包括：

外江（长江）的城市防洪建设要求衔接。

城市尺度年径流总量控制率等总量控制要求。

城市尺度径流污染控制要求。

城市合流制溢流、混接现象的总体要求和技术路线。

城市雨水管渠系统（小排水系统）的控制要求。

超标雨水排放系统（大排水系统）的控制要求。

城市竖向、土地利用布局的综合协调。

城市绿地、城市交通与道路等各个相关专项规划的优化调整建议。

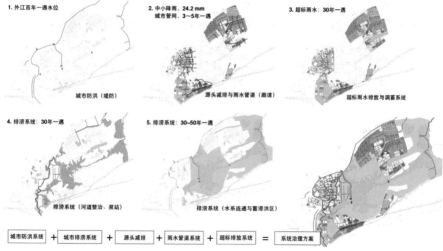

图 1-4　系统治理方案示意

控制性详细规划层面，应基于城市总体规划的内容相应进行细化，以及进一步调整，以池州现状条件为例，主要需要涵盖和回答以下重要问题，并对二级地块的开发、改造、扩建工程提出海绵城市的关键性指标要求。

具体来说，海绵城市试点区建设需要统筹协调：地上源头低影响开发设施改造；市政排水管网以及合流制截污等市政灰色系统；利用池州丘陵地区地形特点，构成具有排放暴雨时超标雨水的漫流行泄通道以及多功能调蓄设施；结合河道、水系、湖泊调蓄功能，以及周边绿地系统的协调，构建末端调蓄与径流污染控制措施。图 1-5 给出了池州市海绵城市总体思路总平面以及重点市政基础设施布局。

图 1-5　池州市海绵城市总体建设思路平面示意

一、源头减排：低影响开发系统建设方案

基于池州市海绵城市年径流总量控制率要求，按建设区域 60 km² 计算，池州市海绵城市总体建设目标悬浮物（SS）总量削减率约为 40%。通过海绵城市建设，综合采取"渗、滞、蓄、净、用、排"等措施，最大限度地减少城市开发建设对生态环境的影响，将 70% 的降雨就地消纳和利用。

池州市海绵城市建设中源头减排系统，主要由雨水花园、植草沟等生态化雨水设施组成，主要解决如下重要问题：恢复良性水文循环；减少老城区合流制溢流量，从"地面"分离中、小降雨；在部分低重现期易积水路段，协调排水系统、提高洪涝应对能力；塑造生态化城市景观。

二、过程控制：雨水管渠系统建设方案

为保障城市安全，城市雨水管渠系统的设计重现期、径流系数等设计参数与要求应结合源头低影响开发系统，共同达到《室外排水设计规范》（GB 50014—2016）中的相关标准要求。站前区等新城建设应统筹雨水管网、生态沟渠、调节池、多功能调蓄水体等灰色与绿色排放、调节设施共同达到重现期建设要求。老城区尽量通过源头减排系统达到：

◎ 城区一般地区重现期 2 ~ 3 年。

◎ 城区重要地区重现期 5 年。

◎ 中心城区地下通道和下沉式广场等排水重现期达到 10 ~ 20 年。

过程控制。传统排水系统的设计是按照末端治理的思路进行的，城市排水管网按径流峰值来设计管径。海绵城市建设的理念是要通过"渗、滞、蓄"等措施将雨水的产汇流错峰、削峰，不致产生雨水共排效应，使得城市不同区域汇集到管网中的径流不致同步集中排放，而是有先有后、参差不齐、细水长流的汇集到管网中，提高了管道排水系统的利用效率。简而言之，过程控制是利用绿色建筑、低影响开发和绿色基础设施建设等技术手段，通过对雨水径流的过程控制和调节，延缓或者降低径流峰值，避免雨水径流的"齐步走"。

过程控制主要实施方式是通过采用各类技术设施在雨水径流转输过程中对径流进行调节、调蓄等，实现上述径流错峰、削峰效果，从而达到区域径流峰值延缓和降低。过程控制的主要技术设施包括各类地上、地下径流调节（蓄）池、调节（蓄）塘等调节（蓄）设施，也包括实时控制等在线控制技术等。

过程控制系统之于池州，主要解决如下重要问题：

◎ 老城区合流制溢流的径流污染控制。

◎ 管网系统节点通过调蓄池提标改造。

◎ 部分开放空间充足的道路、公园周边通过生态草沟等组织排水。

三、合流控制：截污干管与合流制溢流控制建设方案

基于池州市海绵城市建设内容，以及老城区现状截污管线截留倍数情况，综合源头低影响开发、老城区合流制溢流频率控制要求，依据不同汇水区域及空间条件，控

制目标为一年溢流 3 ~ 5 次。

1. 截污干管改迁工程

污水干管服务范围根据城市总体规划的组团式布局，以及自然地形的分隔，清溪河两岸污水干管服务范围包括：老城西片区、老城南片区、老城东片区、清溪河东片区、天堂湖片区及站前区共 6 个片区。污水干管设计规模：清溪河污水系统纳污量为 80 000 m³/d，总变化系数取 1.32，地下水渗入按 10% 考虑，同时预留 20% 的发展空间，则新建污水干管设计污水量为 5670 m³/h（1.575 m³/s）。经计算，主干管末端管径取 d = 1500 mm，水力坡降 i = 0.001 2，流速为 1.45 m/s，其输水能力可达到 1.900 m³/s（充满度按 0.7 计算）。

2. 合流制溢流调蓄池

基于主要雨水排口踏勘及项目监测，主要排口（如百荷公园周边的 2 个集中排口）需要增加合流制溢流调蓄池。其中百荷公园北园排口末端调蓄从上一个检查井处接出，末端设置调蓄池。根据计算需要调蓄容积为 7821.4 m³。调蓄池设计尺寸为 48 m×60 m×3.5 m，有效水深 2.8 m，实际调蓄容积为 8064 m³。调蓄池利用排放口附近河岸绿地，不涉及征地。

上游府学巷小区、永胜巷为合流制，百荷公园南园附近排口尚未实现完全雨污分流，故末端调蓄后进入污水厂进行处理后排放。由于秋浦西路及沿线老街、二院水塘等依然为雨污混流，烟柳苑公园周边排口分流尚未彻底，旱天有溢流污水，末端调蓄后进入污水厂处理。百荷公园南园排放口处管地面标高 8.42 m，覆土 4.0 m，上一个检查井地面标高 9.98 m，覆土 3.0 m，故本排口末端调蓄从上一个检查井处接出。同理，烟柳园排口也从上一个检查井接出，地面标高为 10.13 m，覆土 2.66 m，末端设置调蓄池。分别从两排口上一个检查井接出后汇至百荷公园南园附近绿地且统一建地下调蓄池。总调蓄容积为 10 900 m³。调蓄池设计尺寸为 60 m×60 m×3.6 m，有效水深 3.10 m，调蓄池深度为 3.60 m，实际调蓄容积为 11 160 m³。调蓄池利用排放口附近河岸绿地，不涉及征地。

据调查了解，其余排放口目前为雨污混流状态，汇流后合建一调蓄池。调蓄池总容积为 3137 m³，调蓄池设计尺寸为 30 m×40 m×3.30 m，实际调蓄容积为

3360 m³，调节池有效水深为 2.0 m。

四、超标排放：超标暴雨地面漫流系统与行泄通道

根据《池州市城市总体规划（2011—2030）》及《城市排水（雨水）防涝综合规划编制大纲》，结合池州市现有的防涝设施及社会经济发展水平，确定本次防涝综合规划内涝防治标准为：中心城区能有效应对不低于 30 年一遇的暴雨，排涝泵站规模按 30 年一遇内涝防治标准建设。

超常规雨水排放系统通常由"蓄""排"两部分组成。其中"排"主要指具备排水功能的道路、开放沟渠等地表径流通道（Surface Flood Pathways 或 Overland Flow）；"蓄"则主要指大型调蓄池、深层调蓄隧道、地面多功能调蓄、天然水体等调蓄设施。事实上，超常规雨水排放系统与常规雨水排放系统在理论本质上是相通的，主要区别在于措施的具体形式、设计标准和针对目标。更重要的是，他们构成一个有机整体并相互衔接。

池州市末端调蓄与排放系统主要由如下几部分组成：

◎ 协调城市道路与地块竖向，疏导大排水通道应对超标暴雨。

◎ 在观湖、赵圩、天堂湖等大型水体集中入湖位置设置前置塘等设施，利用开放空间减少径流污染对水体的持续影响。

◎ 利用公园水体的自然调蓄功能以及水位控制，实现暴雨时的多功能调蓄。

◎ 协调长江、秋浦河水位衔接外江及城市防洪。

五、黑臭水体：末端黑臭水体综合整治方案

池州市主城区现状：

（1）池州市主城区地形上中间高、四周低，为此除清溪河外的支流水体大部分为断头河，且水体补水水源不足，流动性差。如赵圩、观湖、二院水塘、百荷南园、百荷北园、红河、市府北侧排水沟等。

（2）池州市主城区部分水体功能发生转变。如四号沟原为沟通清溪河与月亮湖的排涝通道，绣春河建成后，其主要的排涝功能弱化。又如市委北侧排水沟原为某些企业临时排水通道，随着基础设施的完善，原地块排水已改道。

（3）池州市主城区水体很少有开展初期雨水处理等面源污染控制措施的，且存在

大量雨污合流或截污纳管不到位现象，部分河道存在污水管管材不佳或下游容量受限污水外溢现象：如二院水塘、南湖沟等存在雨污合流现象；百荷北园污水管材不佳污水外泄；南湖沟、赵圩、观湖还存在污水管受下游容量限制，污水直排现象；部分河道存在雨污混接现象。

（4）池州市主城区部分水体存在农业面源污染，如赵圩、观湖、二院水塘、市政府北侧排水沟等。

第二节　项目推进模式

一、基于汇水片区的打包运作模式

2015年8月完成《池州市海绵城市系统方案》，构建以改善池州市水环境为总体目标的海绵城市、黑臭水体与厂网升级改造综合性顶层设计。池州市水系架构清晰且环环相扣，新老城区源头控制系统、市政管网以及清溪污水处理厂、清溪河沿岸截污与径流控制系统、未来湿地的综合开发等要素密切相关、相互衔接。海绵城市试点区建设需统筹协调如下四个方面：

（1）地上源头低影响开发设施改造。

（2）市政排水管网以及合流制截污等市政灰色系统。

（3）利用池州丘陵地区地形特点，构成具有排放暴雨时超标雨水的漫流行泄通道以及多功能调蓄设施。

（4）结合河道、水系、湖泊调蓄功能，以及周边绿地系统的协调，构建末端调蓄与径流污染控制措施。

在海绵城市建设过程中，以"源头改造—城区排水系统改造—清溪河截污与控污改造（含CSO合流制溢流污染控制）—湿地尾水处理—主城区黑臭水体改善"的从源头、中途到末端的系统治理思路，以流域为单位的系统方法从顶层突破几个子系统的衔接和配合，并通过科学评估整体的"经济账、生态账、政治账"，协调近期建设与远期维护成本的关系，建立清晰、科学的海绵城市顶层系统方案，协调推进繁杂的子系统与分项整治要求（图1-6）。

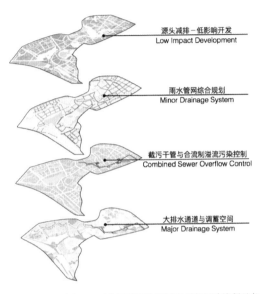

图1-6　试点区海绵城市总体建设思路流程示意

二、打包海绵城市汇水片区

为防止项目碎片化、连片显示度差等问题，根据《池州市海绵城市系统方案》对3年实施计划中部分项目进行整合打包。基于完整子流域排水分区与项目特征，在试点区域筛选了如下3个重要海绵城市推进片区进行建设模式探索（图1-7）。分别为：

（1）老城核心改造片区。覆盖老城区范围5.17 km²，主要以源头低影响开发改造、末端截污干管改迁、合流制溢流综合改造为主。

（2）清溪河流域片区。覆盖范围5.72 km²，以海绵城市建设综合改造，尾水湿地生态系统建设，黑臭水体综合整治为主。

（3）天堂湖片区。覆盖面积7.61 km²，以源头控制为主，末端调蓄为辅，坚持目标导向，全面按照海绵城市建设标准实施项目建设。

图 1-7　海绵城市汇水片区打包模式示意

三、分片区推进策略

1. 老城核心改造片区

原厂网一体化 PPP 项目的调整：该片区按照海绵城市源头改造由政府实施加末端调蓄（CSO 调蓄池和清溪河干管改迁、清溪污水处理厂提标改造）由排水公司（SPV公司）实施的模式推进（图 1-8）。

LID可实施条件　　**洪涝淹没风险**　　**集中排口排查**

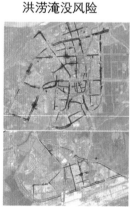
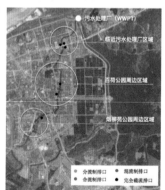

图 1-8　老城核心区实施模式示意

（1）道路、公园、建筑小区的海绵城市改造（综合达到 16 mm 降雨量，年径流总量控制率 60%）。

（2）沿清溪河建设合流制溢流调蓄池（约 10 mm 降雨量，结合源头改造控制率为 80%，设计标准根据汇水区域与空间条件不同实现 1 年溢流 3 ~ 5 次）。

（3）截污干线东迁与清溪河污水处理厂提标改造。

CSO 调蓄池、清溪河干管改迁、清溪污水处理厂提标改造，三个项目总投资约 3.7 亿元，纳入池州市主城区污水处理及市政排水购买服务项目（PPP 项目）。该 PPP 项目已于 2015 年 1 月 1 日正式签约运行。

截污干管改迁建设方案：清溪河两岸污水干管存在结构性病害，管道脱节、错口、破裂等现象较为普遍。致使管道内污水与地下水、清溪河河水互相连通在一起，尤其是地下水和河水渗漏到管道内最为严重。拟将原有干管废弃，新建污水干管，干管全长 10 330 m，管径为 800 ~ 1500 mm。由于在城市道路上施工，且管段覆土较深，拟采用顶管施工。项目投资约 9050 万元。

合流制溢流调蓄池建设方案：清溪河排区的雨水径流均未经处理直接排入水塘、河流等水体，汇集进入清溪河，故地表径流产生的污染物随雨水进入清溪河造成水体污染，增加水体污染负荷。雨水径流在合流制排水区域进入污水管网，与管道中的污水一同进入污水处理厂进行处理或直接排放，一方面增加污水处理厂处理负荷，另一方面增加河道污染。结合截污干管改迁项目，在清溪河沿岸设置合流制溢流调蓄池 3 个，总设计规模 22 520 m³，总投资约 2.3 亿元。

2. 清溪河流域片区

清溪河上自云子畈，下至白沙排涝站，全长 12.58 km，是穿越池州市主城区的主干通江河流。现状清溪河水质约为 IV 类水，总体来说全年水质条件较好，但从未来城市发展推测，未来仍然面临一系列水质风险与水量补充问题。例如，清溪河上游天堂湖新区的建设，如果不能从源头控制径流污染与污水截污，势必会对清溪河下游河段水质造成影响；而清溪河夏季水位高，两岸易顶托洪涝，冬季水量与动力不足，导致水质恶化、水体黑臭等风险。

将清溪河流域片区打包成池州市海绵城市建设清溪河水环境综合整治 PPP 项目是

池州市海绵城市建设试点建设的重要组成部分见图 1-9，包括如下 4 项内容：① 湿地尾水项目；② 主城区黑臭水体综合整治；③ 汇景片区海绵城市改造工程；④ 观湖赵圩片区水环境综合整治工程。旨在通过覆盖清溪河流域的上下游汇水区域的综合整治，打通源头到末端的灰绿海绵设施，雨水与再生水水源的统筹利用，并解决建成区所面临的诸多水环境问题。

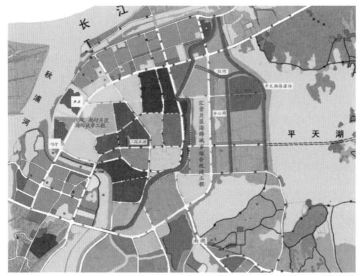

图 1-9　清溪河流域水环境综合整治 PPP 项目范围

3. 天堂湖片区

天堂湖片区地处主城区南部边缘，现在开发建设处于起步阶段，新城建设重点解决标准及落实问题。为保护池州地表水资源，涵养地下水源，规范、指导地块的低影响开发规划、开发和建设，池州市发布了《天堂湖绿色生态示范城区指标体系及技术实施导则》，其中涵盖了低影响开发技术实施导则。在场地规划设计过程中始终贯穿低影响开发原则，充分利用场地自然条件和现有地形，采用经济高效的雨水控制利用措施，制定低影响开发目标。该片区目前主要包括新改建道路 9 条，天堂湖公园 1 座。估算总投资约 12.3 亿元，其 PPP 项目范围如图 1-10 所示。

图 1-10　天堂湖新区 PPP 项目范围

第三节　保障机制

一、组织机构

1. 团队构成的创新

海绵城市建设对政府的需求与传统建设模式差别较大，对跨专业统筹能力、技术专业程度的要求都很高。池州市创新传统城市建设"甲、乙两方"的推进模式，对于海绵城市建设项目，采用了"甲方、乙方、咨询团队"的三方架构推进海绵城市建设。

池州市构建"咨询团队"是试点期间商务咨询团队、技术咨询团队、委托科研服务等团队的总称，根据政府不同阶段、不同需求调整，未来还将包括绩效考核团队。而当项目技术发展放缓，本地团队技术实力增长后，政府可以逐渐通过市场机制筛选性价比合理的服务供应商。

2. 推进组织架构

组织架构的管理层级分为四层，架构简洁、责权清晰，确保了海绵城市建设的高效推进（图 1-11）。

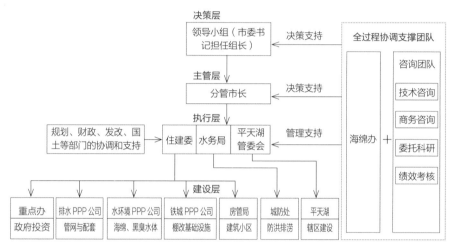

图 1-11　池州市海绵城市推进组织架构

决策层：领导小组由市委书记担任组长，保证了海绵城市顶层设计的正确决策。

主管层：分管市长主管海绵城市全面推进，在土地征收、拆迁、流域打包整合、PPP 项目实施、黑臭水体整治、重点工程调度等方面重点推进协调，把控海绵城市全面高速建设。

执行层：由住建委、水务局、平天湖管委会组成，三年海绵城市建设 6 大类 117 个项目由三部门分别执行落实，纳入池州市政府本级投资项目统一实施，道路系统、建筑小区系统、水环境整治系统、PPP 项目由住建委牵头，统筹管理城市建设重点办、水环境项目公司、排水项目公司、铁城项目公司、市房管局 5 个单位，水安全防洪系统由水务局牵头负责，平天湖管委会牵头负责实施其辖区内海绵城市项目。

建设层：市城市建设重点办具体实施政府投资的道路、公园、老旧小区改造等项目建设，排水 PPP 项目公司具体实施 CSO 调蓄池、清溪河截污干管改迁、清溪污水处理厂提标改造、积水点改造等项目，水环境 PPP 项目公司具体实施汇景片区海绵源头改造、赵圩片区海绵源头改造、7 个黑臭水体、尾水湿地等项目建设，铁城 PPP 项目公司具体实施天堂湖片区 9 条道路和 1 个天堂湖公园建设，市房管局负责推进所有房地产开发项目和公建项目的海绵城市建设，水务局具体实施平天湖二站、平天湖三站、河湖贯通、水系贯通工程建设。

二、管理制度

1. 管理制度建设框架

池州市试点期间的管理制度主要用于指导海绵城市建设相关组织机构、实施主体、责任主体形成长效的管控依据与具体流程。根据管控阶段不同，管理制度包括规划管控层面、排放管理制度、建设过程管控三个层面。

1）规划管控层面

《池州市海绵城市建设项目规划建设管理暂行办法》明确将海绵城市目标与指标纳入土地出让条件与管控要求；《池州市城市绿线管理办法》《池州市城市蓝线管理办法》，明确城市绿地以及城市水系等管理要求；《池州市海绵城市专项规划》以及相关规划的修编，保障建设系统性以及管控要求有据可查。

该部分涉及 39 项规划成果、机制文件与管理办法（表 1-4）。

表 1-4　规划管控层面管控制度相关机制文件与管理办法

类别	序号	名称
体制法规保障	1	《关于加快海绵城市建设试点工作的决定》
	2	《池州市海绵城市建设项目规划建设管理暂行办法》
	3	《池州市本级政府性投资项目管理办法》
	4	《池州市本级政府性投资项目审计监督办法》
	5	《池州市本级政府性投资预算管理办法》
	6	《池州市推广运用政府和社会资本合作模式的意见》
	7	《池州市主城区海绵城市低影响开发雨水系统建设项目奖励办法》
	8	《池州市海绵城市建设项目资金管理办法》
	9	《海绵城市资金拨付流程》

续表 1-4

类别	序号	名称
管理办法保障	10	《池州市城市蓝线管理办法》
	11	《池州市城市绿线管理办法》
	12	关于印发《池州市雨水径流排放管理暂行规定》的通知
	13	《池州市清溪河（故道）流域水环境保护管理办法的通知》
	14	《池州市平天湖水环境保护管理办法》
	15	《长江岸线资源开发利用管理规定》
	16	《池州市城镇生活饮用水水源环境保护暂行办法》
	17	《池州市地下水资源管理办法》
	18	《池州市人民政府关于实行最严格水资源管理制度的实施意见》
	19	《池州市供水管理办法》
	20	《池州市排水管理办法》
	21	《池州市雨水收集利用管理规定》
	22	《关于调整城区供水价格及实施居民生活用水阶梯式水价的通知》
	23	《池州市城市污水处理费征收管理暂行办法》
	24	《池州市城市节约用水管理办法》
	25	《池州市城市节约用水奖励制度》
	26	《池州市节约用水投入专项资金管理办法》
	27	《池州市雨水收集利用管理规定》
	28	关于印发《池州市鼓励企业直接融资奖励办法（试行）》的通知
	29	《池州市海绵城市建设目标责任督查考核奖励办法》
	30	《池州市主城区海绵城市低影响开发雨水系统建设项目奖励资金拨付流程》
规划成果	31	《池州市海绵城市专项规划》
	32	《池州市城市排水（雨水）防涝规划》
	33	《池州市园林绿地系统规划》
	34	《池州市水系（蓝线）湿地保护规划》

续表 1-4

类别	序号	名称
规划成果	35	《城市地下综合管廊建设规划》
	36	《城市用地竖向规划》
	37	《池州市城市地下综合管线规划》
	38	《池州市城市地下空间综合利用规划》
	39	《池州市污水专项规划》

2）排放管理制度

池州市已出台《池州市雨水径流排放管理暂行规定》，指导生态敏感区、农业区以及中心城区合流制与分流制区域进行排口与设施的管理，明确责任主体与实施主体以及关键把控环节。

3）建设过程管控

针对市本级投资项目、房建项目的各个阶段进行建设过程管控。主要包括立项阶段、设计阶段、建设阶段、运营维护阶段。该部分涉及 12 项机制文件与管理办法（表1-5）。

表 1-5　建设过程管控制度相关机制文件与管理办法

序号	名称
1	海绵城市试点建设建筑小区（公建）系统项目低影响开发设施审批流程
2	《关于优化海绵城市清溪河流域水环境综合整治 PPP 项目审查流程的通知》
3	《池州市海绵城市雨水系统施工图审查要点》
4	《池州市海绵城市建设工程施工现场巡查管理规定》
5	《池州市建筑与小区海绵设施专项验收管理规定》
6	《池州市排水设施维护管理技术规程》
7	《池州市海绵城市建设试点监测与考核方案》
8	关于印发《池州市主城区污水处理及市政排水设施购买服务 PPP 项目管理技术规程及考核标准》的通知

续表 1-5

序号	名称
9	《海绵城市建设清溪河流域水环境综合整治 PPP 项目绩效考核办法》
10	《海绵城市滨江区及天堂湖新区棚改基础设施 PPP 项目绩效考核办法》
11	《池州市主城区强降雨灾害性天气城市防洪排涝应急预案》
12	《池州市主城区城市防洪应急预案》

2. 规划建设管控机制

2016 年试点期间，池州市政府出台了《池州市海绵城市建设项目规划建设管理暂行办法》，将海绵城市建设要求纳入年度建设投资计划、规划设计条件、项目可研、"两证一书"、施工图审查、项目招投标、开工许可、施工监管、竣工验收、项目审计等各个管控环节，建立海绵城市建设项目专家论证、低影响开发绩效考核及监测评估、资金监管等制度，实现海绵城市建设流程闭合循环。全面加强城市排水防洪设施和低影响开发系统相关设施的日常维护工作，确保各类设施按照设计要求发挥作用。

3. 蓝线与绿线管控机制

为进一步强化城市绿化保护管理，建立和严格施行绿线管理制度，切实保障城市绿地系统规划实施，促进城市可持续发展，池州市制定了《池州市城市绿线管理办法》，办法中规定了城市绿地规划是城市总体规划的组成部分，应当明确城市绿化目标和布局，规定城市各类绿地的控制原则，按照规定标准确定绿化用地面积，分层次合理布局公共绿地，确定防护绿地、大型公共绿地等的绿线。在公园绿地、生产绿地、防护绿地、附属绿地、其他绿地等区域应当划定城市绿线，城市绿线依法划定后，任何单位或者个人不得擅自变更。城市绿线范围内的公共绿地、防护绿地、生产绿地、居住地绿地、单位附属绿地、道路绿地、风景林地等，必须按照《城市用地分类与规划建设用地标准》《公园设计规范》等标准，进行绿地建设；其作为雨水的主要径流控制空间需符合《池州市海绵城市专项规划》对于绿地的要求，在不影响绿地空间条件下，鼓励建成下沉式绿地、植草沟、雨水花园、雨水湿地等绿色基础设施。

为加强池州市城市水域的规划、控制、保护和管理，保障防洪排涝安全，改善城市人居生态环境，提升城市功能，促进城市健康、协调和可持续发展，池州市制定了《池州市城市蓝线管理办法》，其中对城市蓝线进行了界定，规划确定了江、河、湖、库、沟、塘、渠和湿地等城市地表水体保护和控制的地域界线。在城市总体规划阶段，应当确定城市规划建成区范围内需要保护和控制的主要地表水体，明确城市蓝线保护和控制的要求；在控制性详细规划阶段，应当依据城市总体规划明确的蓝线保护要求确定城市蓝线的位置。城市蓝线是城市水系治理和水源保护的依据。河道堤防（护岸）、亲水绿道、滨水公园、航运码头等各类涉水工程建设应当符合城市蓝线的管理规定，支持和鼓励生态岸线的建设，改善城市水生态环境。因水体自然岸线保留或恢复、水生态和水景观建设等需要，在符合城市防洪和航运等条件下允许对城市蓝线进行局部调整和优化。

4. 池州市雨水径流排放管理暂行规定

为加强城市区域雨水排放管理，确保城市雨水年径流总量控制在海绵城市建设的要求范围内，池州市制定了《池州市城市区域雨水排放管理暂行规定》，是未来出台雨水排放管理许可的前期探索。

本规定以年径流总量控制为核心控制要求，根据池州市径流污染的特点与来源、区域重要程度划分为三个主要分区：生态敏感区、农业区与城市建设区。生态敏感区以总规限建区等建设项目的排放管理为主，除建设后达到海绵城市建设要求外，尤其强调场地条件的甄别与建设过程中的径流控制。农业区包含畜禽养殖、农田耕种的不同管理要求以及规定，相比城市建设区更强调农村卫生、垃圾清理以及河道的日常管理。城市建设区分合流制、分流制区域，对建筑与小区、市政道路、公园与广场、市政管网、河道等的雨水排放进行管控。

在控制性详细规划编制阶段，将所在区域的径流总量控制目标分解，并纳入地块规划控制指标；在建设项目土地出让和划拨环节，规划主管部门将地块年径流总量控制指标纳入规划设计条件中；建设工程施工图审查环节，审图机构要审查地块年径流总量控制指标对应的相关工程设施的设计，并出具评价结论；建设工程竣工验收环节，应当写明海绵城市相关工程措施的落实情况，城乡建设主管部门会同相关部门做重点审查。

5. 建设过程中制度的落实

池州市试点建设项目需严格按照管控办法执行，建设过程中制度落实情况如下：

（1）试点区内的新建、改建、扩建工程需严格按照《池州市海绵城市建设项目规划建设管理暂行办法》的要求，执行海绵城市建设项目的相关要求。

市本级政府投资类项目，在项目立项阶段，由海绵办、技术办向重点办出具海绵专项技术指标，并附在规划局开具的规划设计条件中。

建筑小区（包含公建）类项目需按《海绵城市试点建设建筑小区（公建）系统项目低影响开发设施审批流程》和《建筑与小区项目海绵城市建设要求》的要求实施。由海绵办、技术办向规划局提供海绵专项技术指标，与规划设计条件一并提供给设计单位。

（2）项目设计阶段，设计方应满足《池州市雨水径流排放管理暂行规定》《池州市城市区域雨水排放管理暂行规定》《池州市城市绿线管理办法》及《池州市城市蓝线管理办法》等管理规定，保证对建设场地的保护与修复；依据《池州市海绵城市雨水系统施工图审查要点》要求，依据《池州市海绵城市（低影响开发）建设项目规划设计导则》《池州市低影响设施建设标准图集》《池州市市政及附属设施规划设计导则》等进行设计，方案设计在依次通过技术审查会—分管市长会—规委会后，技术咨询办出具方案设计审查合格单；在初步设计阶段，由市发改委负责组织初步设计评审并批复，后进行施工图的编制，施工图编制完成后，需交由技术咨询办进行施工图审查，审查合格后出具施工图合格单，图审结束后编制施工图预算。

（3）项目建设阶段，为及时发现并解决海绵城市建设工程项目施工中存在的问题，进一步规范施工现场巡查管理工作，需由技术咨询办根据《池州市海绵城市建设工程施工现场巡查管理规定》的规定，依据相关技术标准和施工图开展专项巡查，检查施工单位是否按照设计要求进行施工，并查看工程施工进度及计划落实完成情况，同时配合市重点办协调解决施工现场由于设计资料与场地条件不符等原因造成的技术问题，及时出具"施工现场巡查记录"，并要求施工方限期整改。

（4）竣工验收阶段的项目综合验收包括海绵建设的部分验收，需按照相关技术标准文件进行专项验收，未通过专项验收的，不得办理验收备案手续，直到施工方按海绵建设要求整改完毕。针对建筑与小区类项目，需根据《池州市建筑与小区海绵设施专项验收管理规定》的要求，对海绵城市建设开发小区项目验收增加海绵设施专项验收环节，项目未通过海绵城市专项验收的，市房产局不得办理项目竣工综合查验备案手续。

（5）运营维护阶段，按照《池州市低影响开发设施运营维护管理办法》和《池州市排水设施维护管理技术规程》的要求，依据《池州市海绵城市低影响开发雨水工程运行维护导则》，相关责任单位对海绵城市建设和排水设施进行维护管理。同时，管理部门依据《池州市海绵城市建设试点监测与考核方案》对海绵建设成果进行长期的跟踪评估和考核，以便对设施运行效果做出评价，为设施维护及改进提供数据支撑。

三、技术标准体系

技术标准体系是管控制度执行的重要技术依据，主要包括：

（1）区域建设指导性标准体系，共2项。

（2）规划设计阶段技术标准体系，共7项。

（3）项目建设与竣工验收阶段技术标准体系，共1项。

（4）运营维护阶段技术标准体系，共1项。针对PPP项目的维护运营管理要求，随每个PPP项目特征单独编制。

池州市技术标准体系见表1-6。

表1-6　池州市技术标准体系

类别	序号	名称
技术支持	1	《池州市海绵城市试点建设系统方案》
	2	《池州市海绵城市建设方案》
	3	《池州市海绵城市（低影响开发）建设项目规划设计导则》
	4	《池州市低影响设施建设标准图集》
	5	《池州市老旧小区综合整治设计导则》
	6	《池州市市政及附属设施规划设计导则》

续表 1-6

类别	序号	名称
技术支持	7	《天堂湖绿色生态示范城区指标体系及技术实施导则》
	8	《池州市海绵城市建设——低影响开发雨水工程施工验收导则》
	9	《池州市海绵城市建设低影响开发雨水工程运行维护导则》
	10	《安徽省海绵城市规划技术导则——低影响开发雨水系统构建（试行）》
	11	《安徽省海绵城市建设技术——低影响开发雨水控制与利用工程设计标准图集》

1. 规划设计

目前已经发布的关于海绵城市设计标准有《池州市海绵城市低影响开发规划设计导则》《池州市海绵城市建设图集》《池州市老旧小区综合整治设计导则》《池州市市政及附属设施规划设计导则》以及《天堂湖绿色生态示范城区指标体系及技术实施导则》等，上述标准的发布，一方面对池州市海绵城市建设项目的设计要求及控制指标提出了明确要求，各个项目设计者均需按照规划控制指标进行项目设计；同时也在很大程度上为海绵城市项目设计者提供了技术标准，帮助其更好地理解海绵城市内涵，为海绵城市项目设计提供技术指引。

2. 项目建设与竣工验收

为了规范海绵城市建设单位的施工和后期验收、运行管理，池州市制定了《池州市海绵城市建设低影响开发雨水工程施工验收导则》，明确不同海绵设施的施工注意事项和要求。该导则作为施工方施工标准的同时，也作为责任单位和技术办对施工现场巡查的依据，对于不符合该导则要求的事项，咨询办需在施工现场巡查报告中要求施工方限期整改，直到达到海绵设施的施工要求。在海绵设施专项验收阶段，需依据该导则要求对海绵设施进行检查，完全符合标准后，由技术办出具建设达标记录表。

3. 运营维护

为加强海绵城市低影响开发雨水设施的运行维护管理，确保雨水设施在降雨过程中及后期运行维护阶段发挥作用，保证海绵城市建设的效果，池州市制定了《池州市海绵城市低影响开发雨水工程运行维护导则》，明确不同类型项目的责任主体和不同设施的后期维护要点，从而更好地指导施工单位和监理单位进行海绵城市工程的建设、验收和后期运行维护。

第二部分

规划

第一章　总体概况

　　中国的城市规划体系作为城市建设的顶层设计，是协调城乡空间布局、改善人居环境、促进城乡经济社会全面发展的重要手段。在海绵城市建设中，"规划引领"同样是最重要的基本原则，在城市各层级、各相关专业规划以及后续的建设程序中，应落实海绵城市建设、低影响开发雨水系统构建的内容，先规划后建设，体现规划的科学性和权威性。

　　最早的海绵城市专项规划源于第一批试点城市申报材料，由于申报时间紧促，且当时并未形成完善的海绵城市系统规划思路，大多数城市依照《关于组织申报 2015年海绵城市建设试点城市的通知》中的海绵城市建设试点城市实施方案编制提纲进行编制，主要集中于城市基本情况、问题与需求分析、海绵城市建设目标和指标、技术路线、建设任务、预期效益分析可行性论证报告、主要示范内容、保障措施 8 个方面，同时部分城市基于申报工作的要求及指导后续建设工作的考虑，以海绵城市建设总体规划、海绵城市建设试点城市实施方案、海绵城市专题研究、低影响开发规划、雨水控制利用规划等来作为海绵城市申报及建设的统领性文件或协调性文件。

　　值得注意的是，《2015 年海绵城市建设试点城市申报指南》中提到"编制或修编城市水系统（包括城市供水、节水、污水处理及再生利用、排水防涝、防洪、城市水体等）、园林绿地系统、道路交通系统等专项规划，落实海绵城市建设相关要求，并与城市总体规划相协调"，可见海绵城市专项规划作为城市规划体系的重要组成部分，需要与现行的城市规划体系进行充分衔接，在现有的相关规划中落实海绵城市建设要求。

在总体规划阶段，根据城市规划编制办法，编制城市总体规划前应对资源与环境保护、区域统筹与城乡统筹、城市发展目标与空间布局、城市历史文化遗产保护等重大问题进行专题研究。因此，总体规划在编制前应将海绵城市建设问题作为一项重要内容进行专题研究。总体规划层面的海绵城市规划内容主要是从战略高度明确海绵城市建设的目标与方向，并基于海绵城市的规划建设要求，优化原有城市总体规划编制内容，系统地提出海绵城市的目标和指标，划定海绵城市分区，优化用地布局以及城市给排水、防洪排涝、绿地系统、道路交通等相关专业规划的内容。在控制性详细规划阶段，应结合区域功能规划要求、综合考虑水文条件等影响因素，以城市总体规划中的海绵城市的指标和要求为指导，进一步分解控制指标至地块，进一步在用地、水系、给排水、绿地、道路、竖向规划等专业的规划设计过程中落实海绵城市的要求。在修建性详细规划阶段，应以控制性详细规划为指导，增加与海绵城市建设有关的内容，落实与优化控制性详细规划确定的海绵城市控制指标，落实具体的设施及相关技术要求，将海绵城市的建设技术和方法体现在场地规划设计、工程规划设计、经济技术论证等方面，指导地块开发建设。在城市各专项规划中，应基于海绵城市建设目标，落实总规中各专项内容，深化和落实海绵城市建设要求。

2016 年 3 月，住建部出台《海绵城市专项规划编制暂行规定》（以下简称《暂行规定》）。《暂行规定》作为指导各地海绵城市专项规划编制工作的国家指导性文件，完善了海绵城市建设的规划体系空白，明确了海绵城市编制的编制主体、编制任务，提出了建设的总体目标及总体思路。《暂行规定》要求海绵城市规划应识别山、水、林、田、湖等生态本底条件，提出海绵城市的自然生态空间格局，进一步划定海绵建设分区，严格落实相关建设管控要求，特别是对不同等级的城市提出了不同的控制要求："超大城市、特大城市和大城市要分解到排水分区；中等城市和小城市要分解到控制性详细规划单元"。《暂行规定》同时在规划措施、近期建设等方面进行了系统整合，对多方面需要协调的内容进行了界定，为各地海绵城市规划编制的成果形式、图纸内容提供了明确的依据，也对参与规划编制的专业人员提出了更高要求，以便更好地发挥规划的控制和引领作用。

第二章　海绵城市专项规划要点解析

　　总体而言，海绵城市专项规划总体应遵循《海绵城市专项规划编制暂行规定》中的相关规定。在编制时间方面，宜与城市总体规划同步编制，也可单独编制；在编制范围方面，原则上应与城市规划区一致，同时兼顾雨水汇水区和山、水、林、田等自然生态要素的完整性；在与其他相关专项规划衔接方面，应提出明确的雨水年径流总量控制率，提出整体自然的生态空间格局，落实雨水年径流总量控制率等指标，作为未来城市总体规划空间的开发管制要素；在与城市道路、绿地、水系统、排水防涝等方面做规划衔接时，应弥补和拓展现有规划体系中的空白与模糊之处，若存在与其他专项规划内容矛盾的地方，应优先遵循海绵城市专项规划的内容要求。对此需要通过国家和地方立法及行政体制予以保障，并在城市规划体系的强制性条款中予以明文规定，才能更好地解决城市中的实际水问题，进而完成海绵城市的建设及考核任务。

　　同时在规划编制时，应充分结合各地相关海绵城市建设评价标准，从城市整体的角度出发，关注海绵城市建设片区的规划实施效果，以实现目标和解决问题为导向，以建设效果为核心，鼓励可持续和创新，惩罚高影响开发，注重定性评价与定量评价相结合，制定相应规划目标、原则、内容、工作重点。例如在年径流总量控制率的规划方面应进一步切合实际，提出实际年径流总量控制率与片区（或区域）的规划指标对比，充分考虑新建和既有改造的区别，突出绿色基础设施；在常规雨水系统能力的规划下，当出现片区雨水管渠设计重现期对应的降雨时，应重点注意路面是否有积水、检查窨井是否有满溢的情况；在内涝防治系统的规划建设中，应重点注意当出现规定的内涝防治设计重现期上限值、下限值对应的降雨时，确定无内涝的情况。水环境质量依据片区水功能区划标准和是否有黑臭标准进行针对性的规划设计；热岛效应缓解程度在海绵城市规划中往往容易忽视，宜根据遥感或气象数据算得热岛缓解程度（建设前热岛程度和建设后热岛程度的比值）；雨水资源利用率应根据计算的雨水资源利用率（雨水利用量替代的自来水比例）与片区或当地规划指标比较值予以实际规划。在城市自然海绵空间的营造方面，要充分结合蓝线、绿线规划，强调在规划中湿地、水系、绿色下垫面的面积绝不能减少。考虑城市整体人工湿地系统的构建，通过湿地公园、河道湿地等不同类型的整体规划布局，达到降低污染物浓度的效果，使水体富营养化问题改善。同时，对规划片区的主要河道进行整体生态岸线控制，结合河湖水系水文特征，依据城市蓝线规划，划定蓝线并落实到空间，确保区域的自然深潭浅滩和泛洪漫滩得到恢复，以洪水对应的区域空间为基础并适当外延，保护水系边自然林地、湿地及绿化，纳入城市绿线进行严格管控，加强蓝线和绿线的协调，实现蓝绿交织。

值得注意的是，在现有海绵城市考核评价体系中，有关部门对海绵城市的可持续性和创新性高度重视。在海绵城市规划编制中，除专业的海绵城市规划章节外，还涉及了不同专业内容如海绵城市运营维护、组织机构管理、资金保障等，对多专业分工有较高的深度要求。这就要求在海绵城市规划编制中，编制团队应具有对应学科的参编人员，确保达到专业性技术内容深度；通过整体内容科学的组织实施与管理，突出制度、管理和技术经济的创新，确保达到海绵城市规划的深度要求。

第一节 现状解析部分

《海绵城市专项规划编制暂行规定》明确指出编制海绵城市专项规划应当具备经济社会现状和发展基础资料，以及包括气象、水文、土壤、地下水、城市下垫面等在内的资源环境方面的基础资料和必要的勘察测量资料。资料详见表 2-1。

表 2-1　资料调研

序号	名称	格式	数据要求	数据来源
1	土地利用规划图	dwg	总规、控制性详细规划深度	规划局
2	卫星影像图	tif	—	规划局、建设局
3	地形图	dwg（shp、mxd 或者 dwg 数据库）	总规 1：5000 或 1：10 000；示范区详规 1：1000	规划局、建设局
4	近 20~30 年降雨量	xls（xlsx）	逐日的、每小时的、3~5 年全年 5 分钟或 15 分钟降雨量数据	气象局
5	近 20~30 年蒸发量	xls（xlsx）	逐日或逐月	气象局
6	地质勘查及地下水位资料	doc（docx）、dwg	主要勘察区域土壤情况和地方典型植被情况、地下水位、地质灾害、地下水分布、熔岩分布等	查看地勘报告
7	总体规划	doc（docx）、dwg	—	规划局
8	控制性详细规划	doc（docx）、dwg	—	规划局
9	雨水排涝规划	doc（docx）、dwg	1. 现状雨水管网、雨水泵站、排涝泵站布局、规模等相关资料； 2. 新建、扩建雨水管网、雨水泵站、排涝泵站位置、规模等相关资料； 3. 易涝点； 4. 当地暴雨强度公式（气象局）； 5. 雨型（气象局）	建设局
10	排水专项规划	doc（docx）、dwg	1. 现状城市污水处理厂、污水处理设施、污水泵站、管网布局、规模等相关资料； 2. 新建、扩建污水处理厂、污水处理设施位置、规模等相关资料	建设局

续表 2-3

序号	名称	格式	数据要求	数据来源
11	给水专项规划	doc（docx）、dwg	1. 现状水源、水厂、给水管网，泵站布局、规模等相关资料； 2. 新建、扩建水厂、给水管网，泵站位置、规模等相关资料； 3. 城市有无备用水源及其水质情况	建设局
12	防洪排涝规划	doc（docx）、dwg	1. 现状防洪设施布局、规模及存在问题等相关资料； 2. 新建、扩建防洪设施位置、规模等相关资料	水利局
13	水系规划	doc（docx）、dwg	1. 现状水系资料，河道断面及流量、水位相关资料； 2. 河道、湖泊整治设计资料（初步设计或施工图设计）	水利局
14	水资源综合规划	doc（docx）、dwg	水资源总量、水资源组成、水资源开发利用程度等	水利局
15	蓝线规划	doc（docx）、dwg	—	规划局、建设局
16	绿地系统专项规划	doc（docx）、dwg	—	规划局、园林局
17	道路系统专项规划	doc（docx）、dwg	—	建设局、交通局
18	综合交通规划	doc（docx）、dwg	—	建设局、交通局
19	生态文明建设规划	doc（docx）、dwg	—	规划局、建委
20	水环境综合整治规划	doc（docx）、dwg	1. 现状水环境； 2. 水质目标； 3. 水环境改善措施	规划局、水利局
21	污水再生利用规划	doc（docx）、dwg	现状城市污水回用、雨水利用情况	建设局
22	节约用水规划	doc（docx）、dwg	节水目标、节水设施规模	建设局
23	雨洪利用规划	doc（docx）、dwg	雨洪利用情况	环保局

续表 2-3

序号	名称	格式	数据要求	数据来源
24	水功能区划、饮用水源保护区划分情况	doc（docx）、dwg	—	环保局
25	主要污染源的分布情况	doc（docx）、dwg	第一次污染源普查报告	环保局
26	主要水系水质监测数据	doc（docx）、xls（xlsx）	—	环保局
27	环境质量、环境统计公报	doc（docx）、pdf	—	环保局
28	水资源年报、统计公报	doc（docx）、pdf	—	水利局
29	水库基本情况	doc（docx）	—	水利局
30	现状内涝调查报告	doc（docx）、dwg	—	三防办
31	水务发展"十三五"规划	doc（docx）	—	水利局
32	环保"十三五"规划	doc（docx）	—	环保局
33	城建"十三五"规划	doc（docx）	—	建设局
34	规划"十三五"规划	doc（docx）	—	规划局
35	交通"十三五"规划	doc（docx）	—	交通局
36	地下综合管廊规划	doc（docx）、dwg	—	建设局
37	地下空间专项规划	doc（docx）、dwg	—	建设局
38	活水规划	doc（docx）、dwg	—	建设局
39	"十三五"建设项目库	doc（docx）	—	建设局
40	旧城改造、棚户区改造相关资料	doc（docx）	位置、面积、难易程度等	建设局
41	项目资金来源、财政情况、融资途径	doc（docx）	—	发改委

在海绵城市的专项规划中应充分结合城市本底条件，分析城市区位、自然地理、经济社会现状条件和降雨、土壤、地下水、下垫面、排水系统等基本特征，识别城市水资源、水环境、水生态、水安全等方面存在的问题。

一、基本特征分析

结合第一、二批海绵城市申报材料及相关已完成的海绵城市专项规划的主要内容，现状的基本特征部分主要可以从自然地理和社会经济条件、降水径流及洪涝特点分析、水资源情况分析、水环境质量状况分析以及现状工程体系及设施情况分析五个方面来分类解析。其中自然地理和社会经济条件主要对地理区位、地形地貌、气象地质、河湖水系、社会经济概况以及城市建设用地的情况进行总结；降水径流及洪涝特点分析主要对年降雨量及年内分布、短历时降雨规律、长历时降雨雨型、径流特征、暴雨洪涝特征进行总结；水资源情况分析主要对水资源总量、地表水资源情况、地下水资源情况、水资源开发利用强度进行总结；水环境质量状况分析主要对省控城市集中式饮用水水源地水质、地表河流水质状况、湖库水质状况进行分析；现状工程体系及设施情况分析主要从供水设施、污水设施、雨水排涝设施（雨水管道、雨水泵站、排涝泵站、城市内涝点）、防洪设施等进行分析。

在特征分析部分，特别要重点关注与海绵城市建设直接相关的条件，下面以滁州市为例，介绍应重点关注的内容。

1. 自然地理和社会经济

（1）气候条件：滁州市全市多年年平均降水量966.1 mm。降水量年内时空分布不均。降水主要集中在6～8月，约占年总量50.0%。

（2）土壤条件：滁州市区主要为重粉质壤土（局部为轻粉质壤土）、淤泥质重粉质壤土（局部为淤泥质中粉质壤土）和可塑至硬塑状黏性土。下伏基岩为白垩系砂岩。粉质壤土土壤渗透系数为 1.90×10^{-6} ～ 3.70×10^{-6} mm/h，黏性土土壤渗透系数为 1.41×10^{-7} ～ 3.53×10^{-7} mm/h。稳定地下水位埋深一般位于自然地面以下0.8～4.0 m。

（3）中心城区水系条件：中心城区主要有清流河、内城河、龙蟠河、胜天河、琅琊河、菱溪河、丰收渠、大官塘－菱溪湖水系、小官塘水库泄洪渠、双江水库泄洪渠以及新河水系。

（4）建设用地情况：滁州市现状城市老城区建筑密度高，建筑、路面等不透水面积占的比例较大，新城区建筑密度相对较低，地面硬化程度也相对较低，特别是会峰路以北的老城区水面绿地比例较低，相对而言城南新区和清流河东片新区河网密布，水面、绿地面积较大。

2. 降水、径流及洪涝特点

（1）径流特征：滁州城区排水条件整体良好，地表径流流速较快，初期雨水径流量较大。整体城区被清流河分隔为东、西两大片区；城西片区地势由西向东倾斜，且坡度较大；城东片区东西向起伏大。

（2）暴雨洪涝特征：夏季强降水，城市排水系统将要同时承担西部山区洪水、水库泄洪和城市排水的功能，加之城市本身处于地势低平地区，加重了洪涝的危害。

3. 水资源情况

（1）水资源量：滁州市 2014 年全市水资源总量为 43.77 亿立方米，全市人均水资源占有量 1102.3 立方米。

（2）水资源开发利用强度：2014 年滁州市供水水源实际供水量为 21.30 亿立方米，供水量以地表水源为主，为 20.41 亿立方米，占总供水量的 95.8%。地下水源供水量为 0.89 亿立方米，全部为浅层地下水，占总供水量的 4.2%。基本无污水处理回用量和集雨工程供水量。

4. 水环境情况

2014 年共对滁州市 32 个水质断面（点位）进行了 389 次采样监测，代表河流长 753.4 km，代表湖库面积 263.9 km^2。32 个监测断面（点位）中全年期水质符合《地表水环境质量标准》（GB 3838—2002）Ⅲ类或优于Ⅲ类的断面（点位）占 34.4%，Ⅳ类占 25.0%，Ⅴ类至劣Ⅴ类占 40.6%。

（1）城市饮用水水质：取水水质达标率持续为 100%，饮用水源地水质持续稳定。

（2）中心城区水质：城区水库水质较好，绝大部分为Ⅲ类水体。南湖两岸、内城河两岸、北湖部分段正在进行污水截流，现状水质为Ⅴ类水。城西干渠、会峰渠位于清流河西，为建成区主要的排水通道，由于截污不彻底，现状水体水质较差。清流河东菱溪河水系、丰收渠、大官塘泄洪渠等由于受到沿线固体废弃物及农业面源污染的影响，水质较差。

5. 现状工程体系及设施情况

（1）供水设施：目前滁州市中心城区共有 4 座水厂，总供水规模 310 000 m³/d。

（2）污水设施：滁州市中心城区现状内城河内区域为截流式合流制排水体制，其他区域均为分流制，已建污水管道总长度约 583.03 km。

滁州市现已建成两座污水处理厂，即清流污水处理厂（滁州市第一污水处理厂）和城东污水处理厂（滁州市第二污水处理厂）。滁州市第三污水处理厂设计总规模 150 000 m³/d，一期工程 50 000 m³/d 正在筹建中。

（3）雨水排涝设施：滁州城区以清流河为界划分为城西和城东两大分区，已建雨水管渠总长度约 304.79 km，排水管道的覆盖率约为 78%。清流河接纳了目前滁州城区的全部雨水、生活污水和工业废水。

滁州城区现状用于雨水调蓄的设施主要是自然水体，除古城地区的南、北湖为专用调蓄水体外，其他水体过去功能以农业灌溉为主，目前绝大多数已经没有农业灌溉功能。中心城区现有雨水排涝泵站 5 座，城区现状易产生渍水的地区约 25 处。

（4）防洪设施：滁州市防洪体系主要由防洪水库、河道堤防及山丘区撇洪沟组成。城区为防止外水（山洪）入城对建成区的影响，现状已经按 20 年一遇标准完成了龙蟠河、琅琊路以北的撇洪沟、西涧路撇洪沟和丰收渠整治。

二、问题解析

海绵城市建设的主要问题均应从水生态、水环境、水安全、水资源四个主要方面进行，部分文化底蕴丰厚的城市可以积极探索水文化的复兴。

1. 水生态方面

主要关注城市的整体水系格局、生态岸线修复、水面率等，完善水系格局，拓宽疏浚河道，保证补水水源，实现分级蓄水，实现水生态修复的同时，提高城市水系景观和水文化服务功能。

2. 水环境方面

针对地表水存在不同程度的污染问题及其产生原因进行解析，主要包括：

（1）污水管网建设不完善、老城区截流不够彻底：随着城市的发展，城市的污水管网建设日渐完善，但仍有部分污水没有收集和处理。局部区域的生活污水、工业废水、畜禽和水产养殖等污水直接排入河道，造成水体的污染。

（2）初期雨水未处理，面源污染严重：初期雨水携带了较大比例的污染负荷，给河流水体带来的污染不可忽视。城市的快速扩张导致硬质化地面比例大大增加、初期雨水无法得到有效的截留和处理而直接进入受纳水体。另外，农业面源污染也是导致水体水质难以改善的重要因素。

（3）排污口多，生活垃圾乱堆乱放：城市河流排污口众多，存在不同程度的污水偷排和雨污水混接现象，需要组织排查、统一管理、减少数量。另外，河流水体附近生活垃圾乱堆乱放现象严重，造成水体污染。

（4）工业废水处理达标率不高：工业废水处理设施多集中在大、中型厂矿企业，且处理设施运转不正常，处理后的水回用率低，处理达标率不高，监督措施待加强。

（5）水体流动性差，无可靠的补水水源：现状水体流动性差，枯水期会有断流现象，没有可靠的补水水源。

3. 水安全方面

1）排水防涝主要问题

（1）雨水管网局部雨水排水系统达标率低，部分排水系统不完善。

（2）排水标准偏低，缺乏针对超标雨水的应对措施。

（3）老城区已建成排水管网年代久远，且为合流制排水管网，排水管渠养护跟不上，导致排水管网淤积堵塞严重，排水能力大大下降。

（4）部分道路交叉口处竖向标高较低，设置雨水口个数较少，收水量较小，路面雨水不能及时排入雨水管网。

（5）部分排水河道沟渠没有有效的管理、养护机制，造成河道沟渠淤积严重。

（6）老城区局部道路过路涵所采用的标准较低，致使在过路涵处易形成阻水点，极易形成区域内涝。

2）防洪问题

（1）防洪标准低，清流河下游防洪标准低，其现状城市防洪标准不足20年一遇。

（2）防洪工程设施不完善，未形成完整的防洪体系，清流河等支流防洪体系不完善。

（3）河道淤积严重，阻水障碍物多，给防洪带来很大困难，在河道行洪范围内存在不少阻水违章建筑，阻塞河道行洪，极大影响河流调蓄和过流能力。

（4）工程管理体制尚不健全。

4. 水资源方面

（1）大部分城市水源依赖地表水，水源形式较为单一，其他形式水源缺乏，供水安全性有待提高。

（2）缺乏雨水、再生水等非常规水资源开发利用措施。现状不存在非常规水利用（污水处理回用、雨水利用等），水资源利用水平不高。

（3）水源保护与管理有待加强。随着城市城区的扩展与建设，水质面临的威胁因素大大增多，应按照规定的饮用水水源保护区，加强安全防护，禁止一切危害水源水质的活动。

第二节　海绵生态空间格局规划

一、海绵空间管控格局的研究方法

海绵生态空间格局是城市大生态格局的一种，参考规划、景观、生态多种方法，提出以下思路（图2-1）。

图 2-1　海绵生态空间格局规划思路

1. 海绵基底识别

识别城市山、水、林、田、湖等生态本底条件。

2. 海绵生态敏感性分析

海绵生态敏感是区域生态中各海绵生态要素综合作用下的结果，涉及水体、生态等现有资源的保护及洪涝灾害、地质灾害等风险预防。海绵生态敏感因子可以划分为水敏感因子、生物敏感因子和地质敏感因子等。

（1）水敏感因子涉及水资源的保护、水环境的治理与恢复、水生态系统的保护与修复和水安全的保障，包括河流、湿地、水源地、易涝区、径流路径、排水分区等具体因子。

（2）地质敏感涉及水土流失、土地荒漠化、地面沉降、泥石流、地震等，具体因子包括高程、坡度和各类地质灾害分布等。

（3）生物因子涉及植物保护、动物保护、生境保护与修复等，具体因子包括植被分布、各类土地利用类型、动物物种分布及迁徙廊道等。

在城市海绵生态敏感性分析中，列出所有与其相关的水、地质、生物敏感的具体因子，采用层次分析法和专家打分法，给各敏感因子赋权重，通过 ArcGIS 平台进行空间叠加，得到海绵生态敏感性综合评价结果；并将其划分为高敏感区、较高敏感区、一般敏感区、较低敏感区和低敏感区。

3. 海绵空间格局构建

运用景观生态学的"基质—斑块—廊道"的景观结构分析法，将规划区中的海绵空间格局分为海绵生态基质、生态斑块和生态廊道。结合城市海绵生态安全格局、水系格局和绿地格局，构建"海绵基质—海绵斑块—海绵廊道"的海绵空间结构。

（1）海绵基质。是以区域绿地为核心的山水基质，区域绿地以自然绿地为主体，同时包含水域、湿地等，在城市生态系统中承担着重要的海绵生态和涵养功能，是保护和提高生物多样性的基地，同时还发挥着保持水土、固碳释氧、缓解温室效应、吸纳噪声、降尘、降解有毒物质、提供野生生物栖息地和迁徙廊道等各种生态保育作用，是整个城市和区域的海绵主体和城市的生态底线。

（2）海绵斑块。由城市公园绿地和小型湿地组成。城市公园绿地是城市绿地系统中最大的绿色生态斑块，是城市内部海绵生态和涵养功能的主要载体，而且对小气候的改善有明显作用。

（3）海绵廊道。主要包括水系廊道和绿色生态廊道，其中水系廊道是指河流和河流植被所构成的区域，包括河道、河漫滩、河岸和高地区域。水系廊道在控制水土流失、净化水质、消除噪声和污染控制等方面，有着非常明显的效果，并在给居民提供更多亲近自然的机会和更多的游憩休闲场所等方面，发挥重要作用。绿色生态廊道一方面承担大型生物通道的功能，为野生动物迁徙、筑巢、觅食、繁殖提供空间，建立山地生态系统和海岸生态系统之间的联系；另一方面是承担城市大型通风走廊的功能，将清新的空气引入城市，改善城市空气污染状况。

4. 海绵城市建设技术的用地适宜性评价

综合考虑地下水位、土壤渗透性、地质风险等因素，基于经济可行、技术合理的原则，评价适用于城市的海绵技术库。将城市分为适宜建设区、有条件建设区和限制建设区，其中适宜建设区可以采用所有海绵城市建设技术，有条件建设区有部分技术不适用，限制建设区仅考虑特定的一种技术。

5. 海绵建设分区与指引

综合考虑城市海绵生态敏感性、空间格局，海绵城市建设技术适用性以及城镇群的发展规模及用地布局，采用预先占有土地的方法将四者在空间上进行叠加。首先将海绵生态敏感性结果图中的最敏感地块叠于地图上，再将海绵空间格局中重要基质、斑块、廊道叠加，继而叠入规划用地中的建设与非建设用地分布，最后叠入海绵技术适宜性分区，一直到综合显示所有海绵生态与建设价值。

第三节 海绵城市总体目标与指标

一、总体目标

总体目标包括年径流总量控制率（按住房和城乡建设部《海绵城市建设技术指南》要求落实）、排水防涝标准（按国家标准要求）、城市防洪标准（按国家标准要求）。其中年径流总量控制率应根据城市不同区域水文过程和城市建设特点，建立降雨径流模型，分区计算本底和开发后的年径流总量控制率；再接合各分区海绵城市建设需求和海绵城市建设技术指南要求，确定各分区年径流总量控制率目标；最终经各区加权平均，得到中心城区年径流总量控制率总目标。

排水防涝标准按照《城市排水（雨水）防涝综合规划》的相关要求执行，城市防洪标准按照《城市防洪规划》的要求执行。

二、具体指标

根据《住房和城乡建设部办公厅关于印发海绵城市建设绩效评价与考核办法（试行）的通知》（建办城函〔2015〕635号），海绵城市的建设目标主要可分为水安全、水环境、水资源、水生态、机制、显示度共六方面。在该文件指导下，结合城市实际问题与需求，海绵城市建设以水生态、水环境、水安全为主，兼顾水资源，并按不同区域、建设特点分区达标（表2-2），概述如下：

在水生态方面，综合采取"渗、滞、蓄、净、用、排"等措施，最大限度地减少城市开发建设对生态环境的影响，将80%的降雨就地消纳和利用。划定城市蓝绿线，禁止侵占河湖水域岸线，保持天然水面率不降低；推进岸线改造，恢复河湖水系的生态功能。

在水环境方面，有序推进面源污染的治理工作，保障地表水环境质量有效提升和水环境功能区达标。努力实现建设区域雨污分流，近期未能实现雨污分流的区域加强合流制管网的溢流控制。

在水安全方面，有效防范城市洪涝灾害，内涝灾害防治能力、城市防洪能力达到相关规划和规范标准的要求。

表 2-2 城市海绵城市建设技术目标

类别	项	指标	指标值
水生态	1	年径流总量控制率	—
	2	生态岸线恢复	新建区生态岸线恢复80%旧城区岸线改造时，必须改造成为生态岸线
水环境	3	水环境质量	不得出现黑臭现象。不低于《地表水环境质量标准》规定的 IV 类标准。当城市内河水系存在上游来水时，下游断面主要指标不得低于来水指标
	4	城市面源污染控制	雨水管网不得有污水直接排入水体。非降雨时段，合流制管渠不得有污水直排水体。径流污染物削减率（以 SS 计）不低于 50%
水安全	5	城市暴雨内涝灾害防治	历史积水点彻底消除或明显减少
	6	城市防洪	防洪规划标准
水资源	7	污水再生利用率	不低于 35%
	8	雨水资源利用率	替代城市杂用水不低于 10%

在水资源方面，加强雨水、再生水等非常规水资源的利用工作，有效补充常规水资源，提高本地水源的保障能力。

海绵城市建设绩效指标定义与要求见表 2-3。

表 2-3 海绵城市建设绩效指标定义与要求

指标	定义	要求
年径流总量控制率	通过自然和人工强化的渗透、集蓄、利用、蒸发、蒸腾等方式，场地内累计全年得到控制的雨量占全年总降雨量的比例。年径流总量控制率 =100%-全年外排的径流雨量占全年总降雨量的比例	当地降雨形成的径流总量，达到《海绵城市建设技术指南》规定的年径流总量控制要求。在低于年径流总量控制率所对应的降雨量时，海绵城市建设区域不得出现雨水外排现象
生态岸线恢复	城市内河范围之内，为保护城市生态环境而保留的自然岸线占岸线的比例，其中岸线特指水体与陆地交接地带的总称	在不影响防洪安全的前提下，对城市河湖水系岸线、加装盖板的天然河渠等进行生态修复，达到蓝线控制要求，恢复其生态功能

续表 2-3

指标	定义	要求
水环境质量	江河、湖泊、运河、渠道、水库等具有使用功能的地表水水域水质标准	不得出现黑臭现象。海绵城市建设区域内的河湖水系水质不低于《地表水环境质量标准》规定的 IV 类标准，且优于海绵城市建设前的水质。当城市内河水系存在上游来水时，下游断面主要指标不得低于来水指标
城市面源污染控制	雨污分流比例：通过排水设施将雨水和污水分开，各用一条管道输送，进行排放或后续处理的排污总量占总排污量的比例。 雨水管网不得有污水直接排入水体。非降雨时段，合流制管渠不得有污水直排水体。 径流污染物削减率（以 SS 计）不低于 50% 径流污染物总量控制率：应结合城市水环境质量要求、径流污染特征等确定径流污染综合控制目标和污染物指标，一般可采用 SS 作为径流污染物控制指标。径流污染控制目标也可通过径流总量控制来实现，并结合径流雨水中污染物的平均浓度和低影响开发设施的污染物去除率确定	雨水径流污染、合流制管渠溢流污染得到有效控制。 1. 雨水管网不得有污水直接排入水体； 2. 非降雨时段，合流制管渠不得有污水直排水体
污水再生利用率	污水再生利用量与污水处理总量的比率。再生水包括污水经处理后，通过管道及输配设施、水车等输送用于市政杂用、工业农业、园林绿地灌溉等用水，以及经过人工湿地、生态处理等方式，主要指标达到或优于地表水 IV 类要求的污水厂尾水	再生水包括污水经处理后，通过管道及输配设施、水车等输送用于市政杂用、工业农业、园林绿地灌溉等用水，以及经过人工湿地、生态处理等方式，主要指标达到或优于地表水 IV 类要求的污水厂尾水
雨水资源利用率	利用一定的集雨面收集降水作为水源，经过适宜处理达到一定的水质标准后，通过管道输送或现场使用方式予以利用的水量占降雨总量的比例	雨水收集并用于道路浇洒、园林绿地灌溉、市政杂用、工农业生产、冷却等的雨水总量（按年计算，不包括汇入景观、水体的雨水量和自然渗透的雨水量），与年均降雨量（折算成毫米数）的比值；或雨水利用量替代的自来水比例等。达到各地根据实际确定的目标
城市暴雨内涝灾害防治	内涝防治是一项系统工程，是用于防治内涝灾害的工程性设施和非工程性措施的总和，包含源头控制设施、排水管渠设施和综合防治设施	历史积水点彻底消除或明显减少，或者在同等降雨条件下积水程度显著减轻。城市内涝得到有效防范，达到《室外排水设计规范》规定的标准

城市政府及市级职能部门将加大在制度建设方面的统筹力度，构建海绵城市规划
建设管控制度、技术规范与标准、投融资机制、绩效考核与奖励机制等长效机制。各
区政府及相关职能部门按市政府相关要求，组织相关部门具体落实（表2-4）。

表2-4　城市海绵城市建设机制目标

类别	项	机制目标	具体要求	性质
制度建设及执行情况	1	规划建设管控制度	建立海绵城市建设的规划（土地出让、两证一书）、建设（施工图审查、竣工验收等）方面的管理制度和机制	定性（约束性）
	2	蓝线、绿线划定与保护	在城市规划中划定蓝线、绿线并制定相应管理规定	定性（约束性）
	3	整合打包运作	制定海绵城市建设投融资、PPP 管理方面的制度机制	定性（约束性）
	4	社会资本实力	结合本市政府财政能力，对社会资本的实力提出要求，保证项目的实施	定性（约束性）
	5	合同管理、按效付费	1. 对于吸引社会资本参与的海绵城市建设项目，须建立按效果付费的绩效考评机制，与海绵城市建设成效相关的奖励机制等； 2. 对于政府投资建设、运行、维护的海绵城市建设项目，须建立与海绵城市建设成效相关的责任落实与考核机制等	定性（约束性）
	6	资金管理规范	本市建立健全资金管理相关办法	定性（约束性）

第四节　海绵城市整体建设 ——低影响开发雨水系统构建

低影响开发指在场地（地块）开发过程中采用源头、分散式措施维持开发前的水
文特征不变。低影响开发雨水系统建设旨在通过对高频率、低强度，即中小降雨径流
的控制，使地块的长期雨水径流总量与开发前相同。

一、分区低影响开发建设目标确定步骤

1. 规划区本底径流状况分析

基于规划的地貌、水文特征，使用暴雨洪水管理模型（storm water management model，SWMM）进行长时间序列降雨径流模拟，计算得出规划区未开发用地的综合径流系数，作为规划区的本底条件。

2. 规划区建设后径流状况分析

基于规划区典型下垫面分析结果和国家对不同用地类型绿地率的规范要求，使用 SWMM 模拟规划区不同用地类型的综合径流系数，作为规划区按传统模式开发后的径流条件，作为控规层面低影响开发设施指标分解的依据。

3. 目标年径流总量控制率的确定

根据规划区本底水文条件、国家的导则规范要求和不同建设分区的特点，确定规划区不同分区的目标年径流总量控制率取值标准，并分区计算目标年径流总量控制率。

二、径流状况分析

1. 本底条件径流分析

城区可以分为三类本底条件：圩区和丘陵区的农田及山区的林地。

山区的降雨径流一般分为地表直接径流、壤中流和地下径流三部分，其中地表直接径流和壤中流历时较短。从水生态角度出发，海绵城市建设的控制目标应为两部分径流流量。滁州周边丘陵及山地流域一般多年径流平均径流系数在 0.5 左右。相关研究表明，直接径流和壤中流一般占流域总径流量的 10% 左右。故取丘陵区本底径流系数为 0.05，对应年径流总量控制率 95%。

应用 SWMM 模拟单位面积（1 hm^2）地块的长时间降雨径流过程，以评估圩区和丘陵区农田的产流情况。模型输入如下：

降水数据根据滁州市气象站 1956—2013 年日降水数据及 SCS III 型 24 h 雨型生成逐小时降水序列；根据相关文献，滁州市多年平均水面蒸发量为 924 mm，约为 2.53 mm/d。

圩区和丘陵区土壤主要为粉质黏土，渗透性较差。其中，圩区粉质黏土中夹淤泥或淤泥质粉质黏土渗透性相对更差。参考安徽区域经验值，取圩区土壤渗透系数为

0.05 mm/h，丘陵区土壤渗透系数 0.15 mm/h。

参考《安徽省暴雨参数等值线图、山丘区产汇流分析成果和山丘区中、小面积设计洪水计算办法》，定农田初损为 30 mm。

其他模型参数对模型模拟结果的影响较小，取经验值。

模拟结果表明，圩区农田径流系数为 0.37，对应年径流总量控制率 63%；丘陵区农田径流系数为 0.28，对应年径流总量控制率 72%。

根据上述结果，计算规划区内平均径流系数为 0.30，与清流江流域多年平均径流系数相似，故结果具有合理性。

根据各海绵城市建设分区中不同本底条件占比，计算出各分区的本底年径流总量控制率，如图 2-2 所示。

2. 城市建设径流分析

城市建设对径流的最大影响是不透水面积的增加，建成后透水面一般由原植被变为城市建设用地。因此，参考国家相关规范对城市建设用地绿化率的要求确定地块不透水面积比例（表 2-5）。

根据城区土壤地下水资料，城市建设后，场地内一般会覆盖有厚度 1 m 以上的杂填土，土质松散，部分地区孔隙较大。故设开发后

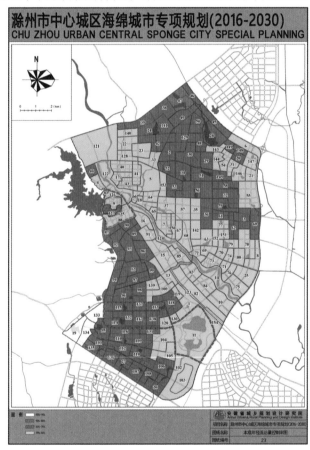

图 2-2　本底年径流总量控制率

表 2-5　不同用地类别不透水率

用地类型	用地类别	不透水面积比例
绿地	I	20%
道路与交通设施用地 发展备用地	II	70%
居住用地	III	65%
商业、服务业设施用地 工业用地 仓储物流用地	IV	80%
公共管理与公共服务用地 公用设施用地 建设用地	V	50%

SWMM 中土壤渗透系数为 3 mm/h。

　　根据经验数据，透水面降水初损定为 7.6 mm，曼宁系数为 0.1；不透水面降水初损定为 0.9 mm，曼宁系数为 0.02。

　　在水质模拟时，地块下垫面分为绿地、铺装和屋面三种类型，各类型占比见表 2-6。

　　城市开发后，各类用地的径流情况见表 2-7。

　　经计算，开发后各分区建设用地年径流总量控制率见图 2-3。

表 2-6　不同用地类别下垫面设置

用地类别	绿地	铺装	屋面
I（绿地）	80%	10%	10%
II（道路）	30%	70%	0%
III（居住）	35%	35%	30%
IV（商业）	20%	35%	45%
V（公共）	50%	25%	25%

表2-7 不同用地类型降雨径流模拟结果

用地类别	径流系数	COD kg/（hm²·a）	SS kg/（hm²·a）
Ⅰ（绿地）	0.290	283.88	398.13
Ⅱ（道路）	0.716	1277.78	1717.94
Ⅲ（居住）	0.673	911.86	1284.28
Ⅴ（商业）	0.800	1037.17	1482.66
Ⅴ（公共）	0.546	689.05	972.76

注：COD 为化学需氧量，SS 为悬浮物。

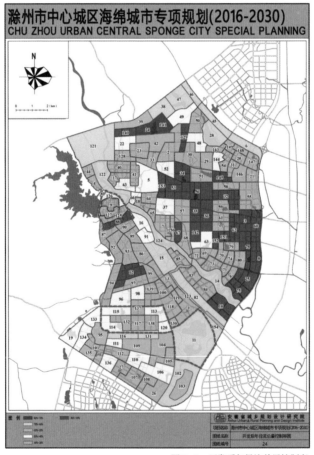

图2-3 开发后年径流总量控制率

3. 年径流总量控制率目标

目前，技术导则或规划提出的明确的年径流总量控制率目标计算方法，多是根据各地自然和建设条件确定。本次规划根据相关技术导则和分区本底情况确定：

（1）在《安徽省海绵城市规划技术导则》中，滁州市推荐年径流总量控制率为70%～80%。在《海绵城市建设技术指南》中，滁州市位于年径流总量控制率分区的Ⅳ区，年径流总量控制率为70%～85%。上述技术导则为规划区年径流总量目标取值提供了基础。

（2）年径流总量控制率的确定应充分考虑分区所属的本底条件。根据对规划区径流状况分析，圩区和丘陵区本底径流系数较高，为0.37和0.28；山区本底径流系数为0.95。考虑到技术导则要求，取圩区、丘陵区和山区的年径流总量控制率目标为75%、80%和85%，各新建二级分区根据分区内各地貌的比例计算基准年径流总量控制率目标。

（3）在生态格局上，清流河生态廊道区是规划区内主要的生态廊道，明湖是主要的绿地斑块，属于应着重保护的区域。同时，这两个分区的绿化率较高，故在规划时，其中的新建二级分区应取较高的年径流总量控制率目标，在第2步确定的基准目标基础上提高5%。

（4）琅琊工业单元区、城北工业单元区、示范园区单元区、城东工业单元区和担子单元区均包含第二产业，工业用地的径流污染特点限制了部分低影响开发设施的使用，故应降低其中新建二级分区的年径流总量控制率目标，在第2步确定的基准目标基础上降低5%。

（5）已建区主要面临的是水环境问题，为此确定的海绵城市建设目标是使雨水径流的面源污染削减50%以上。由于已建区进行大规模海绵城市建设的难度大，只能在有条件的局部进行改造。经过分析计算，为达到50%面源污染削减率，雨污分流片区需以新建区的目标改造70%的面积，而雨污合流制片区需改造65%的面积，并据此在所属一级分区的新建区标准基础上计算已建区的年径流总量控制率目标。

据此计算得到各二级分区年径流总量控制率目标见图2-4和表2-8，规划区总年径流总量控制率目标为70.1%。

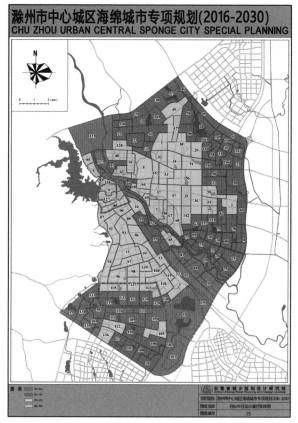

图2-4 目标年径流总量控制率

表2-8 分区目标年径流总量控制率（部分）

二级分区	本底控制率	开发后控制率	目标控制率
1	66.8%	35.2%	61.1%
2	72.2%	31.5%	61.9%
3	71.8%	27.0%	60.5%
4	68.9%	36.1%	65.6%
5	69.1%	48.9%	66.0%
6	69.0%	66.9%	73.3%
……	……	……	……

二、低影响开发设施建设指引

1. 低影响开发设施规划设计指引

根据《关于推进海绵城市建设的指导意见》中要求："保持雨水径流特征在城市建设前后大体一致"；《海绵城市建设绩效评价与考核指标（试行）》中要求："低于年径流总量控制率对应的降雨量时，海绵城市建设区域不得出现雨水外排现象"；并根据滁州市气象资料，滁州市的各年径流总量控制率对应的设计降雨量见表2-9。

表2-9 滁州市年径流总量控制率对应的设计降雨量

年径流总量控制率	60%	65%	70%	75%	80%	85%
降雨量（mm）	15.6	18.4	22	26.5	33	42

根据示范区年径流总量控制率目标，查滁州市年径流总量控制率曲线，可以得到不同分区目标设计降水量，如图2-5所示。各分区应据此进行各地块低影响开发设施的规划设计。

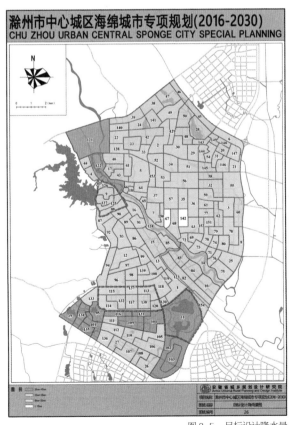

图2-5 目标设计降水量

考虑到示范区的绿地工程多为水系河岸工程，由于示范区雨水就近排入水体，可以利用绿地对上游城市区域的雨水径流进行处理，而且这些低影响开发设施可以结合绿地景观工程建设，投资的"净增项"较少。因此，可以根据场地条件，提升绿地工程的控制容积，利用绿地消减周边汇水区域的径流，作为地块改造的替代方案。但绿地提供的控制容积取决于周边汇水区及绿地本身的场地竖向以及绿地可以利用的面积等其他条件，因此不能给出统一的规模估算，需要因地制宜地具体情况具体分析。

2. 低影响开发设施选择

根据《海绵城市建设技术指南》，各类低影响开发设施在不同区域的特点见表2-10。

表2-10　各类型海绵分区低影响开发设施选用

技术类型（按主要功能）	单项设施	功能类型（按照用地性质分类）					新旧类型	
		居住用地	公共管理与公共服务设施用地	商业、服务业设施用地	工业用地	绿地与广场	旧城区	新城区
渗透技术	透水砖铺装	●	●	●	●	●	●	●
	透水水泥混凝土	●	●	●	◎	◎	●	●
	透水沥青混凝土	●	●	●	◎	◎	◎	●
	下沉式绿地	●	●	●	●	●	●	●
	简易型生物滞留设施	●	●	●	●	●	●	●
	复杂型生物滞留设施	●	●	◎	○	●	◎	●
	渗透塘	◎	●	◎	○	●	○	●
	渗井	◎	◎	●	●	◎	○	●
储存技术	湿塘	○	◎	◎	○	●	○	●
	蓄水池	●	●	●	◎	○	●	●
	雨水罐	●	●	●	◎	○	●	●
调节技术	调节塘	○	◎	○	○	●	●	●
	调节池	●	●	●	●	○	●	●
转输技术	转输型植草沟	●	●	●	●	●	◎	●
	干式植草沟	●	●	●	◎	●	◎	●
	湿式植草沟	●	●	◎	○	●	○	●
	渗管及渠	●	●	●	●	◎	◎	●
截污净化技术	植被缓冲带	○	●	◎	○	●	○	●
	初期雨水弃流设施	●	●	●	◎	◎	◎	●
	人工土壤渗滤	◎	◎	○	○	○	○	●

注：●表示宜选用，　◎表示可选用，　○表示不宜选用。

四、分区低影响开发设施配置

各二级分区参考低影响开发设施指标见表2-11至表2-13。

其中，各指标意义如下：

下沉式绿地率 = 下沉式绿地面积 / 地块内绿地总面积；

生物滞留设施率 = 生物滞留设施 / 地块内绿地总面积；

透水铺装率 = 透水铺装面积 / 地块内铺装总面积；

屋面雨水收集量 = 屋面雨水收集体积 / 地块内屋面总面积。

表 2-11 低影响开发设施配置 1

（55%< 分区年径流总量控制率 ≤ 65%）

用地类型	下沉式绿地率	生物滞留设施率	透水铺装率	屋面雨水收集量（m³/hm²）
I 类	10%	5%	—	—
II 类	—	15%	—	—
III 类	—	10%	5%	25
IV 类	10%	20%	5%	20
V 类	25%	—	5%	30

表 2-12 低影响开发设施配置 2

（65%< 分区年径流总量控制率 ≤ 75%）

用地类型	下沉式绿地率	生物滞留设施率	透水铺装率	雨水资源利用率
I 类	10%	5%	—	—
II 类	10%	10%	20%	—
III 类	10%	15%	5%	25%
IV 类（非工业）	20%	25%	20%	20%
IV 类（工业）	20%	30%	10%	20%
V 类	5%	10%	5%	30%

表 2-13　低影响开发设施配置

（75%＜分区年径流总量控制率≤85%）

用地类型	下沉式绿地率	生物滞留设施率	透水铺装率	雨水资源利用率
I 类	20%	5%	—	—
II 类	—	15%	20%	—
III 类	20%	15%	10%	25%
IV 类（非工业）	20%	30%	20%	20%
IV 类（工业）	20%	40%	10%	20%
V 类	10%	10%	10%	30%

第五节　海绵城市专项规划衔接

一、城市绿地系统规划

城市绿地系统是海绵城市建设的重要载体，是实现雨水径流控制目标的有效途径，应将低影响开发建设理念贯穿于绿地系统规划。因此以绿地系统规划目标与指标体系为切入点，将海绵城市建设的目标和相关指标融入绿地系统，在此基础上依据《城市绿地分类标准》（CJJ/T 85—2002），结合绿地分类规划中提出低影响开发策略，从整体上保证绿地系统与海绵城市建设的合理衔接，保证低影响理念贯穿绿地规划始终（图2-6）。

1. 目标和指标的衔接

依据《国务院关于加强城市基础设施建设意见》和《国务院办公厅关于推进海绵城市建设的指导意见》等文件关于提升城市绿地功能及推进公园绿地建设的相关要求，绿地系统规划的中期（2016—2020 年）和远期（2021—2030 年）建设目标，推广

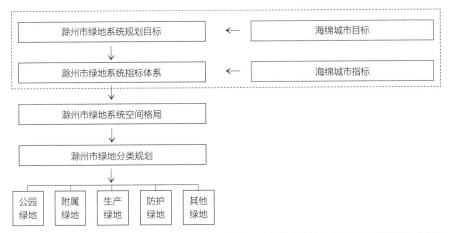

图 2-6　海绵城市建设与绿地系统规划衔接技术路线

海绵型公园和绿地，通过建设雨水花园、下凹式绿地、人工湿地等措施，增强公园和绿地系统的城市海绵体功能，消纳自身雨水，并为蓄滞周边区域雨水提供空间。同时结合城市污水管网、排水防涝设施改造建设，通过透水性铺装，选用耐水湿、吸附净化能力强的植物等，建设下沉式绿地、城市湿地公园等，提升城市绿地汇聚雨水、蓄洪排涝、补充地下水、净化水质等功能。

将绿地的雨水年径流总量控制率纳入绿地系统指标体系，要求绿地年径流总量控制率不低于 85%。

2. 与海绵城市建设相协调，合理布局绿地系统

（1）绿地系统空间布局应满足均衡性，以便更好分担各片区雨水径流。从《滁州市城市绿地系统规划》对中心城区绿地系统的规划可知，中心城区缺少供居民停留游憩活动的公共空间，为满足适度使绿地系统的分布满足均衡性的要求，可对周边其他绿地提出较高的建设要求。

（2）根据规划的公园绿地，合理地确定规划公园的绿地服务半径，按照 300 m 见绿的要求，绿地系统服务半径覆盖完整且连通性强，以便更好控制雨水径流。在有必要的前提下适当调整部分用地作为街头绿地、社区公园，并进一步增加海绵化改造的低影响开发设施。

3. 根据绿地类型的不同特征，提出针对性低影响开发策略

（1）公园绿地：根据《城市绿地分类标准》（CJJT 85—2002），公园绿地主要分为综合公园、社区公园、专类公园、带状公园、街旁绿地五类，公园绿地分布分散但规模较大，作为雨水调蓄的"点"，对周边用地雨水调蓄作用明显且辐射范围较广，但各类公园绿地之间由于规模和功能的差异，对雨水径流控制的贡献和可采取的低影响开发措施也存在一定差异。因此，结合不同公园绿地自身特点，合理确定其低影响开发策略，对公园绿地自身雨水的消纳和周边地块雨水的滞蓄具有明显作用。

（2）附属绿地：根据《城市绿地分类标准》（CJJT 85—2002），附属绿地主要分为居住绿地、公共设施绿地、工业绿地、仓储绿地、对外交通绿地、道路绿地。附属绿地由于其分布较散且分布面积广，是各类地块中雨水消纳的重要部分。附属绿地应根据其是否属于地块内，采用不同的低影响开发方式，以实现雨水控制。

① 地块内的附属绿地。包括居住区绿地、公共建筑绿地、市政设施绿地、工业绿地、仓储绿地。属于雨水控制的"面"元素，在地块开发过程中应尽量保持现有的自然地貌特征，保留现状排水系统，同时结合雨水滞留设施、下凹式绿地、雨水花园、透水铺装等以滞、蓄为主的低影响设施进行雨水径流控制。以居住绿地为例，首先，建筑采取集中紧凑的开发布局模式，增加公共享有的绿地空间，为地表径流控制设施的布局提供足够用地，从源头削减雨水径流；其次，利用居住绿地点、线、面的结构特征，与径流滞留、转输、调蓄等低影响开发设施紧密结合形成网状径流控制系统；最后，在用地条件局限时增设调蓄设施。

② 地块外的附属绿地。主要是道路广场绿地，属于雨水控制的"线"元素，除了消纳自身一部分雨水外主要起转输雨水的作用，道路绿化带可采用下凹式绿地，渗透雨水的同时还进行雨水转输，同时还应保证城市道路绿地率满足《城市道路绿化规划与设计规范》要求；道路绿地与道路在竖向上相协调，保证道路上的雨水能够顺利进入绿化带；低影响绿化带与雨水管线相协调，保证超标雨水能够顺利排入管道，防止内涝发生。

（3）生产绿地：生产绿地以满足其生产功能和水土保持功能为主，不对其做低影响开发的指标要求。

（4）防护绿地：防护绿地主要起消纳自身雨水的作用且由于防护绿地具有安全防护的作用不宜改变其植物种植形式，因此不做低影响开发改造要求。

（5）其他绿地：随着市场经济和城市建设的发展，城市居民休闲时间不断增加且出行能力不断增强，位于城市建设用地之外、城市规划区范围以内，生态、景观和游憩环境较好、面积较大、环境类型多样的区域开始承担起城市生态、景观保护和居民游憩的职能，使得市区与周边环境的结合更加有机，使居民生活更加丰富。

二、城市交通规划

传统管道排水方式导致道路排涝压力大、路面污染严重、雨水资源流失、生态环境破坏等问题突出，难以满足现代城市建设对生态和环境的需求。如何有效处理城市道路与水环境的关系，实现城市道路建设对水环境带来的负面影响最小化，改善城市生态环境，已成为城市道路排水系统面临的重大问题之一，传统城市道路排水系统的规划设计理念及方法受到了严峻的考验。为此，发达国家提出了基于低影响开发的可持续绿色道路排水理念，其核心是采用绿色、低碳的低影响开发措施来控制雨水径流，构建以促渗减排、过流净化等技术为核心的新型雨水排水系统，能够有效缓解道路径流污染、减少径流总量及峰值流量，改善城市道路及周边生态环境，是城市道路排水（雨水）系统的发展方向。

1. 海绵城市理念对道路交通系统的优化

道路开发尽量减小对城市山、水、林、田、湖资源的破坏和侵占，区域性的交通线路在定线时要对周边的山体、林地、文化古迹、水体的破坏予以详尽的评估，优化道路平面线型和竖向设计，尽量避免开山、伐林、填湖。摒弃简单方格网的道路布局思路，避免对于建设区内的重要生态要素的割裂，例如植被较好的山体、自然湿地分布的洼地等，城区道路布局要减小对东西山体余脉的破坏。跨河渠的道路桥涵要为水系预留足够的跨度和净空，避免破坏水系廊道的整体性。沿河滨湖的道路充分退让，为水系生态打造预留充足空间。毗邻山、河、湖的道路，其绿化应结合自然环境，突出自然景观特色。

2. 道路规划设计统筹考虑海绵设施的落实

（1）调整与控制道路竖向，满足排水防涝要求（图2-7、图2-8）：城市道路坡

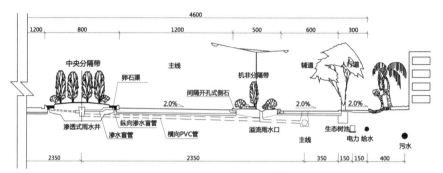

图 2-7　道路雨水排除竖向设计示意 1（单位：m）

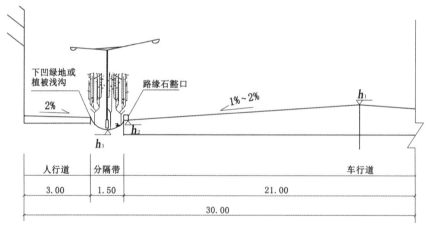

图 2-8　道路雨水排除竖向设计示意 2（单位：m）

向应与雨水管涵水流方向一致，必须进行路段调坡时，调坡深度不应超过 0.15 m。

　　沿河道路的高程需根据设计频率水位和波浪侵袭高度加安全超高来确定，波浪侵袭高度按公式计算值或以实际观测值为依据；安全超高视构筑级别和筑堤材料而定，一般取值 0.4~1.0 m。

　　用地地块内的地面高程应按该地块的重要性和区域地形条件确定，重要项目的地面高程应高于相临道路最低处 0.45 m 以上，一般项目的地面高程应高于相临道路最低处 0.3 m 以上。

　　地下设施的入口高程必须高于周边地面高程，车行入口高程应高于周边地面 0.2 m

以上，人行入口高程应高于周边地面 0.45 m 以上。

（2）调整道路排水方式：改变传统的单纯由市政管线排水的模式，在满足道路交通安全等基本功能的基础上，充分利用城市道路自身及周边绿地空间落实低影响开发设施，结合道路横断面和排水方向，利用不同等级道路的绿化带、车行道、人行道和停车场建设下沉式绿地、植草沟、雨水湿地、透水铺装、渗管及渠等低影响开发设施，通过渗透、调蓄、净化方式，实现道路低影响开发控制目标（图 2-9）。

路面雨水首先汇入道路绿化带及周边绿地内的低影响开发设施，并通过设施内的溢流排放系统与其他低影响开发设施或城市雨水管渠系统、超标雨水径流排放系统相衔接。调整道路横断面竖向，便于雨水通过开口路沿石进入下沉绿化带；雨水口调整至绿化带中成为溢流口，溢流口竖向上高于下沉绿化带，高于路面（图 2-10）。

（3）推广应用道路透水铺装：进行透水路面的布局，新建、改建道路尽量采用透水铺装。首先考虑透水铺装在路边停车带和人行道的采用，有条件的区域机动车道也可采用透水沥青。

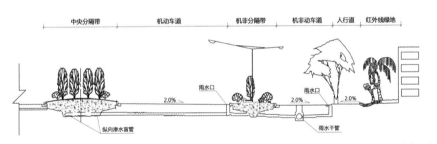

图 2-9　传统道路排水模式（图片来自网络）

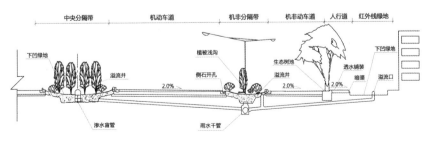

图 2-10　基于低海绵城市的道路排水模式（图片来自网络）

小区道路路面宜采用透水铺装，透水铺装路面设计应满足路基路面强度和稳定性等要求，透水铺装类型与道路类别衔接关系见表2-14，透水铺装类型见图2-11。

表2-14 透水铺装类型与道路类别衔接关系

透水铺装类型	结构特点	适用路面类别	交通条件
透水混凝土路面	透水混凝土面层、找平层以及基层、垫层以及土基	人行道、非机动车道、小型车辆停车场、组团级住宅路面	仅供行人和非机动车及小型机动车
透水沥青路面	透水沥青面层、下封层、基层以及土基	机动车道	可供大型车辆
透水砖、嵌草砖	透水砖面层、找平层、透水基层、透水底基层和土基	人行道、路边停车位	仅供行人和停车

透水沥青
· 热岛效应缓解：低
· 初始成本：高于常规10%
· 维护：真空吸尘器清扫
· 使用寿命：10～30年

透水混凝土
· 热岛效应缓解：低到中等（取决于颜色）
· 初始成本：高于常规10%
· 维护：真空吸尘器清扫
· 使用寿命：10～30年

拼接透水砖
· 热岛效应缓解：低到中等（取决于颜色）
· 初始成本：高
· 维护：真空吸尘器清扫
· 使用寿命：10～50年

特殊透水材料
· 热岛效应缓解：中等
· 初始成本：中等
· 维护：真空吸尘器清扫
· 使用寿命：10～50年

碎石铺装土
· 热岛效应缓解：中等到高（取决于颜色）
· 初始成本：中等到高
· 维护：添加砾石
· 使用寿命：10～20年

嵌草砖
· 热岛效应缓解：高
· 初始成本：高
· 维护：添加砾石
· 使用寿命：20～40年

图2-11 透水铺装类型

（4）落实道路绿地率要求：道路绿地率是道路径流控制的关键因素，一方面高绿地率降低了道路径流产生，另一方面道路绿地可做成下沉式绿化带、雨水花园等，消纳部分路面径流。

根据《城市道路绿化规划与设计规范》（CJJ 75—97），道路绿地率是指道路红线范围内各种绿带宽度之和占总宽度的百分比，规范中对规划道路绿地率的基本要求见表 2-15。

表 2-15　规划道路绿地率基本要求

道路红线宽度	绿地率
园林景观路	≥ 40%
红线宽度大于 50 m 的道路	≥ 30%
红线宽度 40 ~ 50 m 的道路	≥ 25%
红线宽度小于 40 m 的道路	≥ 20%

（5）道路径流与红线外海绵设施相统筹：道路红线内绿化带不足，不能实现低影响开发控制目标要求时，可由政府主管部门协调道路红线内外用地布局与竖向，综合达到道路及周边地块的低影响开发控制目标。道路红线内绿地及开放空间在满足景观效果和交通安全要求的基础上，应充分考虑承接道路雨水汇入的功能，通过建设下沉式绿地、透水铺装等低影响开发设施，提高道路径流污染及总量等控制能力。

当道路红线外为不透水区域时，根据路面与周边区域的竖向关系，将不透水区域的径流尽量汇入红线内的海绵设施（图 2-12）。

当道路红线外存在开放式绿地时，应根据坡向将红线内、外径流尽量汇入开放空间的雨水设施内进行滞留与净化（图 2-13）。

当道路濒临河道时，为防止水体污染及河道冲蚀，宜采用在道路与河道之间设置植被缓冲带、雨水塘等措施，控制径流总量和峰值流量（图 2-14）。

（6）调整、优化道路横断面设计：涵盖城市道路横断面、纵断面设计的专项规划，应在相应图纸中表达低影响开发设施的基本选型及布局等内容，并合理确定低影响开发雨水系统与城市道路设施的空间衔接关系。建议编制专门的道路低影响开发设施规

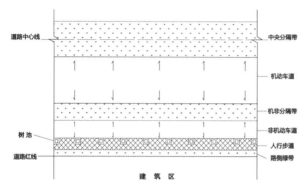

图 2-12　红线外为不透水区域的道路平面布局示意（图片来自网络）

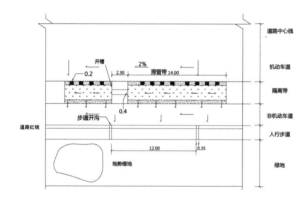

图 2-13　红线外为开放式绿地的道路平面布局示意（图片来自网络）

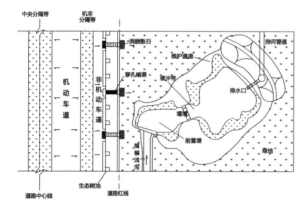

图 2-14　红线外濒临河道的平面布局示意（图片来自网络）

划设计指引，明确各层级城市道路（快速路、主干路、次干路、支路）的低影响开发控制指标和控制要点，以指导道路低影响开发相关规划和设计。

城市道路在满足同等道路功能的前提下，其横断面设计应充分考虑低影响开发设施建设需求，优先选用含绿化带的横断面形式。

道路横断面设计应优化道路横坡坡向、坡度，充分考虑路面与道路绿化带及周边绿地的竖向关系，便于雨水径流汇入。

路缘石开口方式设计：路缘石豁口处应局部下凹以提高设施进水条件，进水口的开口宽度、设置间距应根据道路竖向坡度调整，进水口处应设置防冲刷设施。

（7）道路设计与大排水系统相协调：大排水系统是指利用"蓄排结合"的方式应对超标大暴雨事件，其中"排"主要指通过地表径流途径排水（包括道路或沟渠等），地表排水通道分为设计的和天然的。

道路设计时充分考虑超标雨水的排放需求，通过竖向以及道路交叉口细部设计，使超出雨水管渠排放能力的径流雨水可以通过路面有组织的排放，在道路与水系相交处，预留超标雨水侧排入水系的开口，作为排水终端（图2-15、图2-16）。

图2-15 道路大排水系统道路交叉口衔接 图2-16 道路大排水系统终端设置

（8）道路绿地树种和植物选择：道路绿化应选择适应道路环境条件、生长稳定、观赏价值高和环境效益好的植物种类。花灌木应选择花繁叶茂、花期长、生长健壮和便于管理的树种；绿篱植物和观叶灌木应选用萌芽力强、枝繁叶密、耐修剪的树种；地被植物应选择茎叶茂密、生长势强、病虫害少和易管理的木本或草本观叶、观花植物，其中草坪地被植物应选择萌蘖力强、覆盖率高、耐修剪和绿色期长的种类。

植草沟是城市道路较常采用的海绵城市设施。植草沟需要选择抗雨水冲刷的植物，一般选择高度在 75~150 mm 之间的草本植物，植物过高可能会由于雨水冲刷而引起倒伏，选择较高的草本植物时要注意及时修剪；选择根系发达的植物，有助于污染物的净化及加固土壤，防止水土流失；所选植物应能承受周期性的雨涝以及长时间的干旱；植物的种植密度应稍大，植被越厚，阻力越大，对雨水径流的延缓程度也就越大。植被浅沟内的植物种类可以较为单一，常见种类有结缕草、野牛草、草地早熟禾等。

嵌草砖常用于人行道、停车场及车流量少的道路及广场，嵌草砖一般种植低矮、耐践踏的地被植物；嵌草砖内的植物也要能够承受周期性的雨涝及长时间的干旱。植物种类有结缕草、野牛草等。

三、城市水系规划

城市水系是城市生态环境的重要组成部分，往往影响着城市脉络和结构，决定着一个城市的布局，也是城市雨水径流自然排放的重要通道、受纳体及调蓄空间，与低影响开发雨水系统联系紧密。

通过水系规划划定城市生态空间控制边界，梳理整合现状水系，塑造网络化自然吸纳水体，最后以水系网络为本底，构建自然渗透网络，为海绵城市的建设提供基本保障。

1. 增加城市河网密度、建设源头微型河道

现代城市的河道排水系统往往不完整，主要依靠地下管网将雨水排入河道，城市内部排水仅有主干河渠，支渠减少，微型河道消失。河网密度大大下降，河道对雨水调蓄能力有限，无法及时对雨水进行有组织的疏导、排放。当瞬时暴雨来临时，就存在很大的内涝风险。

在海绵城市建设中，尽可能在径流产生源头使用透水的沟渠组织雨水排放，提高沟渠的密度和长度，有利于雨水下渗和延长雨水汇流的时间，降低洪峰流量，同时可以沉淀泥沙，控制雨水携带的污染物转移。在这些排水沟渠逐级增加汇流量的过程中，就需要提高沟渠的宽度、深度，逐渐变为城市排水的河道。这里所提到的沟渠不仅仅是市政道路边沟，而是需要根据城市地形条件，尽可能多地保留城市原有自然排水汇流的渠道，并在其两侧控制一定宽度的绿地，形成排水河道的同时也增加了城市绿地。

这些排水沟渠应连成网络，并沟通城市较大的河道，成为城市自然水系的组成部分。由于这些沟渠的存在使得城市雨水管网可以就近排放，缩短长度，也可以利用这些沟渠替代部分雨水主干管，降低城市管网的建设量。

2. 增加城市内外的蓄水空间

蓄，即为蓄积雨水。在降雨过程中通过蓄积一定量的雨水，使得雨水不至于快速下泄，可以保证降雨与排水错时进行，有利于削减洪峰。在城市低洼地排水不畅时应考虑蓄水措施，将雨水临时排放至城市坑塘或者蓄水设施中，避免内涝。

在海绵城市规划建设中应重点关注保护现有坑塘沟渠，保持水体的完整性，划定水生态敏感区并加强保护；优化城市河湖水体布局，实现自然、有序排放与调蓄；修复生态河道，恢复河道生态自然渗透、净化与调蓄功能；明确水系的功能布局及水系周边地块低影响开发控制指标。

3. 构建水系生态廊道

遵循自然生态优先原则，梳理城市内部的现状水系，规划整合连通水系，形成水系网络，保护和恢复城市河道水系的连续性、完整性，将每一条河流建设成连接生态绿地的生态走廊。通过合理划定滨水"绿线"范围，重建滨水地带，发挥水系统综合功能，促进滨水地带的生态恢复、适应水位变化和消滞洪水。同时在有动植物栖息的河道及河道两岸设立保护、恢复水生动植物栖息生境和自然生态发展空间，以恢复滨河退化的自然生态系统功能，保证生物栖息的和迁徙有较为独立、安静的空间。构筑可渗透的"有机生长"城市生态弹性空间；通过"蓝绿交融"理念将蓝天碧水与生态绿化完美的结合为一体，营造环绿抱水的复合生态网络城市。

4. 划定水系蓝线，实现水系在空间上的强制性管制和保护

（1）清流河干、支流。清流河干流蓝线划定标准为自堤防背水坡坡脚线外延不小于 110 m。清流河支流蓝线划定标准为自堤防背水坡坡脚线外延不小于 50 m。

（2）以排水、灌溉、景观功能为主的河（渠），按河口线分别外延 5～30 m。

（3）水库蓝线划定标准：已划定为水源保护区的水库，蓝线划定标准为一级水源保护线。大型水库蓝线划定标准为坝坡脚线外延不小于 300 m，中型水库蓝线划定标准为坝坡脚线外延不小于 200 m，小型水库蓝线划定标准为坝坡脚线外延不小于

100 m。滁州规划建成区有大量的中、小型水库，由于水库下游已经失去灌溉功能，其功能改变为景观和调蓄洪峰水体，蓝线划定标准为常水位外不小于 20 m。

（4）湖泊蓝线划定标准：重要湖泊蓝线控制范围为湖面常水位线外不小于100 m；城市景观湖泊蓝线控制范围为湖泊常水位外不小于 20 m，不含滨水空间；其他湖泊以最高洪水水位线外不小于 50 m 综合划定。

四、城市污水规划

海绵城市建设对城市的水生态和水环境改善提出了高标准、高要求。一般城市老城区内主要排水渠道的水体污染严重，主要原因之一是生活污水的点源污染。经过现场调查，污水管网存在合流制溢流、雨污水管道混接、截污工程不彻底等原因，需要对污水管道的建设提出更高更严格的要求。同时为了改善城区排水渠道水体水质，对污水厂尾水水质提出更高的要求。

海绵城市理念对于污水规划的优化：

1. 加强污水截流力度，减轻合流制溢流污染

针对城市老城区的合流制排水系统，对合流制排水系统的主要排口做污水截流，若现状仍有污水排入河道，说明截流不够彻底，应提高截流倍数。在城市建设中结合老城区棚户区改造和河道综合整治，完善污水截流工程，提高截流倍数至 5，减轻合流制的溢流污染。

2. 加强污水管道的排查和源头雨污分流改造

现状污水管道建设中存在污水偷排和雨水、污水管道混接的现象，需要进一步对污水管道进行排查和改造。根据城市建设计划，有针对性地对老旧小区进行雨污分流改造，从源头减少污染。

3. 污水处理厂出水再利用及排放

污水回用一般需经污水处理后才能满足各类用水对水质的要求。应加快污水处理厂提标改造，执行一级标准的 A 标准；新建污水厂尾水排放执行一级标准的 A 标准。地形条件允许情况下，出水再经人工湿地处理排放，加快污水深度处理，条件允许下，提升至出水四类水标准。就目前污水处理回用的前景而言，直接回用于工业不仅范围受到限制，可利用水量也有限。而将经过适当处理后的水排入天然水体，使之参与水

的自然循环，以改善环境，用于景观、娱乐、市政用水或农业用水，则回用的范围和规模将大为扩展。污水回用对象主要为以下几方面：

（1）景观、娱乐用水：以滁州城区为例，滁州城区有大量景观河道，加之枯水期水量也较少，可考虑将污水回用于景观河道用水和补充河道生态用水，将污水处理厂尾水出水经适当深度处理后回用于河道的景观用水，其水质应达到《景观娱乐用水水质标准》（GB 12941—1991）C 类所要求的水质标准。

（2）园林绿化、浇洒道路、洗车用水：城市绿化、浇洒道路及洗车用水水质必须达到《生活杂用水水质标准》（GJ 25.1—89）的要求。现有污水厂出水水质中部分指标达不到该标准的要求，其出水需进行适当深度处理才能回用。城区城市绿化、浇洒道路用水可考虑采用污水处理回用水，不再使用自来水。

（3）冲厕用水：冲洗厕所用水水质必须达到《生活杂用水水质标准》（GJ 25.1—89）的要求。污水厂出水需进行深度处理后，用泵提升至各小区回用水系统，回用水系统较复杂，建设成本较高。

从各类回用水水质指标来看，除景观、娱乐用水外，污水处理厂尾水需通过回用水处理设施处理后才能使用。根据滁州市的经济社会发展状况，确定滁州市污水回用率近期不小于 20%、远期不小于 30%。因此，滁州市污水再生利用水量的规划目标，近期 2020 年，应不低于 60 000 m³/d；远期 2030 年，应不低于 165 000 m³/d。

五、城市雨水排涝规划

海绵城市需要依靠低影响开发雨水系统、常规雨水径流蓄排系统以及超常规雨水径流蓄排系统共同构建。低影响开发雨水系统主要控制高频率的中、小降雨事件，以相对小型、分散的设施为主。常规雨水径流蓄排系统主要控制 1 ~ 10 年重现期的暴雨，包括传统排水系统的管渠、泵站等灰色雨水设施，而海绵城市需要结合 LID、BMP（最佳管理措施）等新型雨水基础设施，构建综合的蓄排系统实现对雨水的综合控制，并结合低影响开发雨水系统来进一步提升排水能力。针对 10 ~ 100 年重现期的暴雨径流，一般有自然或人工水体、道路和开放空间的行泄通道和大型调蓄设施等，并叠加低影响开发雨水系统与常规雨水径流蓄排系统，共同达到对 20 ~ 50 年一遇暴雨甚至更高的控制目标。而且，这三个子系统并非截然的分割，需整体衔接、综合规划设计。

城市排水防涝规划设计时应兼顾低影响开发雨水系统、常规雨水径流蓄排系统以及超常规雨水径流蓄排系统，通过科学的"源头－中途－终端"结合和"绿－灰"基础设施的结合，才能更好地实现排水防涝与海绵城市的综合控制目标。

1. 城市年径流总量控制率目标与指标

通过对排水系统总体评估、内涝风险评估等，明确城市年径流总量控制率目标，并在近期规划里将控制目标分解为单位面积的控制指标，通过指标控制和建设项目的规划管控使地块的年径流总量控制率达到目标要求。

2. 径流污染控制目标及防治方式

雨水径流污染主要来自初期雨水。由于降雨初期，雨水溶解了空气中的大量酸性气体、汽车尾气、工厂废气等污染性气体，降落地面后，又由于冲刷沥青油毡屋面、沥青混凝土道路、建筑工地等，使得前期雨水中含有大量的有机物、病原体、重金属、油脂、悬浮固体等污染物质，其污染物浓度较高。雨水径流污染控制主要通过源头控制、中途和末端蓄排以及末端治理技术来实现初期雨水径流污染的削减。源头控制根据城市水环境的要求，结合悬浮物（SS）等径流污染物控制要求确定年径流总量控制率，同时明确径流污染控制方式并合理选择低影响开发设施。中途调蓄措施在南湖、北湖和城西干渠等部分合流制过渡区域，结合河道水系综合治理项目，沿河实施截污工程的同时，在沿河排水主要排口处结合绿地建造自然形态的初期雨水截流池，近期控制污染，远期分流改造后可作为调蓄池用。末端治理技术，主要是指用在分流制雨水管网末端、雨水径流进入受纳水体之前的径流污染控制措施。除了源头治污、过程控制及河道的自净去除之外，剩余需通过末端处理措施控制的面源污染量。根据滁州市当地水生植物及河道水体污染物情况，结合河道综合整治工程规划中保留下的小水面，种植水生美人蕉与马蹄莲等水生植物，建设人工湿地系统，净化初期雨水。

3. 与城市雨水管渠系统及超标雨水径流排放系统有效衔接

应最大限度地发挥低影响开发雨水系统对雨水径流的渗透、调蓄、净化等作用，低影响开发设施的溢流应与城市雨水管渠系统或超标雨水径流排放系统衔接。城市雨水管渠系统、超标雨水径流排放系统应与低影响开发系统同步规划设计，并按照《城市排水工程规划规范》（GB 50318—2000）、《室外排水设计规范》（GB

50014—2006）等规范相应重现期设计标准进行规划设计。

4. 雨水资源化利用目标及方式

随着滁州城市化进程的加快和国民经济的高速发展，水资源短缺和水环境污染日趋严重。对水资源进行合理开发、高效利用、全面节约、有效保护和综合治理，已成为一项重要的战略任务。加强水资源管理，控制水资源污染，从根本上解决水资源短缺问题，越来越成为制约滁州经济和社会发展的重要因素。城市的雨水是重要的水资源，加强其开发与利用是非常重要的。过去城市雨水都直接排放进水体，这样，不但造成水资源浪费，也增大下游管道和河道洪峰流量及受纳水体的污染。

雨水资源利用就是把从自然或人工集雨面流出的雨水进行收集、储存用作回用，减少地表径流量。雨水资源利用是解决城市缺水和防洪问题的一项重要措施，是从水文循环中获取水为人类所用的一种方法。因此本规划对滁州市中心城区雨水资源采用拦蓄利用的方式，将屋顶、道路、庭院、广场等的雨水进行收集，经适当处理后进入蓄水池，可以用来灌溉绿地、冲厕所、洗车、喷洒路面、景观补水等。这种方法能够使雨水得到有价值的利用，减少自来水的用量，从而既减少了雨水排放量，又增加了可利用水资源。滁州市雨水资源利用目标为其替代城市杂用水不低于10%，建议雨水利用方式有如下几种：

（1）雨水经排水管渠排至相应景观的集中用水点，如人工湖、贮水池等，补充生态用水，用于维持和改善市区的水环境。

（2）大型公用设施区和超过一定面积的（本规划推荐10万平方米及以上的）新建小区，必须考虑设计雨水利用设施，如贮水池，屋顶蓄水和由入渗池、井、草地、透水地面组成的地表回灌系统；收集的雨水主要用于改善环境、冲厕所、洗车、浇庭院和回灌地下水。

（3）老城单元区的居住小区和公共建筑，建议增加雨水利用措施，如雨水罐、贮水池等。收集的雨水主要用于洗车、绿化浇洒，充分利用雨水资源。

（4）在城市公共绿地规划用地内应开挖建设雨水调蓄池并营造人工湿地，开发成生态公园，一方面可以减轻城区内雨洪威胁，另一方面也增加了自然景观。

第六节　海绵城市总体建设任务

根据国家海绵城市规划建设目标的要求（2020年、2030年城市建成区达到海绵城市要求的面积应分别不小于20%和80%），综合确定城市海绵城市的分期建设任务。因此，依据规划目标，应将海绵城市建设任务分为近期和远期，分片分期实施。近期重点确定2016—2020年的试点区域建设任务，并兼顾建设试点区外的重点项目。远期按照中心城区80%区域实现海绵城市建设要求，统筹安排，确保建设目标达成。

海绵城市建设项目具有多重目标性，除排水防涝、污水治理、数字化管理平台工程，海绵型公园绿地项目、部分水系整治项目、海绵型建筑和小区项目、海绵型道路项目可应对径流控制、面源污染控制、雨水资源利用等多个目标；水系综合整治项目可应对河道综合整治、生态岸线恢复、面源污染控制等目标并涉及部分防洪要求。

城市海绵近期重点建设项目以试点区的海绵城市建设示范为主，根据规划目标，在近期（2016—2020年）应安排包括海绵型公园绿地、海绵型市政道路、海绵型建筑与小区、水系治理与生态修复、污水治理、排水防涝、海绵城市数字化管理平台7大类项目，基本覆盖了城市建设开发过程中常见的项目类型。远期2021—2030年结合相关规划衔接的调整，按照7大类项目，综合考虑海绵城市的远期建设规划。

建设任务的选择应充分参考城市各部门近期建设计划、"十三五"期间市政基础设施重点建设项目表等，根据建设目标适当增加新项目，老城宜结合棚户区改造、旧城更新增加项目，切忌纸上谈兵，不根据实际情况布置建设任务，后期建设项目难以落地。

以滁州市近期建设为例。

一、海绵型公园绿地类项目

近期拟建设公园项目共计11项，其中新建项目9项，改建提升项目2项，项目概况、低影响开发措施、投资和建设周期信息详见表2-16，总投资规模为122 793万元。

主要项目内容包括：改造和建设下沉式绿地、生物滞留设施（含雨水花园、生态树池、植草沟、生物滞留带等）、透水铺装、雨水收集利用设施、植被缓冲带、生态堤岸、生物浮岛（图2-17）。

表 2-16　海绵型公园绿地建设项目一览表

序号	项目名称	项目概况	低影响开发措施	投资（万元）	建设周期
1	公园 A 二期	公园 A 二期建设，下水关以下部分。在现有工程的基础上进一步增加海绵城市的源头调蓄内容	包含但不仅限于如下措施：布置透水铺装，在道路沿线布置植草沟，修建雨水湿地、下沉式绿地	17 000	2017—2018 年
2	公园 B 建设	公园 B 建设，占地约 19 万平方米，包括清淤、驳岸、道路、桥梁、景点、灯饰、绿化等工程	包含但不仅限于如下措施：布置透水铺装，在道路沿线布置植草沟，修建雨水湿地、下沉式绿地。包括疏浚工程	18 900	2017—2018 年
3	公园 C	公园 C 面积约 25.6 hm²，包括景观、道路、清淤等工程	包含但不仅限于如下措施：布置透水铺装，在道路沿线布置植草沟，修建雨水湿地、下沉式绿地，完善雨水收集利用设施，结合水面布置生物浮岛	2973	2016—2017 年
4	公园 D	沿线绿色长廊建设，25 万平方米	包含但不仅限于如下措施：布置透水铺装，设置植被缓冲带	5000	2017—2019 年
5	公园 E	公园 E 建设，约 19.27 万平方米，征地、拆迁、驳岸、清淤、园路、灯饰、铺地、绿化等、道路、百草园、文化景区、生态园林、水艺广场等	包含但不仅限于如下措施：布置透水铺装，在道路沿线布置植草沟，修建雨水湿地、下沉式绿地	11 420	2017—2018 年
6	公园 F	带状公园、绿色长廊建设，约 29.63 万平方米	包含但不仅限于如下措施：布置透水铺装，在道路沿线布置植草沟，修建雨水湿地、下沉式绿地	1200	2016—2018 年
7	公园 G	包括大坝区景观工程和国家城市湿地公园两个子项目	包含但不仅限于如下措施：布置透水铺装，在道路沿线布置植草沟，修建雨水湿地、下沉式绿地，完善雨水收集利用设施，结合水面布置生物浮岛	63 600	2017—2018 年
8	公园 H	中心公园新建，占地面积约 8.3 万平方米	包含但不仅限于如下措施：布置透水铺装，在道路沿线布置植草沟，修建雨水湿地、下沉式绿地	1700	2018—2019 年

续表 2-16

序号	项目名称	项目概况	低影响开发措施	投资（万元）	建设周期
9	游园 A	街头游园改造	布置透水铺装，在道路沿线布置植草沟	200	2017—2018 年
10	游园 B	街头游园改造	布置透水铺装，在道路沿线布置植草沟	300	2017—2018 年
11	游园 C	东西大街与南谯北路交口西北角街头绿地改造	布置透水铺装，在道路沿线布置植草沟	500	2017—2018 年
合计				122 793	2016—2019 年

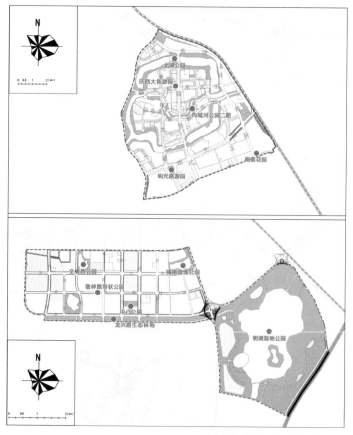

图 2-17　海绵型公园绿地建设项目

二、海绵型市政道路类项目

近期拟建设道路及附属绿化项目共计 8 项，其中新建项目 4 项，改建项目 4 项，项目概况、低影响开发措施、投资和建设周期信息详见表 2-17，与海绵城市相关的总投资规模为 95 699 万元。

主要项目内容包括：植草沟、透水铺装、弃流井、雨水溢流口、耐淹乡土植物。在有条件的道路绿化分隔带中试点下沉式绿地，改造和建设透水铺装（图 2-18）。

表 2-17　海绵型市政道路建设项目一览表

序号	项目名称	项目概况	低影响开发措施	投资（万元）	建设周期
1	道路 A	长 1360 m，宽 24 m	包含但不仅限于如下措施：布置人行透水砖，合理选择汇流口、雨水溢流口，种植耐淹乡土植物	1399	2017—2018 年
2	道路 B	老路改造，长 1600 m，宽 50 m	包含但不仅限于如下措施：布置人行透水砖，合理选择汇流口、雨水溢流口，种植耐淹乡土植物	7000	2018—2019 年
3	道路 C	长 2463 m，宽 30 m	包含但不仅限于如下措施：布置人行透水砖，合理选择汇流口，修建下沉式绿地、植草沟	11 800	2017—2018 年
4	道路 D	车行道、人行道、路灯、下水、拆迁，长 9000 m	包含但不仅限于如下措施：布置人行透水砖，合理选择汇流口、雨水溢流口，种植耐淹乡土植物，绿化分隔带中试点下沉式绿地、改造和建设透水铺装	56 000	2018—2019 年
5	道路 E	城市道路两侧退让空地新建绿化，长约 2000 m	包含但不仅限于如下措施：布置人行透水砖，合理选择汇流口、雨水溢流口，种植耐淹乡土植物，绿化分隔带中试点下沉式绿地、改造和建设透水铺装	1500	2017—2018 年
6	道路 F	长约 1765 m，红线宽 50 m	包含但不仅限于如下措施：布置人行透水砖，合理选择汇流口、雨水溢流口，种植耐淹乡土植物，绿化分隔带中试点下沉式绿地、改造和建设透水铺装	5800	2017—2018 年

续表 2-17

序号	项目名称	项目概况	低影响开发措施	投资（万元）	建设周期
7	道路 G	长约 1745 m，红线宽 50 m	包含但不仅限于如下措施：布置人行透水砖，合理选择汇流口、雨水溢流口，种植耐淹乡土植物，绿化分隔带中试点下沉式绿地、改造和建设透水铺装	5200	2017—2018 年
8	道路 H	长 2316 m	包含但不仅限于如下措施：布置人行透水砖，合理选择汇流口，修建下沉式绿地、植草沟	7000	2017—2018 年
合计				95 699	2017—2019 年

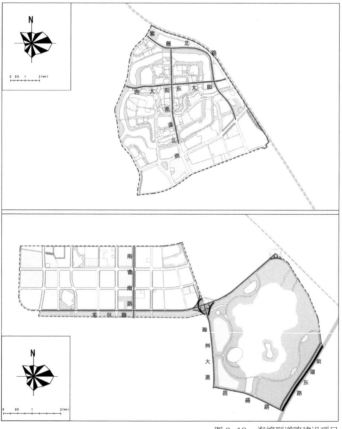

图 2-18　海绵型道路建设项目

三、海绵型建筑与小区类项目

近期拟建设建筑与小区项目共计 5 项，项目概况、低影响开发措施、投资和建设周期信息详见表 2-18，与海绵城市相关的总投资规模为 27 625 万元。

主要项目内容包括：建设绿色屋顶、下沉式绿地、透水铺装、雨水花园，有条件的小区建设雨水调蓄收集设施（图 2-19）。

表 2-18　海绵型建筑与小区建设项目一览表

序号	项目名称	项目概况	低影响开发措施	投资（万元）	建设周期
1	街区 A	历史文化街区改造	包含但不仅限于如下措施：下沉式绿地、透水铺装、雨水花园、生态滤沟、植草沟、渗排水板、调节池、模块蓄水池	23 000	2017—2018 年
2	小区 A	占地 15.7 万平方米，建设海绵小区	包含但不仅限于如下措施：下沉式绿地、透水铺装、雨水花园、生态滤沟、植草沟	由开发商配套建设	2017—2018 年
3	公建 A	占地 23.3 万平方米	包含但不仅限于如下措施：下沉式绿地、透水铺装、雨水花园、生态滤沟、植草沟、渗排水板、调节池、模块蓄水池	3300	2016—2018 年
4	公建 B	占地面积 2.6 万平方米	包含但不仅限于如下措施：下沉式绿地、透水铺装、雨水花园、生态滤沟、植草沟、渗排水板、调节池、模块蓄水池	1325	2018—2019 年
5	小区 B	—	包含但不仅限于如下措施：下沉式绿地、透水铺装、雨水花园、生态滤沟、植草沟、渗排水板、调节池、模块蓄水池	由开发商配套建设	2017—2020 年
合计				27 625	2016—2020 年

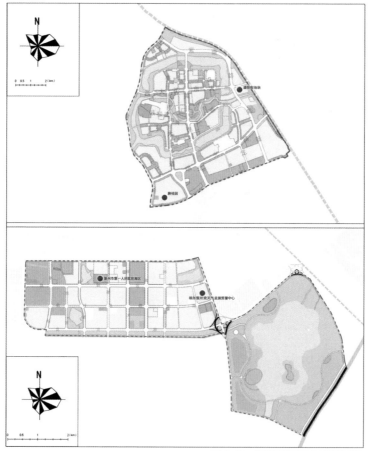

图2-19　海绵型建筑与小区建设项目

四、水系治理与生态修复项目

近期拟建设水系治理与生态修复项目共计2项，项目概况、低影响开发措施、投资和建设周期信息详见表2-19，与海绵城市相关的总投资规模为10 700万元。

主要项目内容包括：雨水调蓄设施建设、生态驳岸建设、雨水湿地建设、下沉式绿地建设、水系贯通、透水铺装等（图2-20）。

表 2-19 水系治理与生态修复建设项目一览表

序号	项目名称	项目概况	低影响开发措施	投资（万元）	建设周期
1	泄洪渠	中心水库与周边水体贯通，泄洪渠开挖工程，同步结合景观建设项目整体治理水系	包含但不仅限于如下措施：营造生态驳岸，布置下沉式绿地、植草沟、植被缓冲带，布置雨水调蓄池	4300	2018—2019 年
2	人工湿地	结合水污染防治目标，规划布置人工湿地	人工湿地	6400	2017—2018 年
合计				10 700	

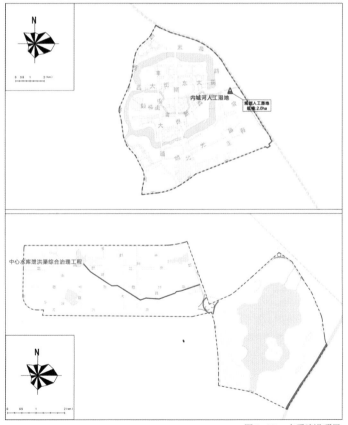

图 2-20 水系建设项目

五、污水治理项目

近期拟建设污水治理项目共计 5 项，项目概况、低影响开发措施、投资和建设周期信息详见表 2-20，与海绵城市相关的总投资规模为 29 853 万元。

主要项目内容包括：污水处理厂及配套管网项目（图 2-21）。

表 2-20　污水治理建设项目一览表

序号	项目名称	项目概况	投资（万元）	建设周期
1	第三污水处理厂及管网配套	新建，出水水质达到 1 级 A 标准	19 353	2016—2017 年
2	南部新城污水管网建设配套	污水管网配套建设	2000	2017—2020 年
3	老城区污水管网建设配套	污水管网配套建设	3500	2017—2020 年
4	老城污水处理厂	提标改造	3000	2017—2018 年
5	污水厂污泥处置	污泥综合处理	2000	2016—2020 年
合计			29 853	2016—2020 年

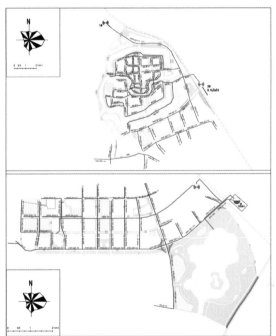

图 2-21　污水治理建设项目

六、排水防涝项目

近期拟建设排水防涝项目共计 3 项，项目概况、低影响开发措施、投资和建设周期信息详见表 2-23，与海绵城市相关的总投资规模为 17 000 万元。

主要项目内容包括：雨水截留池、水系贯通工程、闸站建设工程（图 2-22）。

表 2-21　排水防涝建设项目一览表

序号	项目名称	项目概况	投资（万元）	建设周期
1	闸站 A	新建闸站工程	8000	2016—2018 年
2	南部新城雨水管网建设配套	雨水管网配套建设	3500	2016—2020 年
3	老城区雨水管网建设配套	雨水管网配套建设	5500	2016—2020 年
合计			17 000	2016—2020 年

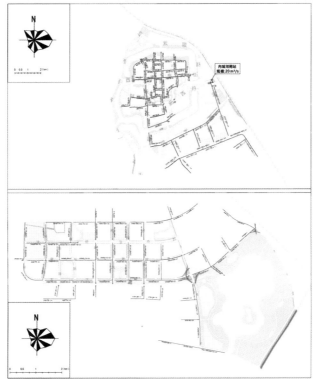

图 2-22　排水防涝建设项目

七、海绵城市数字化管理平台项目

近期拟建设海绵城市数字化管理平台项目共计 5 项，项目概况、投资和建设周期信息详见表 2-22，与海绵城市相关的总投资规模为 1850 万元。

在海绵城市建设试点区域内，监测评估系统建设项目共 5 项，包括供水水质监测、排水数字化管理、城市雨水径流与水质监测等。

表 2-22　数字化管理平台项目一览表

序号	项目名称	投资（万元）	建设周期
1	城市排水设施 GIS 系统投资	400	2017—2019 年
2	城市水力模型建设及后期维护	350	2017—2019 年
3	城市排水防涝数字信息化管控平台投资	400	2017—2019 年
4	在线雨量站建设	600	2017—2019 年
5	日常维护设备	100	2017—2019 年
	合计	1850	2017—2019 年

第七节　海绵城市近期建设区详细规划

一、水生态修复规划

水生态建设目标在确保合理的径流控制规划的同时，尽可能地恢复生态岸线，在不影响防洪安全的前提下，对区域内的河湖水系岸线、加装盖板的天然河渠等进行生态修复，恢复其生态功能，并依据蓝线控制要求，确定适宜的天然水面保持率。

1. 生态岸线恢复率

生态岸线恢复率是指城市内河范围之内，为保护城市生态环境而保留的自然岸线占岸线的比例。从区域内水系整体和长远发展的角度来看，应在满足防洪、排涝等水利功能要求的基础上，尽可能地恢复自然生态岸线，模拟自然形态，充分保护和利用滨水区域内野生或半野生的生境。同时岸线的构筑形式和材料应符合生态学和景观美学要求。

规划提出对近期试点区域内河道进行整治，岸线按照生态护岸进行建设，达到生态岸线恢复率不低于 80% 的目标要求。

合理规划试点区域内的河道驳岸类型，通过不同边坡、宽度及植物群落的设计，实现河道景观的复兴、水环境质量的提升和生态功能的加强。

规划驳岸类型分为生态型、湿地型和休闲型，具体内容如下。

（1）生态型驳岸：满足野生生物对生境的要求，自河流至陆地依次形成深水生境、浅水生境、滨水生境和陆生生境区，提高生物多样性；宽度控制在 50 m 以上；边坡坡度控制在 1：9 ～ 1：6 内；宜种植生态型植物群落，自河流至陆地依次种植浮生植物或者藻类、沉水植物、挺水植物和陆生植物（图 2-23）。

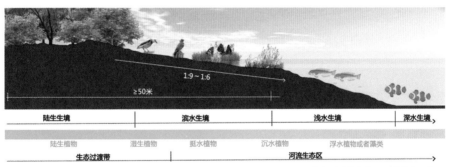

图 2-23　生态型驳岸意向（图片来自网络）

（2）湿地型驳岸：保护鱼类、小型哺乳类动物；通过梯形净化湿地和湿地泡等过滤面源污染物；宽度控制在 20 ～ 50 m；边坡坡度控制在 1：6 ～ 1：3 内；宜种植特定功能型植物，如芦苇、菖蒲、水葱、睡莲、千屈菜、荇菜、花蔺等具有污水净化和展示功能的植物（图 2-24）。

（3）休闲型驳岸：保护鱼类、小型哺乳类动物；通过梯形净化湿地和湿地泡等过滤面源污染物；宽度控制在 10 ～ 20 m；边坡坡度控制在 1：3 至垂直；河岸上宜种植观赏性植物，如大花紫薇、人面子等；丰水期淹没段宜种植过滤性水生植物，如芦苇、

图 2-24　湿地型驳岸意向（图片来自网络）

菖蒲等；充分利用水位变化，既为城市提供更多的亲水岸线和亲水空间，又为动物营造连续生态栖息带（图 2-25）。

各类驳岸的功能和要求总结见表 2-23。

表 2-23　规划驳岸功能和要求

驳岸类型	宽度要求	边坡坡度	功能	推荐植物
生态型	≥ 50 m	1：9 ～ 1：6	满足野生生物对生境的需求，提高生物多样性	生态型植物群落，如墨西哥落羽杉、水杨梅等
湿地型	20 ～ 500 m	1：6 ～ 1：3	保护鱼类、小型哺乳类动物；过滤面源污染物	特定功能型植物，如芦苇、菖蒲等净水植物
休闲型	10 ～ 200 m	1：3 至垂直	满足居民休闲游憩需求；过滤面源污染	观赏性植物，如大花紫薇、人面子

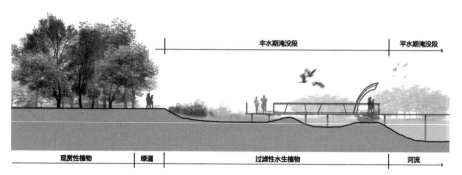

图 2-25　休闲型驳岸意向（图片来自网络）

2. 天然水面保持率

适宜水面面积是指不仅能够满足城市防洪排涝要求，而且能美化城市、调节当地气候、提高城市品位和改善人居环境。

城市适宜水面面积率一般根据当地的自然环境条件、历史水面比例、经济社会状况和生态景观要求等来确定。根据《城市水系规划导则》（SL 431—2008）附录C"适宜水面面积城市分区表"的水面率要求，结合相关城市的城市水面率，考虑到城市的发展用地和生态景观的需求，根据规划蓄水工程、补水工程及防洪排涝工程措施所增加的水面面积，保障区域内水面面积。

3. 水系蓝线控制

试点区域内涉及的河道、湖泊、水库等城市蓝线内的各类建设活动，必须严格按照《城市蓝线管理办法》的要求执行。

二、水环境保护规划

水环境建设目标是落实试点区域的水环境质量要求，对面源污染进行控制，为达到该控制目标，本部分对水环境中的点源污染、面源污染、内源污染分别提出针对性的控制策略。

通过完善污水管网，加快污水处理厂建设，杜绝污水直接排放；通过构建"源头、过程、末端"三层控制系统削减面源污染物，把污染物消纳在规划范围内，减轻地表水环境的压力；通过疏浚河道、修复河床受损的微生态系统消除内源污染，提升河道的自净能力。

1. 环境容量测算

对试点区域内的纳污水体采用完全混合模型对内河环境容量进行估算。水环境容量是在水资源利用水域内，在给定的水质目标、设计流量和水质条件的情况下，水体所能容纳污染物的最大数量。按照污染物降解机理，水环境容量可划分为稀释容量和自净容量两部分，即：

$$W = W_{稀释} + W_{自净}$$

稀释容量是指在给定水域的来水污染物浓度低于出水水质目标时，依靠稀释作用达到水质目标所能承纳的污染物量。自净容量是指由于沉降、生化、吸附等物理、化学和生物作用，给定水域达到水质目标所能自净的污染物量。因试点区域水体的现状水质比目标水质差，因此认为现状的稀释容量为 0，水体所具有的自净容量即为水体的环境容量。

自净容量（以 COD 计）的计算公式为：

$$W_{自净} = kVC_s$$

式中：k ——综合降解系数，1/ 天，参考相关经验，取为 0.1；

V ——水体体积，m^3；

C_s ——水环境质量目标，mg/L。

2. 点源污染控制

城市中点源污染主要包括工业废水和城市生活污水污染。因此，对试点区域点源污染的控制应侧重实施合流制排水系统的污水截流，同时完善分流制排水系统的污水管网建设，提高污水收集处理率，将达标排放的城市污水全部截流进入城市污水管网，并最终排入污水处理厂集中处理，逐渐消除城市生活污水对城市水体的污染。

点源污染物控制工程包括污水管网建设和污水处理厂建设等工程。

完善污水收集系统包括完善试点区域污水管道建设，新建城区采用雨污分流制；老城区沿用截流式合流制过渡，规划改造一片，分流一片，逐步改造过渡到分流制系统。加快污水处理厂提标改造，地形条件允许情况下，出水再经人工湿地处理排放，加快污水深度处理，条件允许下，提升出水至Ⅳ类水标准。

3. 面源污染控制

面源污染主要来源为耕地施用的化肥农药、水土流失、生活污水、固体废弃物和初期雨水污染等。

初期雨水污染属于非点源污染，具有突发性和非连续性。初期雨水中的污染物含量高，随着径流的持续，下垫面的表面被不断冲洗，污染物含量逐渐减小到相对稳定的浓度，具有明显的初期冲刷效应。初期雨水直接排入城市周边水体会污染水体，破坏水体生态环境。因此，从城市水处理的整体角度和长远角度来看，都应该设计初期雨水收集处理设施，如雨水截流系统（图 2-26）。

（1）源头治污可采用一些工程性和非工程性措施削减径流量，减少进入径流的污

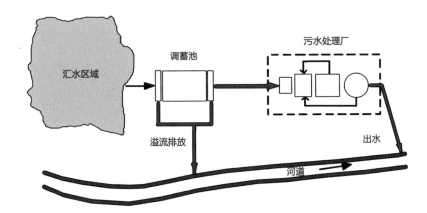

图 2-26　初期雨水截流系统（图片来自网络）

染物总量。在通常情况下，在雨水径流进入排水管网前对其进行削减和处理，不仅简单经济，而且效果较好，可以有效削减 35% ~ 45% 的径流污染物。工程性源头控制措施既有俗称的最佳管理 BMPs，也有一些 LID 措施，因其均作用于源头而不予区分，具体包括雨水调节池、雨水罐、透水铺面、植被过滤带、生物滞留设施、人工湿地等措施。

（2）在进行源头污染控制的同时，在老城区合流制片区排水主要排口处结合绿地建造自然形态的初期雨水截流池，近期可以控制合流制系统的溢流污染，远期分流改造后可作为调蓄池用。在降雨期间收集部分初期雨水，然后在降雨停止后，该部分收集的雨水缓慢地输送至排水管道、泵站或者污水处理厂。这样不仅对河道水质起到保护作用，同时对雨峰亦有削减作用。

雨水调蓄池的有效容积，可按下式计算：

$$V=10DF\varPsi$$

式中：V ——调蓄池有效容积 m^3；

　　　D ——调蓄量，mm，按降雨量计，可取 4 ~ 8 mm；

　　　F ——汇水面积，hm^2；

　　　$\varPsi$ ——径流系数；

（3）末端处理措施，主要是指用在分流制雨水管网末端、雨水径流进入受纳水体之前的径流污染控制措施，或是用在分流制雨水管网末端且本身就是径流最终出路的措施，以及用在合流制污水系统中污水处理厂用来应对雨季污染负荷的措施。包括入渗池、滞留池、雨水湿地和滨水缓冲区等。

雨水湿地（Stormwater Wetland）是以雨洪调蓄控制和净化降雨径流水质为目的的人工湿地系统，是一种运用较为广泛的径流污染控制工程措施。通常情况下，在雨水湿地中径流被滞留在地势相对较低的洼地中，为水生动植物的生长提供环境。雨水湿地中密集种植的植物增大了流阻力，可以有效延缓水流、降低洪峰，并能够通过蒸发作用在一定程度上减少径流总量。通过物理（沉降、过滤）、物化（吸附、絮凝、分解）和生物（微生物代谢、植物吸收）等过程，雨水湿地可去除径流中的多数污染物，如悬浮颗粒物、氮磷、重金属、有毒有机物等，对病原微生物也有一定的去除效果。与生物滞留设施、湿式植草沟等相比，雨水湿地对总悬浮物含量（TSS）、硝态氮、总磷以及部分重金属的去除率较高。

4. 内源污染控制

城市河湖内源污染主要是指水下沉积物的污染释放、水产养殖、流动污染线源等。城市主要排污渠道中有机污染物长期沉积，形成厚度不等、成分复杂的黑臭淤泥层。淤泥中污染物向上覆水体释放，加上外界还在不断排入有机污染物，大量消耗水中的溶解氧，底部溶解氧低于 0.2 ~ 0.3 mg/L 时形成厌氧环境，有机物被厌氧微生物分解产生有毒有害的还原性气体和臭味，水体严重缺氧，水生生物消亡，食物链不复存在，河道失去自净能力，造成水体黑臭。清除河道淤泥可有效去除河道的污染底泥，改善河底生态环境，且对于长期保持良好河道水质环境效果明显。

根据底泥污染和影响水质的程度，对水体底泥进行清淤。清淤后应及时修复河床受损的微生态系统，使河床微生态系统功能得到恢复，水体自净能力得到提升。主要方式包括：恢复河床微生物生存的空间（设置深沟和浅滩、铺设卵石底面、设置人工落差）、恢复微生物群体（接种藻类、投菌、投放底栖动物）。

同时，为对疏浚出的底泥进行有效的控制与利用，解决底泥对环境的二次污染问题，规划对清出的底泥处置采用以下三种方案。

（1）卫生填埋：卫生填埋对于水体底泥处置而言，其优点是投资较少、容量大、见效快。但填埋不当也会造成新的污染，主要是有害物质溶出对地表水和地下水带来的污染，所以要借鉴城市生活垃圾卫生填埋场的经验建设，这种废物填埋场底部铺有衬层，可防止溶出液体渗透入土壤并污染地下水，溶出液体经管道收集后，送污水处理厂进行处理。

（2）污染物与疏浚物固相分离：淋洗是将水、油或其他能够促进污染物溶出、溶解迁移的溶剂掺入或注入污染的底泥中，主要用于重金属污染土壤，具体是将土壤中的固相重金属转移至液相中，再进行深度处理的过程，土壤经清水洗涤后归原位再利用。

（3）土地利用：此技术操作简单、能耗低，较适合作为低污染底泥的处理方式，疏浚的底泥需经测定达到《农用污泥中污染物控制标准》（GB 4284—1984）及《土壤环境质量标准》（GB 15618—1995）规定的标准。主要有农业园林利用、湿地及栖息地建设、修复受扰动的土地区三种方式。

（4）资源化利用：在生产工艺允许的情况下联合有条件的企业将污泥资源化利用，制作复合肥料、建材、轻质陶瓷等。

三、水安全保障规划

结合排水防涝（雨水）综合规划，明确内涝风险地区，采用综合措施达到排水防涝的规划标准。

1. 排涝工程保障措施

针对内涝情况，主要从易涝点治理、新建排涝泵站、雨水行泄通道建设三方面进行改造建设。

（1）易涝点治理：通过对雨水管的更换，清理箱涵阻水物，对施工不规范的管道检查并进行改造，并在道路最低点增设雨水口，进行易涝点治理。

（2）新建排涝泵站：结合规划要求，加快试点区域内的排涝泵站建设。

（3）雨水行泄通道建设：试点区域内规划雨水行泄通道，对规划的雨水行泄通道进行清淤、疏通、拓宽，以满足排涝安全的需要。

2. 防洪工程

结合防洪规划对近期建设区域内的防洪工程进行布置。

四、水资源利用规划

在海绵城市建设试点区域内，完善给水厂及管网建设，加强雨水、再生水等非常规水资源的利用，提高本地水源的保障能力，要求滁州市污水回用率近期不小于20%、远期不小于30%。雨水资源利用代替杂用水量不低于10%。

1. 雨水资源利用

雨水资源的收集利用主要针对试点区域内的已建地区和新建地区，采用单元技术模式和 LID 模式，加入从源头到末端的雨水蓄水设施，达到雨水资源化利用；并要求新建地区透水地面面积不低于40%，径流系数大于0.6的已建地区，应结合小区改造、道路改建逐步增加下沉绿地、雨水花园、植被浅沟、绿色屋顶、雨水桶、蓄水池、透水地面、透水停车场等调蓄设施收集回用雨水。

新建地区可操作性强，方案实施面临的困难较少，可充分结合场地地貌及海绵城市建设的要求，进行场地设计和建筑布局，在总体规划、控制性详细规划等各个阶段中严格执行海绵城市的建设要求，保护、利用场地内现有水体、坑塘等设施，布置相应的调蓄设施，提高区域的水资源利用目标。

新建地区雨水收集回用主要技术措施：

（1）建筑与小区规划、建设充分融入 LID 理念及具体措施，采用蓄水池等措施，满足相应的雨水资源利用目标。

（2）结合景观绿地、现状低洼区域或广场设置多功能调蓄池，提升场地蓄洪能力，提高雨水水资源利用。

（3）增加管道末端截流措施，河湖水系末端有空间区域设置截污调蓄等措施，降低径流污染负荷，综合提高区域的资源化水平。

（4）已建地区大多为老旧城区，现状建筑密度大，区域硬化密度高，绿地率少，改造实施难度大，因此，实施方案采用源头低影响开发和末端截污等措施。

（5）建筑与小区改造难度大，主要通过源头设置雨水桶，提升小区源头雨水控制能力。

（6）充分利用可利用的绿地空间及区域河道沿岸或局部可利用低洼区域布置中小型分散调蓄设施。

2. 污水再生利用

污水排放对于河道污染依然十分严重，应加快污水处理厂提标改造。在地形条件允许的情况下，出水再经人工湿地处理排放，提升至IV类水标准。出水可用于区域内河道的生态补水。

第八节　海绵城市技术指导手册

在海绵城市规划体系中，还应充分考虑规划的落地可实施性，与上位规划指标充分衔接，并考虑不同区位条件下的地理因素，区别使用低影响开发设施以便更好地指导建设项目技术人员及相关职能部门如规划、国土、建设、水务、城市综合管理等部门的管理人员、审图机构技术人员等应对具体的建设任务

指导手册主要分为海绵城市建设项目指引、海绵城市实际建设案例解析、海绵城市设施设计、海绵城市项目审核以及附录五个部分。

一、海绵城市建设项目指引

1. 整体建设指引

在海绵城市建设过程中，应了解城市的降雨、土壤以及具体地块的年径流总量控制率目标，充分结合上位海绵城市专项规划所规定的总体要求和指标体系，具体项目应与海绵城市专项规划的近期建设项目库充分衔接，结合地块控规提出的控制指标，在细化的现状调研的基础上，对近期要实施的项目提出全面的控制指标和上位设计策略。

2. 分类建设指引

海绵城市具体建设项目应按不同用地性质分类、不同建设阶段来确定，具体可分为市政道路类建设项目、公园绿地、广场类项目、街头游园类项目、水体类项目、居住小区（新建）类项目、居住区小区（改建）类项目、公共建筑类项目、工业区类建设项目等。按照不同的类别提出明确具体的分类设计要点，便于设计人员进行深化设计，各项设施具体参数和设计方法应参照国家、地方相关规范。

二、海绵城市实际建设案例解析

提供具体而有针对性的各类型海绵城市建设案例，充分解析其指标来源、设计思路、设施选择理由、建设方法等，为后续同类型的建设工程提供标准。

三、海绵城市设施设计

海绵城市设施一般可分为渗透、储存、调节、转输、截污净化等几类。通过各类技术的组合应用，可实现径流总量控制、径流峰值控制、径流污染控制、雨水资源化利用等目标。实践中，应结合不同区域水文地质、水资源等特点及技术经济分析，按照因地制宜和经济高效的原则选择低影响开发技术及其组合系统。

四、海绵城市项目审核

1. 审查主体

海绵城市建设项目审查由海绵城市建设办公室组织，根据近期、中期和远期，分别由不同审查主体进行审查。

近期（三年建设期结束）海绵城市建设项目以城市海绵城市建设试点项目为主，试点项目及同期建设的非试点建设项目的方案设计由城市聘请的海绵城市建设技术咨询办公室对项目海绵专项进行审查。

中期项目由海绵城市技术办公室相关技术人员或具有海绵城市低影响开发建设项目方案审查资质或经验的独立项目审查机构对方案进行审查。

远期项目由具有城乡规划甲级资质、风景园林工程设计专项甲级资质、市政行业（道路工程、给水工程、排水工程）专业甲级资质的单位对方案进行审查。

2. 审查流程

（1）方案设计审查：海绵城市建设项目方案设计审查由设计单位完成方案设计后进行报送，报审文件包括方案文本、建设单位对本项目建设要求、前期相关规划文件等资料，经审查部门审批后，评估报告报送建设单位、设计单位以及海绵城市建设办公室（图2-27）。

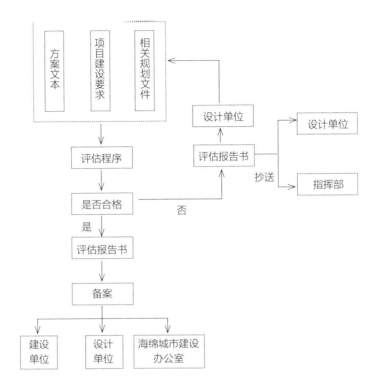

图 2-27　海绵城市建设项目方案设计审查流程

（2）初步设计审查：海绵城市建设项目初步设计审查由设计单位完成初步设计文件和投资概算后进行报送，报审文件包括前期方案审查通过文件、初步设计文件、概算文件等资料，经审查主体审查通过后，经专家评审通过作为下一步施工图设计依据。

（3）施工图设计审查：海绵城市建设项目施工图设计审查由设计单位完成施工图设计文件后进行报送，报审文件包括前期方案审查通过文件、初步设计审查通过文件、施工图设计文件等资料，经审查部门审批后，作为施工依据（图 2-28）。

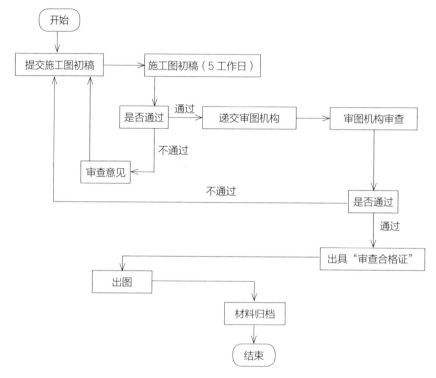

图 2-28　海绵城市建设项目施工图设计审查流程

3. 审查要点

建立健全海绵城市雨水设施的审查管理制度和操作规程，配备专职管理人员和相应的监测手段，工作人员应经过专门专业技术培训上岗，所有的审查工作应做审查记录。

在指导手册中针对设计文件的分类包括公园绿地、广场、建筑小区、市政道路等应提出具体而明确的审查要点，同时针对各类单项设施如植草沟、下沉绿地、生物滞流设施、绿色屋顶、渗透铺装、雨水湿地等应提出单项的审查要点，便于具体工程人员施工审核参考。

五、附录

指导手册中的附录应提供设施计算的方法，除国家通用的容积法、流量法以及水量平衡法之外，如有更适宜本地实际情况的计算方法，应在附录中予以说明，并提供设施设计指导的主要引用文件、参考因素和相关效果意向图。同时针对实施案例应提供必要的简介，分类介绍各类海绵设施的运行维护要点，并提供相应的成本估算及控制指导，便于地方在实际运用予以参考借鉴。

第三部分

设计

第一章 设计程序

第一节 上位指标分解

低影响开发雨水系统的径流总量控制一般采用年径流总量控制率作为控制目标。年径流总量控制率与设计降雨量为一一对应关系。理想状态下，城市总体规划和控制性详细规划都会给出各个设计地块相应的年径流总量控制指标，这也是低影响开发雨水系统设计的重要上位指标要求，设计通过将该指标分解到各个低影响开发设施中，进而达到控制径流的目的。此外，控制性详细规划中还会给出如下沉绿地率，透水铺装率，生物滞留设施率等引导性指标以供设计参考。

设计过程中，一般方法是将年径流总量控制率转换为调蓄容积后一一分解。

设计调蓄容积一般采用容积法进行计算。

理论上，当设计场地内各类设施调蓄容积的总和满足该地块要求年径流总量控制率所对应的总调蓄容积时，场地径流总量控制就达到上位指标要求。

第二节　一般设计程序

低影响开发雨水系统设计一般分为场地评估、初步设计和详细设计三个阶段。

一、场地评估

场地评估阶段主要是评估场地的土壤、坡度、地下水位等自然特性，具体包含以下三个方面内容。

1. 明确需求与外边界条件

明确场地在总规、控制性详细规划中的用地性质、控制性详细规划给出的控制指标、土地出让条件、规划设计条件及相关管理规定；确定低影响开发雨水系统设计中需要重点考虑的问题，场地进行低影响开发雨水系统设计时面临的限制和制约因素，场地内部基础设施的情况以及场地外部河流水系、绿地广场、道路和排水设施等相关信息。

2. 场地调查

重点调查土壤类型，土壤层深度、密度、粒度分布、阳离子交换容量（Cation Exchange Capacity，CEC）、pH 值，土壤的营养物含量，土壤初始渗透能力、饱和渗透能力，基岩深度，地下水位和地下水水质等要素。

3. 保护水敏感区域

根据控制性详细规划及相关规划，识别场地中的蓝线和绿线范围，明确场地中需要被保护或者修复的区域。

二、初步设计

初步设计阶段主要是根据场地特征和海绵城市建设的目标，结合场地内建筑、道路、绿地和水系的布局，选择低影响开发设施类型，并初步选定设施的位置，具体包含以下两个方面内容。

1. 分析场地的竖向条件

对场地的竖向进行分析，明确汇水通道和低洼地区，对于局部竖向不利于低影响开发雨水系统设计和低影响开发设施布局的，提出竖向调整建议。

2. 初步选择低影响开发设施的类型

根据场地内建筑、道路、绿地和水系的分布情况，初步选择低影响开发设施类型，并利用将不透水地面分割断开的办法，布局低影响开发设施。

三、详细设计

详细设计阶段主要是对各类设施进行布局，划分汇水区，进行规模结算校核，并且对各类设施的类型、布局和规模进行优化组合，具体包含以下五个方面内容。

1. 划定排水分区

根据场地竖向，对场地内拟布局的低影响开发设施的收水范围进行划定和测量。

2. 确定各低影响开发设施的规模

根据多年平均径流总量控制率的要求，结合可利用的空间，计算各低影响开发设施的规模和径流控制量。

3. 核算场地内多年平均径流总量控制指标

对各单项设施的控制量进行加和，计算场地内多年平均径流总量，并核算是否达到要求。对于不能达到要求的，调整设施类型、布局和规模，直至多年平均径流总量控制率满足要求。

4. 设施优化组合

对选择的低影响开发设施方案进行技术经济比较，综合考虑经济和环境等要求，对场地内的低影响开发设施进行优化组合。

5. 最终设计

将低影响开发雨水系统设计与传统雨水设施有效融合，并进行设施的安全性检查。

新建项目应遵循以上五个阶段进行设计。对于改建项目，宜在现有绿地广场内布局低影响开发设施，并重点考虑经济性和可实施性。相关设计和计算参考新建地区的设计程序。

第二章　低影响开发设施

第一节　常用低影响开发设施

根据国家发布的《海绵城市建设技术指南》，我国普遍把低影响开发设施分为 5 个大类 17 个小类，主要包括渗透技术、储存技术、调节技术、传输技术、截污净化技术。下文将根据技术分类对各类设施做简单的介绍。

一、渗透技术

渗透技术主要起到增强雨水下渗的作用，渗透性低影响开发设施也有一定的调蓄容积，能延缓下游峰值，同时还能起到简单的初级净化效果。

1.透水铺装

透水铺装又可称为渗透性铺装，是指具有透水效果硬质地面，透水砖铺装、透水水泥混凝土和透水沥青混凝土铺装、嵌草砖、园林铺装中的鹅卵石、碎石铺装等都属于渗透铺装（图 3-1、图 3-2）。透水铺装的设计需要考虑地面荷载及下垫层土壤渗透率。

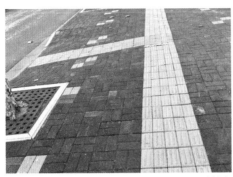

图 3-1　透水铺砖　　　　　　　　　　　　　　　　　　图 3-2　透水路面

2. 绿色屋顶

绿色屋顶又可称为种植屋面，指覆盖有植物、进行过绿化的屋顶（图 3-3、图 3-4）。

图 3-3　简单式绿色屋顶　　　　　　　　　　　　　　　图 3-4　花园式绿色屋顶

3. 下沉绿地

下沉式绿地具有狭义和广义之分，狭义的下沉式绿地指低于周边铺砌地面或道路路面在 200 mm 以内的绿地；广义的下沉式绿地泛指具有一定的调蓄容积（在以径流总量控制为目标进行目标分解或设计计算时，不包括调蓄容积），且可用于调蓄和净化径流雨水的绿地，包括生物滞留设施、渗透塘、湿塘、雨水湿地、调节塘等（图 3-5、图 3-6）。

图3-5　狭义下沉式绿地　　　　　　　　　　图3-6　广义下沉式绿地

下沉深度指下沉式绿地低于周边铺砌地面或道路的平均深度，下沉深度小于100 mm 的下沉式绿地面积不参与计算（受当地土壤渗透性能等条件制约，下沉深度有限的渗透设施除外）。

（1）下沉式绿地的下凹深度应根据植物耐淹性能和土壤渗透性能确定，一般为100 ~ 200 mm。

（2）下沉式绿地内一般应设置溢流口（如雨水口），保证暴雨时径流的溢流排放，溢流口顶部标高一般应高于绿地 50 ~ 100 mm。

4. 生物滞留设施

生物滞留设施指在地势较低的区域，通过植物、土壤和微生物系统蓄渗、净化径流雨水的设施。生物滞留设施分为简易型生物滞留设施和复杂型生物滞留设施，按应用位置不同又称作雨水花园、生物滞留带、高位花坛、生态树池等（图3-7、图3-8、图3-9）。

图 3-7　雨水花园　　　　　　　　　图 3-8　生物滞留带　图 3-9　生态树池

（1）雨水花园

雨水花园与下沉绿地的区别如下：

从植被角度来说，雨水花园更注重景观效果，而下沉式绿地以草本植物为主，相对较为单一。

从结构来说，雨水花园一般都要设计滤料层，部分设计单元还有渗管、溢流口等其他附属物，构造比较复杂。下凹绿地相对简单，成本也更低。

从雨水贮存角度来说，下凹绿地由于植物本身的耐淹性能更强，具有更长的水力停留时间。而雨水花园由于包含了部分景观设计，在设计淹没时间时必须考虑植物的耐受性。

（2）生物滞留带

生物滞留带一般由分流设施、蓄水空间、种植土层、滤料层和植物构成，通常利用道路绿化带设置，用以收集、蓄存路面径流雨水并通过植物、土壤和微生物系统进行净化，在源头进行雨水径流污染的控制。

雨水径流汇入生物滞留带后，其所携带的污染物在雨水入渗过程中被种植土层、滤料层拦截，随后通过植物、微生物系统分解成其生长所需的养分，实现对雨水径流中污染物的生物降解。除了径流污染控制功能外，生物滞留带还兼有一定的外排水量控制作用。

（3）高位花坛

高位花坛具有占地少、空间集约的特点，能有效地蓄积雨水。在常规花坛的基础上，提高其设计底标高，就形成了高位花坛。

（4）生态树池

当在有铺装的地面上栽种树木时，应在树木的周围保留一块没有铺装的土地，通常把它叫作树池或树穴。

滞留式生态树池内设有种植土，种植土的下部依次设有过滤土层和砾石，砾石的下部设有渗水管，种植土的上部设有陶粒。这样的布置结构能使渗透管发挥巨大的作用，这样既能增大雨水渗水的面积，又能延缓雨水的流失速度，使土壤长时间保持湿润。

5. 渗透塘

渗透塘是一种用于雨水下渗补充地下水的洼地，具有一定的净化雨水和削减峰值流量的作用（图3-10、图3-11）。

6. 渗井

渗井是指通过井壁和井底进行雨水下渗的设施，为增大渗透效果，可在渗井周围设置水平渗排管，并在渗排管周围铺设砾（碎）石。

渗井是为将边沟排不出的水渗到地下透水层中而设置的填充碎石、砾石等粗粒材料并铺以倒滤层的竖井。渗井属于水平方向的地下排水设备。当地下存有多层含水层，

图3-10 简易渗透塘　　　　　　　　　图3-11 渗透塘

其中影响路基的上部含水层较薄，排水量不大，且平式渗沟难以布置，可采用立式（竖向）排水，设置渗井。

渗井的工作原理是穿过不透水层，将路基范围内的上层地下水，引入更深的含水层中，以降低上层地下水位或者全部排除。

渗沟、渗井用于降低地下水位或拦截地下水。当地下水埋藏较深或有固定含水层时，宜采用渗井。

填充料含泥量应小于 5%，按单一粒径分层填筑，不得将粗细材料混杂填塞。下层透水层范围内宜填碎石或卵石，上层不透水范围内宜填砂石或砾石。井壁与填充料之间应设反滤层。

渗井顶部四周用黏土填筑围护，井顶应加盖封闭。

渗井开挖应根据土质选用合理的支撑形式，并应随挖随支撑、及时回填。

二、储存技术

1. 湿塘

湿塘指具有雨水调蓄和净化功能的景观水体，雨水同时作为其主要的补水水源。湿塘有时可结合绿地、开放空间等场地条件设计为多功能调蓄水体，即平时发挥正常的景观及休闲、娱乐功能，暴雨发生时发挥调蓄功能，实现土地资源的多功能利用（图3-12）。

图3-12 湿塘

2. 雨水湿地

湿地指天然或人工形成的沼泽地等带有静止或流动水体的成片浅水区，还包括在低潮时水深不超过6m的水域。低影响开发技术中的雨水湿地主要是指人工湿地。雨水湿地利用物理、水生植物及微生物等作用净化雨水，是一种高效的径流污染控制设施，雨水湿地分为雨水表流湿地和雨水潜流湿地，下渗面一般设计成防渗型以便维持雨水湿地植物所需要的水量，雨水湿地常与湿塘合建并设计预留出一定的调蓄容积（图3-13、图3-14）。

图3-13　表流湿地　　　　　　　　　　　　　　　　　　　　　图3-14　潜流湿地

（1）表流湿地中水体在填料表面漫流，绝大部分有机物的降解由位于浸没在废水中的植物茎基部的生物膜中的微生物完成。这种湿地模式没有充分利用植物根系的吸收以及附着在根系上的微生物的作用，也忽略了土壤层中填料的作用，而且夏季容易滋生蚊蝇。

（2）潜流湿地指的是砂砾层组成的浅床——湿池植物系统，被处理水体经配水系统分布从填料床的一端均匀平缓流过填料床植物根区，是一个主要由土壤、湿地植物和微生物组成的生态处理系统。

3. 蓄水池

蓄水池指具有雨水储存功能的集蓄利用设施，同时也具有削减峰值流量的作用，主要包括钢筋混凝土蓄水池，砖、石砌筑蓄水池及塑料蓄水模块拼装式蓄水池，用地紧张的城市大多采用地下封闭式蓄水池（图3-15、图3-16）。

图3-15　钢筋混凝土地下蓄水池

图3-16　模块蓄水池

蓄水池适用于有雨水回用需求的建筑与小区、城市绿地等，根据雨水回用用途不同（绿化、道路喷洒及冲厕等）需配建相应的雨水净化设施；不适用于无雨水回用需求和径流污染严重的地区。

4. 雨水罐

雨水罐也称雨水桶，为地上或地下封闭式的简易雨水集蓄利用设施，可用塑料、玻璃钢或金属等材料制成（图3-17～图3-19）。

图3-17　简易雨水罐

图3-18　雨水罐安装示意

图 3-19 地下雨水罐

三、调节技术

1. 调节塘

调节塘也称干塘，以削减峰值流量功能为主，一般由进水口、调节区、出口设施、护坡及堤岸构成，也可通过合理设计使其具有渗透功能，起到一定的补充地下水和净化雨水的作用（图 3-20）。

图 3-20 调节塘

2. 调节池

调节池为调节设施的一种，主要用于削减雨水管渠峰值流量，一般常用溢流堰式或底部流槽式，可以是地上敞口式调节池或地下封闭式调节池。调节池可有效削减峰值流量，但其功能单一，建设及维护费用较高，宜利用下沉式公园及广场等与湿塘、雨水湿地合建，构建多功能调蓄水体。

四、传输技术

1. 植草沟

植草沟指种有植被的地表沟渠，可收集、输送和排放径流雨水，并具有一定的雨水净化作用，可用于衔接其他各单项设施、城市雨水管渠系统和超标雨水径流排放系统。除转输型植草沟外，还包括渗透型的干式植草沟及常有水的湿式植草沟，可分别提高径流总量和径流污染控制效果（图3-21、图3-22）。

图 3-21　干式植草沟　　　　　　　　　　　图 3-22　湿式植草沟

2. 渗管及渠

渗管及渠指具有渗透功能的雨水管及渠，可采用穿孔塑料管、无砂混凝土管及渠和砾（碎）石等材料组合而成（图 3-23）。渗管及渠适用于建筑与小区及公共绿地内转输流量较小的区域，不适用于地下水位较高、径流污染严重及易出现结构塌陷等不宜进行雨水渗透的区域（如雨水管渠位于机动车道之下等）。渗管及渠对场地空间要求小，但建设费用较高，易堵塞，维护较困难。

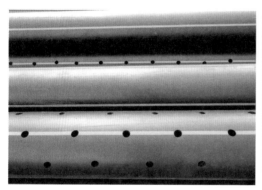

图 3-23　渗管

五、截污净化技术

1. 植被缓冲带

植被缓冲带为坡度较缓的植被区，经植被拦截及土壤下渗作用减缓地表径流流速，并去除径流中的部分污染物，植被缓冲带坡度一般为 2% ~ 6%，宽度不宜小于 2 m（图 3-24）。植被缓冲带适用于道路等不透水面周边，可作为生物滞留设施等低影响开发设施的预处理设施，也可作为城市水系的滨水绿化带，但坡度较大时（大于 6%）其雨水净化效果较差。

2. 初期雨水弃流设施

初期雨水弃流指通过一定方法或装置将存在初期冲刷效应、污染物浓度较高的降雨初期径流予以弃除，以降低雨水的后续处理难度。弃流雨水应进行处理，如排入市政污水管网（或雨污合流管网）由污水处理厂进行集中处理等。常见的初期弃流方法

图 3-24 植被缓冲带

包括容积法弃流、小管弃流（水流切换法）等，弃流形式包括自控弃流、渗透弃流、弃流池、雨落管弃流等。初期雨水弃流设施如图 3-25 所示。

3. 人工土壤渗滤

人工土壤渗滤主要作为蓄水池等雨水储存设施的配套雨水设施，以达到回用水水质指标。人工土壤渗滤设施的典型构造可参照复杂型生物滞留设施。人工土壤渗滤雨水净化效果好，易与景观结合，但建设费用较高。

图 3-25 初期雨水弃流设施

第二节　设施规模计算

一、计算原则

1. 低影响开发设施的规模

低影响开发设施的规模应根据控制目标及设施在具体应用中发挥的主要功能，选择容积法、流量法或水量平衡法等方法通过计算确定；按照径流总量、径流峰值与径流污染综合控制目标进行设计的低影响开发设施，应综合运用以上方法进行计算，并选择其中较大的规模作为设计规模；有条件的可利用模型模拟的方法确定设施规模。

2. 总调蓄容积

当以径流总量控制为目标时，地块内各低影响开发设施的设计调蓄容积之和，即总调蓄容积（不包括用于削减峰值流量的调节容积），一般不应低于该地块"单位面积控制容积"的控制要求。计算总调蓄容积时，应符合以下要求：

（1）顶部和结构内部有蓄水空间的渗透设施（如复杂型生物滞留设施、渗管及渠等）的渗透量应计入总调蓄容积。

（2）调节塘、调节池对径流总量削减没有贡献，其调节容积不应计入总调蓄容积；转输型植草沟、渗管及渠、初期雨水弃流、植被缓冲带、人工土壤渗滤等对径流总量削减贡献较小的设施，其调蓄容积也不计入总调蓄容积。

（3）透水铺装和绿色屋顶仅参与综合雨量径流系数的计算，其结构内的空隙容积一般不再计入总调蓄容积。

（4）受地形条件、汇水面大小等影响，设施调蓄容积无法发挥径流总量削减作用的设施（如较大面积的下沉式绿地，往往受坡度和汇水面竖向条件限制，实际调蓄容积远远小于其设计调蓄容积），以及无法有效收集汇水面径流雨水的设施具有的调蓄容积不计入总调蓄容积。

二、一般计算方法

1. 容积法

低影响开发设施以径流总量和径流污染为控制目标进行设计时，设施具有的调蓄容积一般应满足"单位面积控制容积"的指标要求。设计调蓄容积一般采用容积法进行计算，公式如下：

$$V = 10H\phi F$$

式中：V——设计调蓄容积，m^3；

H——设计降雨量，mm；

ϕ——综合雨量径流系数，可参照表 3-1 进行加权平均计算；

F——汇水面积，hm^2。

表 3-1　综合雨量径流系数

汇水面种类	雨量径流系数 ϕ	流量径流系数 ψ
绿化屋面（绿色屋顶，基质层厚度不小于 300 mm）	0.30 ~ 0.40	0.40
硬屋面、未铺石子的平屋面、沥青屋面	0.80 ~ 0.90	0.85 ~ 0.95
铺石子的平屋面	0.60 ~ 0.70	0.80
混凝土或沥青路面及广场	0.80 ~ 0.90	0.85 ~ 0.95
大块石等铺砌路面及广场	0.50 ~ 0.60	0.55 ~ 0.65
沥青表面处理的碎石路面及广场	0.45 ~ 0.55	0.55 ~ 0.65
级配碎石路面及广场	0.40	0.40 ~ 0.50
干砌砖石或碎石路面及广场	0.40	0.35 ~ 0.40
非铺砌的土路面	0.30	0.25 ~ 0.35
绿地	0.15	0.10 ~ 0.20
水面	1.00	1.00
地下建筑覆土绿地（覆土厚度大于 500 mm）	0.15	0.25
地下建筑覆土绿地（覆土厚度不大于 500 mm）	0.30 ~ 0.40	0.40
透水铺装地面	0.08 ~ 0.45	0.08 ~ 0.45
下沉广场（50 年一遇及以上）	—	0.85 ~ 1.00

用于合流制排水系统的径流污染控制时，雨水调蓄池的有效容积可参照《室外排水设计规范》（GB 50014—2014）进行计算。

2. 流量法

植草沟等转输设施，其设计目标通常为排除一定设计重现期下的雨水流量，可通过推理公式来计算一定重现期下的雨水流量。公式如下：

$$Q=\psi qF$$

式中：Q ——雨水设计流量，L/s；

ψ ——流量径流系数，可参见表 3-1；

q ——设计暴雨强度，L/（s·hm²）；

F ——汇水面积，hm²。

城市雨水管渠系统设计重现期的取值及雨水设计流量的计算等还应符合《室外排水设计规范》（GB 50014—2014）的有关规定。

3. 水量平衡法

水量平衡法主要用于湿塘、雨水湿地等设施储存容积的计算。设施储存容积应首先按照"容积法"进行计算，同时为保证设施正常运行（如保持设计常水位），再通过水量平衡法计算设施每月雨水补水水量、外排水量、水量差、水位变化等相关参数，最后通过经济分析确定设施设计容积的合理性并进行调整，水量平衡计算过程可参照表 3-2。

表 3-2　水量平衡计算

项目	汇流雨水量	补水量	蒸发量	用水量	渗透量	水量差	水体水深	剩余调蓄高度	外排水量	额外补水量
单位	m³/月	m³/月	m³/月	m³/月	m³/月	m³/月	m³/月	m³/月	m³/月	m³/月
编号	[1]	[2]	[3]	[4]	[5]	[6]	[7]	[8]	[9]	[10]
1月										
2月										
……										
11月										
12月										
合计										

4. 以渗透为主要功能的设施规模计算

对于生物滞留设施、渗透塘、渗井等顶部或结构内部有蓄水空间的渗透设施，设施规模应按照以下方法进行计算。对透水铺装等仅以原位下渗为主、顶部无蓄水空间的渗透设施，其基层及垫层空隙虽有一定的蓄水空间，但其蓄水能力受面层或基层渗透性能的影响很大，因此透水铺装可通过参与综合雨量径流系数计算的方式确定其规模。

（1）渗透设施有效调蓄容积按下式进行计算：

$$V_s = V - W_p$$

式中：V_s ——渗透设施的有效调蓄容积，包括设施顶部和结构内部蓄水空间的容积，m^3；

V ——渗透设施进水量，m^3，参照"容积法"计算；

W_p ——渗透量，m^3。

（2）渗透设施渗透量按下式进行计算：

$$W_p = KJA_s t_s$$

式中：W_p ——渗透量，m^3；

K ——土壤（原土）渗透系数，m/s；

J ——水力坡降，一般可取 $J=1$；

A_s ——有效渗透面积，m^2；

t_s ——渗透时间，s，指降雨过程中设施的渗透历时，一般可取 2 h（7200 s）。

渗透设施的有效渗透面积 A_s 应按下列要求确定：

① 水平渗透面按投影面积计算；

② 竖直渗透面按有效水位高度的 1/2 计算；

③ 斜渗透面按有效水位高度的 1/2 所对应的斜面实际面积计算；

④ 地下渗透设施的顶面积不计。

5. 以储存为主要功能的设施规模计算

雨水罐、蓄水池、湿塘、雨水湿地等设施以储存为主要功能时，其储存容积应通过"容积法"及"水量平衡法"计算，并通过技术经济分析综合确定。

6. 以调节为主要功能的设施规模计算

调节塘、调节池等调节设施，以及以径流峰值调节为目标进行设计的蓄水池、湿塘、雨水湿地等设施的容积应根据雨水管渠系统设计标准、下游雨水管道负荷（设计过流流量）及入流、出流流量过程线，经技术经济分析合理确定。调节设施容积按下式计算：

$$V = \text{Max}\left[\int_0^T (Q_{in} - Q_{out})dt\right]$$

式中：V ——调节设施容积，m^3；

$\quad$ Q_{in} ——调节设施的入流流量，m^3/s；

$\quad$ Q_{out} ——调节设施的出流流量，m^3/s；

$\quad$ t ——计算步长，s；

$\quad$ T ——计算降雨历时，s。

7. 调蓄设施规模计算

具有储存和调节综合功能的湿塘、雨水湿地等多功能调蓄设施，其规模应综合储存设施和调节设施的规模计算方法进行计算。

8. 以转输与截污净化为主要功能的设施规模计算

植草沟等转输设施的计算方法如下：

（1）根据总平面图布置植草沟并划分各段的汇水面积。

（2）根据《室外排水设计规范》（GB 50014—2014）确定排水设计重现期，并参考本节"流量法"计算设计流量 Q。

（3）根据工程实际情况和植草沟设计参数取值，确定各设计参数。

容积法弃流设施的弃流容积应按本节"容积法"计算；绿色屋顶的规模计算参照透水铺装的规模计算方法；人工土壤渗滤的规模根据设计净化周期和渗滤介质的渗透性能确定；植被缓冲带规模根据场地空间条件确定。

第三节 设施植物选取

在雨水设施设计时应创造适宜植物生长的环境条件，选择和配置中应充分发挥植物在改善水力流态 和污染物去除等方面的作用。

一、绿地雨水设施植物选择应遵循的原则

（1）应优先选择乡土植物和引种成功的外来物种，不应选择入侵物种或有侵略性根系的植物；

（2）应根据绿地雨水设施内位分布、日照条件、径流质土壤类型及坡度、周边设施及植被现状等因素。有针对性地选择耐寒、耐淹、耐旱、耐污染、耐盐碱并能适应土壤紧实等各种环境条件的植物。

（3）宜选择维护管理简单的植物，建设节约型城市绿地。

（4）应兼顾植物的生态、美学与环境价值。

（5）在使用融雪剂的地区，融雪剂有可能进入雨水设施，宜选择耐盐植物。

（6）雨水设施位于车库顶板上边的，宜选择浅根系植物，以灌木或草本植物为主。

（7）在长江流域及以南地区，夏季常出现伏旱，除了选用具备耐旱能力的植物外，还要采取必要的养护措施。

（8）在土壤渗透性差、盐碱地、寒冷地区等特殊条件下，应有针对性地选择耐水湿、耐盐碱、耐寒、抗冲刷或抗干旱瘠薄的植物品种，也可通过雨水设施的设计、维护、管理和环境改造，创造适宜植物生长的环境。

二、安徽地区分类设施植物选取

1. 绿色屋顶设施植物选取

绿色屋顶是城市竖向空间的绿色生态场所。通过乔灌草的种植搭配，对屋顶进行绿化的同时，也能通过植物的吸水净化作用，减轻屋顶径流，达到绿化生态的功能。建议植物如下：

小乔木: 罗汉松、日本五针松、蜀桧、紫叶李、日本晚樱、日本早樱、梅花、鸡爪槭、无花果、垂丝海棠、西府海棠、木瓜、白玉兰、二乔玉兰。

灌木：千头柏、小叶罗汉松、雀舌黄杨、金边黄杨、银边黄杨、大叶黄杨、火棘、凤尾兰、南天竹、十大功劳、阔叶十大功劳、八角金盘、洒金东瀛珊瑚、含笑、海桐、红叶石楠、龟甲冬青、茶梅、红花檵木、紫叶小檗、金叶女贞、金森女贞、紫薇、木槿、紫玉兰、金丝桃、棣棠、迎春、迎夏、毛鹃、大花六道木、桂花、绣线菊、粉花绣线菊、珍珠梅、贴梗海棠、连翘。

藤本：凌霄、美国凌霄、紫藤、爬山虎、五叶地锦、三叶木通、蔓长春、花叶蔓长春、扶芳藤、络石、云南黄馨、木香、常春藤。

地被植物：白三叶、麦冬、玉簪、葱兰、紫花地丁、紫花苜蓿、鸢尾、沿阶草、红花酢浆草。

矮竹类：菲白竹、菲黄竹、阔叶若竹。

淮河以北慎用植物：毛鹃、紫玉兰、白玉兰、二乔玉兰、茶梅。

2. 下沉式绿地设施植物选取

通过乔灌木和草本地被的种植，达到承接和贮存雨水，减少径流外排的作用，同时可在绿地上形成良好的生态景观。建议植物如下：

耐水湿乔木：水杉、池杉、落羽杉、垂柳、乌桕、杨树、合欢。

耐水湿灌木：杞柳、彩叶杞柳、八角金盘、木芙蓉、柽柳、龟甲冬青、紫穗槐、白蜡。

地被植物：铜钱草、鸭跖草、二月蓝、三白草、香彩雀、车前草、紫露草、麦冬、玉簪、石竹、鸢尾、沿阶草、石菖蒲、红花酢浆草、紫叶酢浆草、宿根福禄考、过路黄。

水生植物：花叶芦竹、再力花、梭鱼草、黄菖蒲、慈姑、水生美人蕉、千屈菜、纸莎草、花蔺、蒲苇、灯芯草、水烛、旱伞草、玉蝉花、菖蒲、花菖蒲、雨久花、紫苏草、溪荪鸢尾。

3. 生物滞留设施植物选取

（1）雨水花园：雨水花园对雨洪调节与雨水利用有着显著的功效，通过种植耐水湿的乔灌木和水生植物等达到对雨水的吸收利用和净化的功能，同时乔灌木和一些水生花卉搭配种植也能展现雨水花园的景观性。建议植物如下：

耐水湿乔木：水杉、池杉、落羽杉、垂柳、乌桕、杨树、合欢。

耐水湿灌木：杞柳、彩叶杞柳、木芙蓉、柽柳、龟甲冬青、紫穗槐、白蜡。

水生植物：再力花、黄菖蒲、玉蝉花、德国鸢尾、日本鸢尾、水生美人蕉、旱伞草、纸莎草、紫叶美人蕉、金脉美人蕉、雨久花、花叶芦竹、梭鱼草、水烛、水葱、泽泻、荷花、慈姑、千屈菜、浮萍、凤眼莲、睡莲、萍蓬草、荇菜、芡实、菱角、莼菜、大薸。

（2）生态树池：树池中种植耐水湿乔灌木以达到对雨水的吸收净化作用，同时周边配植地被对树池进行覆盖，达到美化作用。建议植物如下：

耐水湿乔木：池杉、水杉、落羽杉、垂柳、枫杨、乌桕、杨树。

耐水湿灌木：杞柳、彩叶杞柳、木芙蓉、柽柳、龟甲冬青、紫穗槐、白蜡。

地被植物：麦冬、玉簪、石竹、鸢尾、沿阶草、石菖蒲、红花酢浆草、紫叶酢浆草、宿根福禄考。

4. 湿塘设施植物选取

选用水生植物等营造水上生态绿色景观，同时达到调蓄和净化水质的目的。建议植物如下：

水生植物：千屈菜、荷花、黄花鸢尾、花蔺、慈姑、水葱、花叶芦竹、水生美人蕉、再力花、梭鱼草、荇菜、菱角、睡莲、凤眼莲、浮萍、金鱼藻、蒲草、狐尾藻、黑藻。

5. 雨水湿地设施植物选取

通过种植耐水湿乔灌木和水生植物来达到雨水湿地对雨水的收集和利用功能，同时乔灌草的搭配可形成良好景观，起到生态绿化作用。建议植物如下：

耐水湿乔木：水杉、池杉、落羽杉、垂柳、乌桕、枫杨、水松、杨树。

耐水湿灌木：杞柳、彩叶杞柳、木芙蓉、柽柳、龟甲冬青、紫穗槐、白蜡。

水生植物：再力花、黄菖蒲、溪荪鸢尾、日本鸢尾、水生美人蕉、旱伞草、纸莎草、紫叶美人蕉、金脉美人蕉、雨久花、花叶芦竹、梭鱼草、水烛、水葱、泽泻、荷花、慈姑、千屈菜、睡莲、萍蓬草、荇菜、菱角、芡实。

6. 调节塘设施植物选取

塘中可以种植水生植物以减小流速、增强雨水净化效果。建议植物如下：

水生植物：千屈菜、黄花鸢尾、花蔺、慈姑、水葱、花叶芦竹、水生美人蕉、再力花、梭鱼草、荇菜、菱角、睡莲、凤眼莲、浮萍、金鱼藻、蒲草、狐尾藻、黑藻。

7. 植草沟设施植物选取

选用耐水湿的草本植物对流经植草沟的水流进行吸收净化。建议植物如下：

地被植物：沿阶草、麦冬、结缕草、狗牙根、白喜草、白三叶、马尼拉草、苜蓿、车前草、紫露草。

8. 植被缓冲带设施植物选取

利用乔灌木结合的种植，减少水土流失，并净化地表径流污染，同时通过植物的搭配种植形成良好景观，达到绿化生态功能。建议植物如下：

耐水湿乔木：池杉、水杉、落羽杉、垂柳、枫杨、乌桕、杨树。

耐水湿灌木：杞柳、彩叶杞柳、木芙蓉、柽柳、龟甲冬青、紫穗槐、白蜡。

地被植物：沿阶草、麦冬、苜蓿、马尼拉草、结缕草、假俭草、白三叶、红花酢浆草、紫叶酢浆草、宿根福禄考、鸭跖草。

水生植物：纸莎草、花叶芦竹、日本鸢尾、德国鸢尾、千屈菜、马蔺、菖蒲、灯芯草、水生美人蕉、花叶芦竹、香蒲、芦苇、睡莲、荇菜。

9. 生物浮岛设施植物选取

选择耐水湿植物营造具有生态和净化功能的水上场所，同时乔灌木的种植搭配也可为动物提供生存场所。建议植物如下：

耐水湿乔木：池杉、水杉、落羽杉、垂柳、枫杨、乌桕、杨树。

耐水湿灌木：杞柳、彩叶杞柳、木芙蓉、柽柳、龟甲冬青、紫穗槐、白蜡。

地被植物：麦冬、结缕草、白喜草、白三叶、马尼拉草、苜蓿、玉簪、鸭跖草。

水生植物：再力花、黄菖蒲、溪荪、日本鸢尾、水生美人蕉、旱伞草、纸莎草、紫叶美人蕉、金脉美人蕉、雨久花、花叶芦竹、梭鱼草、水烛、水葱、泽泻、荷花、慈姑、千屈菜、睡莲、萍蓬草、荇菜、菱角、芡实。

第三章　公园设计

城市中的绿地、花园等基础设施能够起到"海绵体"的作用，从而能够有效提高城市排水系统的标准，缓解城市内涝的压力。城市雨水管理策略逐渐由"外排"向"内蓄"转变，利用透水铺装、植被渗沟、下沉式绿地和湿地水体等景观要素，重建接近自然的水循环过程，将雨水分散蓄留、逐步净化和缓慢吸收，将城市公园改造成弹性的绿色海绵公园。

公园作为暴雨时蓄水的地方，将雨水消化，避免内涝成灾及积水。被海绵体吸收的雨水可再利用，较好地缓解水资源的紧张局面。

第一节　技术流程

建议在绿地空间内设置较大规模的集中式雨水设施和末端处理设施，如雨水塘、雨水湿地等，消纳、净化和利用本地与周边区域的雨水。将 LID 雨水设施与景观设计相结合，通过布置多功能调蓄设施，在满足景观要求的同时，对雨水水质和径流量进行控制，并对雨水资源进行合理利用。

机动车、非机动车道路，停车场以及其他硬化铺装区尽量采用透水材料，周边绿地建议设计为下沉式绿地，并在绿地内设置雨水花园。铺装广场等大型不透水区域应设置雨水源头控制利用措施，如雨水花园、下沉式绿地、植被浅沟等。同时公园边缘区与公园内部分布雨水管理景观设施可相互连通，以获取公园最大的雨水管理能力（图3-26）。

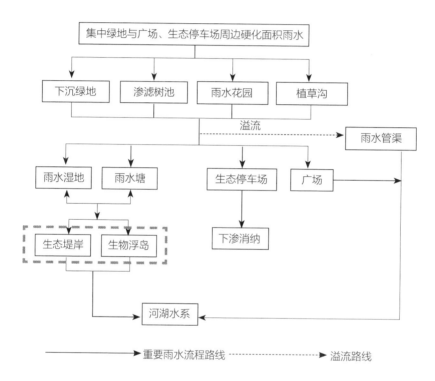

图3-26　技术流程

第二节　设计要点

一、不同类型公园海绵建设优化建议

结合城市绿地系统规划，以综合性公园、带状公园、社区公园、街头游园以及附属绿地为主，提出在城市绿地的规划设计中，海绵城市建设如何具体展开，以及在设计中应该关注的设计重点。

1. 综合性公园

对现有自然水体清淤保护，拓展水域面积，在绿地设计中，除了必要的公共设施以外，在绿地中穿插设计湿塘、湿地等设施对雨水进行调蓄、净化。严格控制公园软景河岸，使人们容易亲水的同时，也可以在遇到特大暴雨时，兼做输送通道，将水排到下游，保持水系的动态流动。

2. 社区公园与街头游园

以滞留、渗透为主导，部分兼顾周边地块和道路的径流控制。渗透自身雨水的同时承接周边街道地表径流。位于城市低洼区域、泛滥河道周边等径流汇集末端位置的绿地，可加入人工湿地、调节水塘等多功能调蓄设施，提高应对较大强度暴雨产生的径流。

3. 专类公园

以较完善的低影响措施为主，结合专类需求进行整合。在建的植物园应整合景观与径流控制设施，将人工湿地、调蓄水塘作为水生植物展示园，雨水花园、植草沟等适宜展示部分宿根花卉及蕨类植物，控制雨水径流的同时传达径流控制理念。

4. 带状公园

在严格控制点源污染、面源污染的基础上，针对城市普遍的"死水"现象，要考虑将被防洪堤隔离在外的水域从上游引入城市，通过上游与下游的贯通设计，在形态上，适当打破单一呆板的笔直河道线性，使城市滨水绿带成为流动的生态廊道。滨水带状绿地应该具有雨洪调节功能，公园景观设计将雨季与枯水期进行综合考虑。

二、公园详细设计要点

摈弃传统城市公园中的以造景或特定功能为目的所塑造的绿地地表形式，而是要以雨水的收集和利用为目的，并通过雨水渗透的特点来进行设计和实施。雨水径流需要通过一定的传输和储存设施收集备用。此外，应大力提倡建设产流基底的园林水池，使得水池中的水可以与地下水及周围土壤中的水分自由交换，完善园林水体的各项生态功能。

（1）集中绿地改造除了要消纳绿地内部产流以外，更重要的是考虑与周边场地相衔接，将周边汇水面（如广场、停车场、建筑与小区等）的雨水径流通过合理竖向设计引入集中绿地。结合防水排涝要求，设计多功能雨洪调蓄绿地，在满足景观要求的同时，对雨水水质和径流量进行控制，并对雨水资源进行合理利用。

（2）充分利用景观水体和植被，建议绿地设计为下沉式绿地，采用雨水花园、植草沟、雨水塘以及雨水湿地等雨水滞蓄、调节设施滞留、净化及传输雨水。

（3）应限制城市绿地与广场地下空间的过度开发，为雨水回补地下水提供渗透路径。

（4）城市绿地内湿塘、雨水湿地等雨水调蓄设施应采取水质控制措施，利用雨水湿地、生态堤岸等设施提高水体的自净能力；在确保径流水质的同时，建议将收集净化后的雨水用于绿地浇灌、道路浇洒和冲厕等。

（5）对于周边建筑、道路等区域的无法自身消纳的雨水，可通过雨水管道就近汇集到附近的公园绿地当中，经过渗透、滞留、净化、蓄积到自然水体或雨水调蓄池中。城市公园服务半径与城市公园的蓄水能力成正相关，当服务半径中降雨产生的径流量超过公园的蓄水能力时，可将多余的雨水排到城市排水管网中。

城市公园雨水管理措施融合海绵城市的城市公园的建设改造需要将灰色雨水设施与绿色雨水设施两者合理结合起来，形成一个具有雨季吸水，旱时放水功能的绿色海绵。

第三节　案例解析——合肥南艳湖公园

一、案例背景

南艳湖是合肥经济开发区（简称"经开区"）仅有的两个大型天然水域之一，拥有大片的生态湿地。由于自然条件优越，区位优势明显，早在建区初期经开区就计划将此处打造成休闲娱乐的开放式公园。

2003年，经开区启动南艳湖环境治理工程，对南艳湖进行了坝埂加固、完善园区路网、植被绿化等，南艳湖公园初步成型。

2014年3月，经开区方面多次约谈火工区主管企业，最终达成一致。在双方的共同努力下，南艳湖公园内的火工区按计划顺利拆除并搬迁完毕。

此时，绝大部分周边地块已经先于公园开发，土地利用已经成型。在新一轮的公园概念性规划中，规划北界为石门路，南界为锦绣大道，西界为清潭路，东界为习友路，面积约200 hm²（图3-27、图3-28）。

图3-27　南艳湖区位

图 3-28　南艳湖总平面

二、场地现状与挑战

1. 丰富的水体资源

南艳湖基址具有丰富的水体资源，主体内湖面积约 65 hm^2，数十个坑塘面积约 5 hm^2。丰富的水体为公园的景观塑造带来更多的可能，如何充分利用水资源形成安全、清洁、美观的风景，是设计需要考虑的问题。

2. 生长良好的植被

南艳湖公园具有生长良好的植被资源，乔灌木种类丰富，据统计有超过 70 种现状植物，主要乔灌木近 10 万株。

3. 合肥十大观鸟基地之首

南艳湖良好的自然资源基底条件，使其成为合肥十大观鸟基地之首，在这里，四季有鸟可观。如何在公园开发建设的同时最大限度地保护南艳湖生态环境，留住鸟类资源，也是设计面临的挑战之一。

4. 安徽省在册小（一）型水库

南艳湖水库作为安徽省在册小（一）型水库，在发挥其城市公园功能的前提下首先要满足其水体调蓄能力。

南艳湖水库汇水面积约 5.415 km²，水库设计防洪标准为 50 年一遇，校核防洪标准为 500 年一遇。其大坝等主要建筑物的设计防洪标准分别与水库的防洪标准相对应。溢洪道消能防冲设计的防洪标准为 20 年一遇。

三、设计定位

通过对场地的全面摸底，本次设计意图在尊重场地现状的前提下将南艳湖公园打造为一个生态、自然的城市公园。利用生态技术手段对场地水质进行提升保障，减缓雨水污染同时保持水体流畅，恢复场地生态环境，为游人提供可深度参与的自然科普活动（图 3-29、图 3-30）。

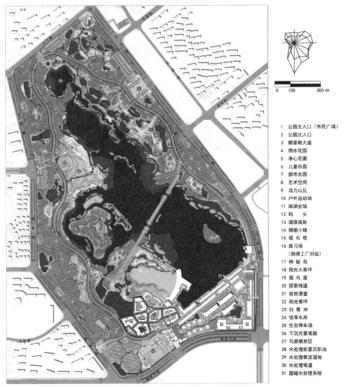

1 公园主入口（市民广场）
2 公园次入口
3 鹅掌楸大道
4 雨水花园
5 净心花园
6 儿童乐园
7 都市农园
8 艺术空间
9 活力山丘
10 户外运动场
11 南湖会馆
12 码　头
13 湖滨商街
14 烟囱小镇
15 观鸟塔
16 练习场
　　（炮弹工厂旧址）
17 神秘岛
18 阳光大草坪
19 观鸟屋
20 探索栈道
21 自然课堂
22 阳光草坪
23 白鹭洲
24 悦享水库
25 生态停车场
26 下沉式景观路
27 鸟类栖息区
28 水处理前置沉积池
29 水处理者波潜地
30 水处理湿道
31 超磁水处理系统

图 3-29　南艳湖总平面

图 3-30　南艳湖鸟瞰效果图

四、分析与模拟

为合理设计湖体水位，保障水质清洁，以达到最佳的景观效果，设计利用水量计算公式及环境流体动力学代码（EFDC）水动力学模型对南艳湖的水量、流场、水质进行前期分析与模拟。

1. 水量分析

水是南艳湖公园最大的特色之一，为保障水体景观的持续性，设计对南艳湖湖体的补水来源及潜在补水水源进行科学分析。分析结果表明，南艳湖湖体在春夏秋三季的雨水补给量均超过 10 000 m³/d，冬季则低于 10 000 m³/d。南艳湖在平水年、丰水年依靠汇流雨水可保障运行水位不低于 25.4 m。枯水年旱季，水源不足，南艳湖短期内无法达到 25.4 m，最低降至 24.9 m。

（1）常规水源：南艳湖的补给水源相对单一，主要依靠上游汇水区汇流的雨水补给，周边的雨水管网是湖区雨水入湖的主要路径。因此，南艳湖雨水最终补给量由降雨量、汇水面积、下垫面类型决定。

多年降雨量数据统计结果显示，合肥市降雨具有梅雨显著、夏雨集中的特征，6～8月可以汇集全年45%的降雨量，5～9月可以汇集全年60%的降雨量。南艳湖区域多年年平均降雨量为995 mm，降雨量最大年为1503 mm，最小年为496 mm，平水年为1067 mm（图3-31、图3-32），不同土地利用类型径流数见表3-3。

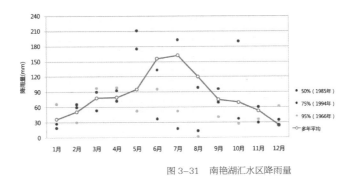

图3-31　南艳湖汇水区降雨量

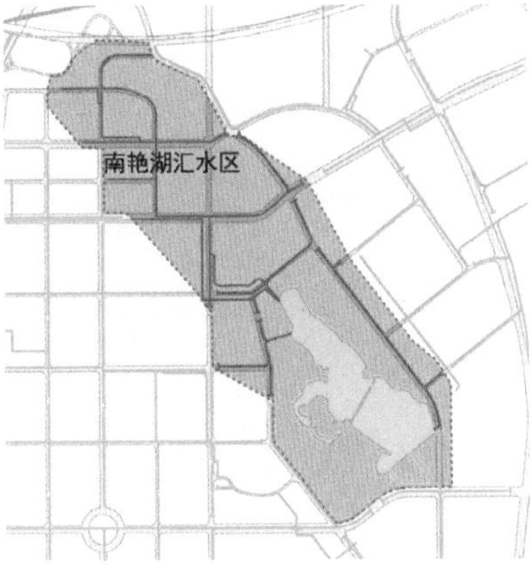

表3-3　不同土地利用类型径流系数

土地利用类型	径流系数
商业中心	0.8
住宅用地	0.65
市政用地	0.65
频道广场	0.6
文化体育	0.4
公共绿地	0.15

图3-32　南艳湖汇水区面积

通过对合肥降雨数据的收集、场地下垫面径流系数的分析，经统计计算，南艳湖年均径流量为180万立方米（图3-33），6～8月径流量较大。根据南艳湖周边地区各月份多年平均降雨天数，可将逐月入湖流量近似分配至逐日，结果显示夏季降雨时入湖径流量可达20 000～30 000 m³/d、春秋两季10 000～20 000 m³/d、冬季不足10 000 m³/d（图3-34）。

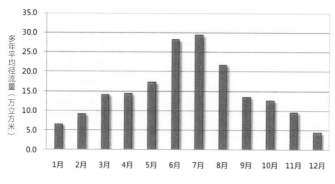

图 3-33　南艳湖多年平均径流量

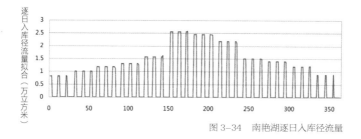

图 3-34　南艳湖逐日入库径流量

（2）补水水源：除汇水区雨水径流补给之外，合肥市西南部生态补水工程是南艳湖的潜在补给水源（图 3-35）。合肥市西南部生态补水工程利用淠河总干渠大蜀分干渠，引进大别山区佛子岭、磨子潭、响洪甸三大水库水源。每年向南艳湖补水三次，每次补水将南艳湖水位由死水位一次性补充至正常蓄水位，即每次补水 131 万立方米。

2. 流场模拟

设计通过 EFDC 水动力学模型对南艳湖现状流场进行模拟，模拟结果表明，湖内不同区域流速有所差异，南艳湖生境岛附近河道及大堤西侧水域，流速缓慢，不足 0.2 mm/s，容易形成死水区，进而影响水质（图 3-36）。

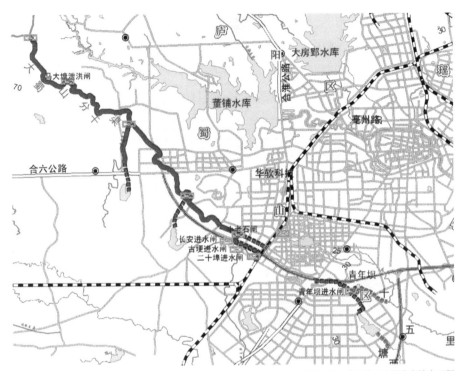

图 3-35　合肥市西南部生态补水工程

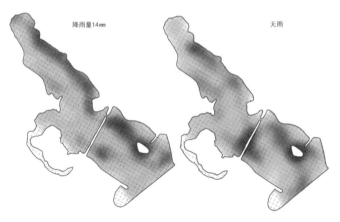

图 3-36　南艳湖 EFDC 水动力学模拟结果

3. 水质分析模拟程序（WASP）

南艳湖以雨水为主要水源，根据初期雨水的污染特征，总磷和总氮的含量都远高于地表水Ⅳ类水水质限值。雨水汇入南艳湖后，会将污染物一同带入湖体，增大水体污染负荷。其中悬浮物、总磷为南艳湖主要污染因子。由于营养污染物超标，夏季存在水华暴发风险（图3-37～图3-39）。

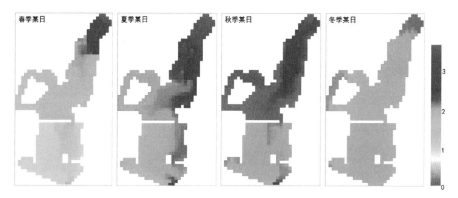

图3-37　WASP水质模型总氮模拟结果

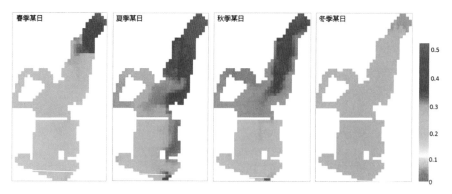

图3-38　WASP水质模型总磷模拟结果

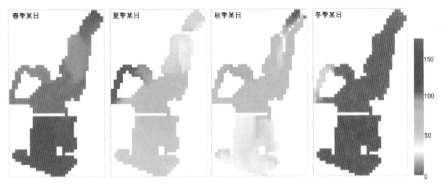

图 3-39　WASP 水质模型 Chla 模拟结果

根据 WASP 水质模型模拟结果，南艳湖污染物主要自北侧雨水口入湖，污染物在北半区内随湖流扩散。经过北半区的沉淀净化，南半区水质明显优于北半区。模拟结果可看出，南艳湖水体中总氮（TN）、总磷（TP）含量在全年不同季节存在不同程度的水质超标问题，北半区入湖口附近区域总氮（TN）、总磷（TP）超标问题较为突出。

五、设计策略

1. 基于安全与美观的水位调控

从安全角度考虑，水位对湖体的水域面积、储水量有着重大影响，进而影响到上游排涝能力；从景观的角度考虑，水位通过影响水域面积改变水面形态，通过影响水深高度决定了湿地生境面积的大小。本次设计从安全与景观的双重角度出发，力求在两者之间达到平衡。

设计基于现状水下地形数据，从水位对水域面积的影响、水位对湿地生境的影响、水位对上游排涝的影响三个角度分析，提出南艳湖的合理运行水位。

1）现状水位情况

从图 3-40 所示南艳湖水下地形图可看出，24.9 m 等高线以下区域地势较陡，大部分区域为深水区；24.9～25.4 m 等高线之间区域为平缓的湖边滩涂地，面积较大，且地势平缓；在 25.4～26.4 m 等高线之间是原湖泊护岸所在的主要区域，地势陡峭，所占面积较小。

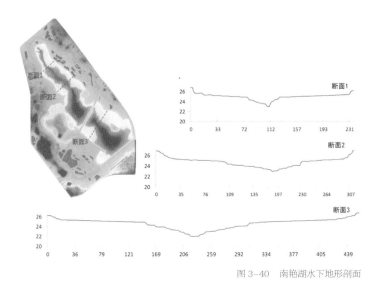

图 3-40　南艳湖水下地形剖面

2）水位对水域面积的影响

从图 3-41 所示南艳湖运行水位与水域面积关系曲线可以看出，当湖泊运行水位在 24.9 ~ 25.4 m 之间时，随着水位的提高，水域面积增加显著，水位每提高 10 cm，水域面积增加 4.6 hm^2；当湖泊运行水位在 25.4 ~ 26.4 m 之间时，水域面积随运行水位增加变化缓慢，水位每提高 10 cm，水域面积增加 1.2 hm^2。从增大水域面积角度来看，运行水位应尽量保持在 25.4 m 以上。

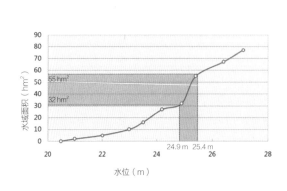

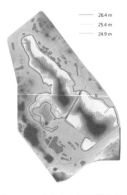

图 3-41　水位与水域面积关系

3）水位对湿地生境的影响

研究表明，0 ～ 0.5 m 水深区间，适生挺水植物种类丰富多样，部分高挺水植物适生水深可达到 1 m 以上。当运行水位为 25.4 m 时，水深 0.5 m 以内的水域面积达到最大；当水位在 25.4 ～ 25.9 m 之间时，随着水位提升，水深 0.5 m 以内水域面积急剧下降，水深 1 m 以内的水域面积达到最大（图 3-42）。从湿地生境的角度考虑，建议南艳湖运行水位控制在 25.4 ～ 25.9 m 之间。

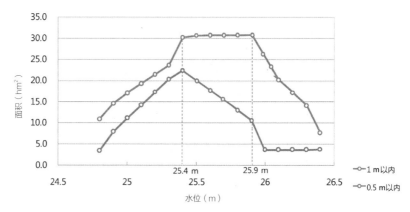

图 3-42　不同水位下的水生植物适生面积

4）水位对上游排涝的影响

南艳湖汇水区域成条带形，长约 4.5 km，宽约 1.2 km，汇水区总面积 5.415 km²，南艳湖水面面积约 0.60 km²。汇水区及雨水管网如图 3-43 所示。

图 3-43　南艳湖汇水区及雨水管网示意

南艳湖上游汇水区 5 年一遇洪峰流量为 14.8 m³/s，10 年一遇洪峰流量为 29.6 m³/s，50 年一遇的洪峰流量为 72.7 m³/s，其洪水过程线如图 3-44 所示。

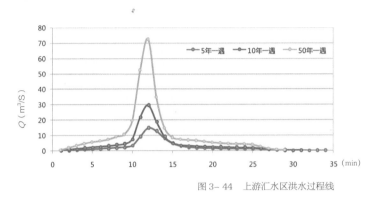

图 3-44　上游汇水区洪水过程线

南艳湖上游汇水区汇流雨水主要通过南艳湖北部雨水管和雨水箱涵进入南艳湖（图 3-45）。

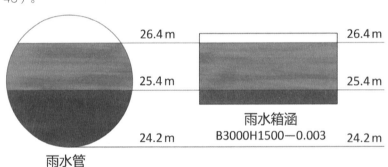

雨水管　　　　　　　雨水箱涵

图 3-45　南艳湖雨水管与雨水箱涵

当运行水位介于涵洞底部与顶部之间（24.2 ~ 27.0 m）时，涵洞过水能力 35.2 m³/s，大于 10 年一遇洪峰流量，小于 50 年一遇洪峰流量，末端雨水管涵不会成为限制上游汇水区排水的瓶颈。当南艳湖水位控制在 27 m 以下时，南艳湖水体对雨水管涵的顶托作用不会对上游汇水区的排涝造成不良影响。

5）运行水位建议

根据运行水位对水域面积、湿地生境和上游排涝三方面影响的分析，南艳湖运行水位控制在 25.4 ~ 25.9 m。

6）调蓄能力测算

本次设计将湖面正常运行水位调整到 25.4 ~ 25.9 m，降低 0.5 ~ 1.0 m；汛前限制水位降低到 25.4 m；20 年一遇以下洪水位低于原溢洪道堰顶高程 26.40 m。

根据洪水计算及调洪演算，调整后的特征参数是：

（1）正常蓄水位 25.40 ~ 25.9 m，对应的水面面积为 0.458 ~ 0.534 km²。

（2）死水位 22.0 m，死库容 5 万立方米。

（3）设计洪水位 26.74 m，相应库容 153.4 万立方米，设计下泄流量 19.27 m³/s。

（4）校核洪水位 27.23 m，相应库容 190.5 万立方米，校核下泄流量 31.0 m³/s，校核洪水位对应水面面积 0.787 hm²。

（5）水库正常泄洪设施改建于大坝左侧，为 2 孔 ×5 m，高 1.2 m 封闭式溢洪道，泄洪措施为：2 孔 ×5 m 溢洪道加上 150 cm 放水底涵。溢洪道堰顶高程 25.9 m，放水底涵涵底高程为 20.5 m。

调整后南艳湖水位在 25.4 ~ 25.9 m 之间的库容 28 万立方米，可起到有效的雨洪调节作用。当洪峰来临时，开启放水底涵，可承受 10 年一遇的洪水洪峰流量，洪峰过后水位恢复至 25.4 m 所需时间为 17.4 h；当水位达到 25.9 m，放水底涵、溢洪道和排水沟同时排水（图 3-46、图 3-47），可承受 50 年一遇的洪水洪峰流量，洪峰过后水位恢复至 25.4 m 所需时间为 19 h（表 3-4）。原有溢洪道由于年久失修，本次设计予以废弃。南艳湖东南角现状有排水沟，故在南艳湖东南角新建溢洪道（图 3-48）。

2. 基于生态与高效的水质改善

根据现状分析与模拟研究结果，南艳湖水质保障需重点解决两方面关键问题：入

图 3-46　排水沟及放水底涵图

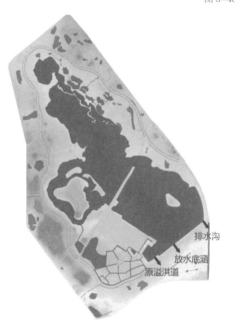

图 3-47　南部调蓄设施布置示意

表 3-4　下游排水口排水计算表

重现期	洪峰流量 （m³/s）	下游启用排水口	瞬间最 高水位 （m）	水域面积瞬间 最高增大（hm²）	洪峰过后水位 恢复所需时间（h）
5 年一遇	14.8	放水底涵	25.56	1.17	8.8
10 年一遇	29.6	放水底涵	25.79	2.64	17.4
50 年一遇	72.7	放水底涵＋临时排水沟	25.84	2.95	19.0

图 3- 48　南艳湖溢洪道

湖初期雨水净化问题，针对此问题可考虑前置库建设、入流雨水净化等措施；局部水流死区问题，针对此问题可考虑水下地形优化、联通关系优化、强制循环等措施。

1）增设前置库

南艳湖入湖径流量年际与年内变化大，以悬浮物和总磷为主要污染因子。因此在南艳湖北侧设置前置库。前置库一方面可起到沉淀颗粒态污染物的作用，另一方面具有调蓄功能。

（1）规模确定：从调蓄功能角度，主要考虑大部分时段入库径流能够在前置库内存蓄，进而通过超磁设备进行净化处理，尽可能减少直接溢流进入主湖的比例。根据不同水文年型日入库径流量的频率分布可以看出，前置库调蓄库容按 50 000 m³ 设计已可满足 90% 以上时段入库径流的调蓄要求，也可满足 85% 以上时段入库径流的调蓄要求（表 3-5）。

从沉淀功能角度，前置库水力停留时间应在 5 h 以上，则 50 000 m³ 调蓄库容可满足 240 000 m³/d 入湖径流的处理需求（图 3-49）。1995 年（95% 枯水年）全年日入湖水量均小于 240 000 m³/d，2006 年（50% 枯水年）和 1991 年（5% 枯水年）全年日入湖水量超过 240 000 m³/d 的只有一天。因此，从沉淀功能角度考虑，50 000 m³ 调蓄库容是充足的。

表 3-5　不同水文年型日入库径流量的频率分布

入湖流量 （万 m³/d）	1995 年 （95% 枯水年）	2006 年 （50% 枯水年）	1991 年 （5% 枯水年）
> 24	0.0%	0.3%	0.3%
5 ~ 24	1.9%	3.8%	6.6%
2 ~ 5（不含）	5.2%	9.6%	8.2%
1 ~ 2（不含）	5.8%	5.8%	6.6%
< 1	14.2%	8.5%	11.5%
无雨	72.9%	72.1%	66.8%

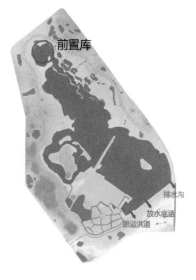 

图 3-49　前置库及平面位置

（2）前置库水位控制：前置库最高蓄水位控制在 25.9 m，最高水位主要通过前置库出口 1 控制，前置库出口 1 设计标高 25.9 m，前置库水位超过 25.9 m 时，自流入主湖。

前置库日常运行水位控制在 25.4 ~ 25.9 m，汛前控制水位 23.9 m。日常运行水位主要通过超磁泵站与阀门井控制。需要降低水位时开启超磁提升泵站，将前置库水输送至主湖。需提升水位时，开启阀门井，主湖水回补前置库（图 3-50 ~ 图 3-52）。

图 3-50　前置库竖向设计图及实景

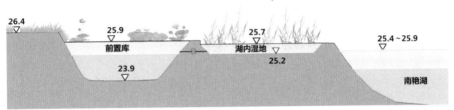

图 3-51　前置库水位示意

图 3-52　前置库主要进出水口

2）增设超磁处理站

南艳湖入流雨水中悬浮物、总磷（TP）含量较高，配备超磁分离水体净化系统可以去除入湖雨水中 70% 以上的悬浮物和磷等污染物。超磁处理站以絮凝沉淀为主要原理，可间歇运行，为水质净化的核心环节。

（1）规模确定：超磁规模的确定一方面要保障处理能力满足南艳湖水质净化需求，

另一方面尽可能通过优化调蓄调度，减少设备规模，避免设备过多闲置，节省投资。根据各水文年型不同日入库径流量的频率分析，60% 左右的日入库径流量约 20 000 m³/d，并且有前置库 50 000 m³ 的调蓄能力，确定超磁设备规模为 20 000 m³/d。

（2）处理水质目标：采用一体化集成设备，全套处理系统总占地面积约 200 m²，要求设备出水水质 SS 不大于 10 mg/L，浊度不大于 10NTU，TP 不大于 0.3 mg/L，COD 不大于 20 mg/L，溶解氧不小于 5 mg/L，透明度不小于 80 cm。

（3）工艺流程：初期雨水经管网收集汇入南艳湖前置库，再经提升泵输送进入超磁净化系统。超磁净化系统含：混凝反应器、超磁分离机、磁分离磁鼓机、药剂制备投加设备、污泥处理设备、电气控制等。

在该设备内投加聚合氯化铝（PAC）、磁种、聚丙烯酰胺（PAM），与药剂和磁种充分混凝反应后的初期雨水自流进入超磁分离机，在超磁分离机内完成净化。经过净化处理后的初期雨洪水自流进入主湖区和湿地，成为景观水体。

3）外围水系连通

超磁出水排放点的合理选择，可以有效促进主湖水体的循环交换，有利于主湖的水质保障。超磁净水系统工艺流程如图 3-53 所示，超磁处理站平面如图 3-54 所示，水系连通平面如图 3-55 所示。

神秘岛出水排放点可用于北湖水体的循环净化，大坝西侧出水排放点可用于全湖水体的循环净化。

4）内湖湿地建设

前文提到，当水位运行在 25.4 ~ 25.9 m，湖内湿地生境面积将达到最大化。设计在不同水深区域种植相应植物，利用湖内浅滩大面积种植湿地植物来提高湖体自净机能，植物与水深关系如图 3-56 所示。

内湖湿地平面及断面效果如图 3-57、图 3-58 所示，建成冬季景观如图 3-59 所示。

5）表流湿地建设

表流湿地区位于公园东南侧，以雨水花园和接近自然形态的溪流形式存在，平时依靠公园内汇流蓄积的雨水维持水面（图 3-60）。当超磁设备运行时，用于稳定和净化超磁系统处理后的尾水。

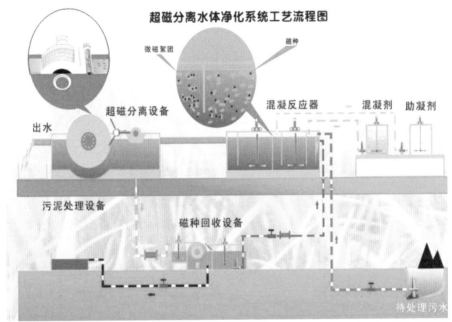

图 3-53 超磁净水系统工艺流程

图 3-54 超磁处理站平面及实景

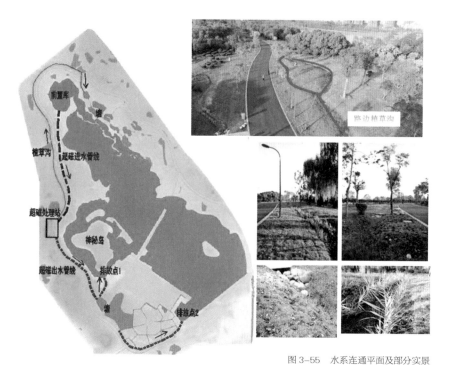

图 3-55　水系连通平面及部分实景

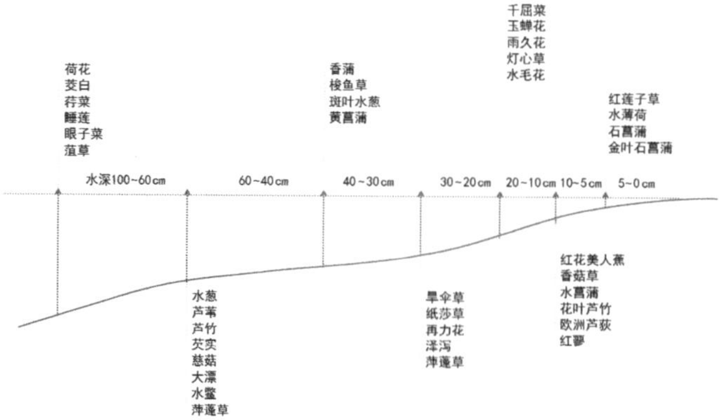

图 3-56　植物与水深关系

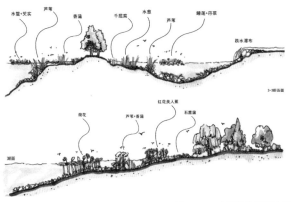

图 3-57 内湖湿地平面分布

图 3-58 内湖湿地断面效果

图 3-59 内湖湿地建成冬季景观

吸污力强、根系发达、固沙
力强、耐淹的草本植物：芦
苇+菰+荻+水芹菜

挺水、漂浮、沉水植物混合
种植：芦苇+菰+荻+泽泻+水
菖蒲+千屈菜+槐叶萍+眼子
菜+金鱼藻

吸污能力强、抗风浪、
低矮型花卉植物：美人
蕉+石菖蒲+花叶芦竹

景观效果好的植物：芦
苇+梭鱼草+灯芯草+水烛
+再力花+美人蕉+旱伞草
+水葱+芦荻

具有吸污能力的农作物和
花卉植物：水稻+慈姑+荸
荠+菱+菰+莲+红蓼

挺水植物为主：芦苇+
香蒲+水菖蒲+黑三棱+
灯心草

以沉水和漂浮植物为主：金
鱼藻+蓖草+荇菜+睡莲+浮萍；
少量种植挺水植物：风车草
+香蒲+芦苇+黄菖蒲

挺水植物和浮水植物为主：
芦苇+香蒲+美人蕉+灯心草+
眼子菜+睡莲+槐叶萍

工程工艺：表流湿地
污水类型：富营养化污水（初期雨水，蓝藻水）

利用植物根系的吸收和吸附作用，富集导致水体富
营养化的N和P，降解有害污染物，达到化害为利，
净化水质的目的。

图 3-60　表流湿地

6）南区循环系统

　　为增加南艳湖南区两处死水区水体流动，将这两部分水域通过水泵及沟渠进行连通，以期达到水体循环流动的目的。南区循环系统主要包括光伏水泵提升、跌水曝气和厌氧塘三项主要工程措施（图 3-61）。南区循环系统运行前后流场的变化见图 3-62。

　　光伏水泵通过光伏阵列吸收太阳能，通过扬水逆变器驱动水泵抽取水体，进而促进水体的流动循环。在南艳湖区共设置八处跌水曝气点，南艳湖死水区的溶解氧含量很低，通过跌水曝气设备可大幅度增加水体溶解氧含量。在南区循环系统中分别设置一级厌氧塘和二级厌氧塘。两级厌氧塘与上游跌水曝气配合，形成好氧厌氧交替的环境，促进硝化－反硝化作用的发生而脱氮。根据工程区场地地形的实际情况，设计厌氧塘总面积 26 417 m^2，设计水深 3 m，设计停留时间 6 d。

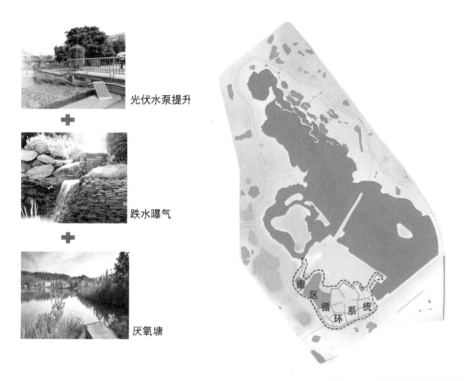

光伏水泵提升

跌水曝气

厌氧塘

南区循环系统

图 3-61 南区循环系统工程措施

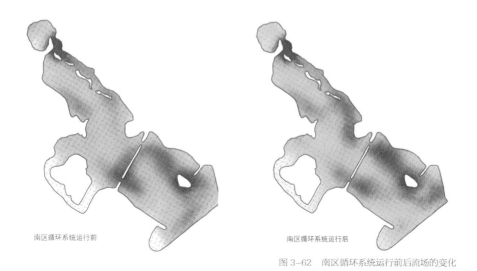

南区循环系统运行前

南区循环系统运行后

图 3-62 南区循环系统运行前后流场的变化

3. 基于科普与体验的景观提升

（1）自然课堂：自然课堂位于公园东北侧，包含前置池、超磁设备、表流湿地、植物展示生境等内容。设计为保障公园平时与暴雨期的水质，设置了两套净化系统并将其有机组合，通过景观化的手法生动地展示水处理系统的运作原理。自然课堂平面图及展示分区如图3-63、图3-64所示。

平时公园上游来水通过前置池，流经内湖湿地及处理弯道后汇入湖面主水体；暴雨期水质较差时，公园将开启水泵，来水经水泵提升至超磁设备处理净化后，汇入雨水花园，流经表流湿地后最终汇入湖面。

水净化流程科普展示——沉水步道、表流湿地展示水质净化动态过程。低于水面的下沉栈道提供了水净化流程展示的生动视角（图3-65）。

湿地植物科普展示——网格结构展示湿地植物，陆地单元展示陆生植物景观（图3-66～图3-68）。

平面图
0 50 100

1 水泵喷泉
2 超磁水处理设备
3 净水池
4 表流湿地
5 沉水步道
6 湿地植物课堂
7 植物生境展示
8 观景平台
9 亲水池塘
10 鸟类课堂
11 科普建筑
12 科普廊架
13 前置沉积池
14 湖内湿地
15 处理弯道

图3-63　自然课堂平面

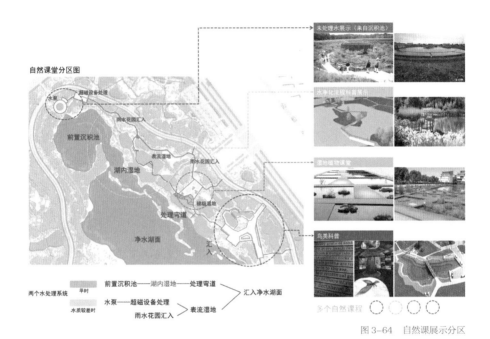

自然课堂分区图

超磁设备处理

水泵

前置沉积池

雨水花园汇入

表流湿地

湖内湿地

雨水花园汇入

处理弯道

梯级湿地

净水湖面

汇入

未处理水展示（来自沉积池）

水净化流程科普展示

湿地植物课堂

鸟类科普

两个水处理系统

平时

水质较差时

前置沉积池——湖内湿地——处理弯道 → 汇入净水湖面

水泵——超磁设备处理

雨水花园汇入 → 表流湿地

多个自然课程

图 3-64 自然课展示分区

图 3- 65 下沉栈道效果

图 3-66 湿地植物科普展示效果

图 3-67 湿地植物科普展示区建成鸟瞰

图 3-68 湿地植物科普展示区建成冬季景观

鸟类科普展示——鸟类课堂：围合的石块及雾喷展现自然的神秘感，石头上铭刻鸟类信息和图纹（图3-69）。

图3-69 鸟类科普广场效果图

（2）雨水花园：南艳湖东北侧现状已形成天然的雨水花园雏形，设计将场地现有水塘通过明渠相连，逐级收集雨水资源，既解决了场地雨水管理的问题，又成为一个鲜活的自然教育场所，结合植物的种植呈现出富于变化的景观效果。

其场地原始现状如图3-70所示，雨水花园设计平面图、效果图及技术细节如图3-71～图3-73所示。雨水花园建成鸟瞰见图3-74，景观实景如图3-75所示，连接处涵渠见图3-76。

图3-70 场地原始现状

位置索引图

1. 水塘
2. 雨水花园
3. 雨水明渠
4. 步道
5. 雨水收集综合展示
6. 休息场地

图 3-71 雨水花园设计平面

图 3-72 雨水花园设计效果

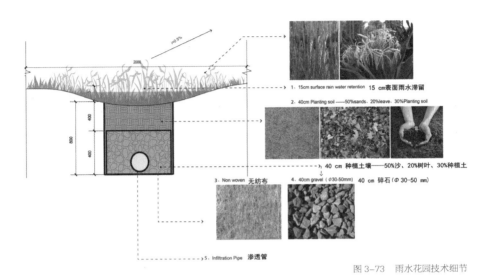

图 3-73　雨水花园技术细节

图 3-74　雨水花园建成鸟瞰

图 3-75　雨水花园建成实景

图 3-76　雨水花园连接处涵渠

（3）园路排水组织——生态植草沟：公园通过沿路设置生态植草沟代替雨水管网，解决园内道路雨水排放问题，是利用绿色基础设施代替灰色基础设施的成功案例，园内雨水最终全部汇入湖体，公园水网连通如图 3-77 所示。

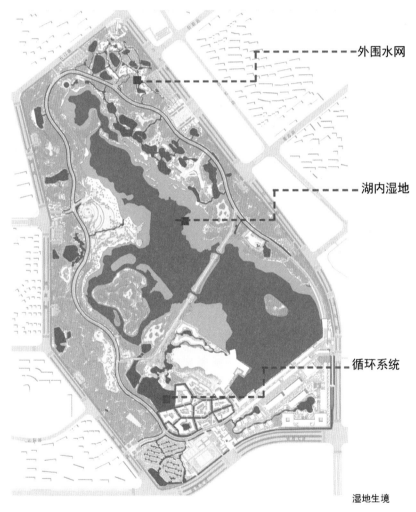

外围水网

湖内湿地

循环系统

湿地生境

图 3-77 公园水网连通示意

植草沟内或种植水生植物或铺设卵石碎石，形成独特的景观效果（图3-78、图3-79）。

图3-78　植被草沟建成效果　　　　　　　　　　图3-79　卵石草沟建成效果

第四节　案例解析——池州护城河遗址公园

一、案例背景

池州市护城河遗址公园位于安徽省池州市中心城区，曾经是池州古护城河的一段，现仅保留了一洼古河水塘和一段古城土埂（图3-80）。

由于老城管网雨污分流建设不完善，周边小区生活污水直排导致公园水体水质恶化，原本的护城河遗址逐渐变成了一洼臭水塘，政府曾一度计划将公园水体填平做城市停车场之用。2015年10月，池州市建委借着海绵城市建设的契机，将该公园纳入

图 3-80 护城河遗址公园现状

旧城黑水体整治示范项目，希望通过运用海绵城市建设理念，达到公园水质改善与人居环境提升的双重目标。

二、指标转换

设计任务书要求，建成后的公园雨水径流总量控制率达 85%，年水中悬浮物去除率为 50%，水质保持地表水 Ⅳ 类标准。

设计首先需要将雨水径流总量控制率转换为设计所需调蓄容积。通过对场地周边高程分析可知，护城河遗址公园现状场地周边陆域汇水面积为 55 300 m²，汇入场地中心湖水体。

根据住房和城乡建设部《海绵城市建设技术指南——低影响开发雨水系统构建（试行）》和《池州市海绵城市实施细则》确定设计降雨量，即为实现一定的年径流总量控制目标（年径流总量控制率），用于确定低影响开发设施设计规模的降雨量控制值，一般通过当地多年日降雨资料统计数据获取，通常用日降雨量（mm）表示。结合池州市近 30 年（1984—2013 年）日降雨（不包括降雪）资料，扣除小于或等于 2 mm 的降雨事件的降雨量，将日降雨量按雨量由小到大进行排序，统计小于某一降雨量的降雨总量（小于该降雨量的按真实雨量计算出降雨总量，大于该降雨量的按该降雨量计算出降雨总量，两者累计总和）在总降雨量中的比例，此比例（即年径流总量控制率）对应的降雨量（日值）即为设计降雨量。经统计分析，池州市不同年径流总量控制率对应的设计降雨量如图 3-81 所示。为满足《海绵城市建设绩效评价与考核指标（试行）》相关要求，年径流总量控制率达 85%，相应的设计降雨量为 40 mm。

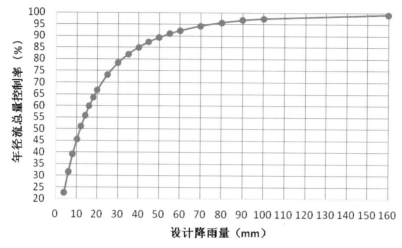

图 3-81   池州市年径流总量控制率对应的设计降雨量值

根据容积法，计算设计调蓄容积，公式如下：

$$V = 10H\phi F$$

式中： V ——设计调蓄容积， m^3；

H ——设计降雨量， mm；

ϕ ——综合雨量径流系数，按表 3-5 进行加权平均计算；

F ——汇水面积， hm^2。

计算得该区域设计所需调蓄容积为 $V = 10 \times 40 \times 0.65 \times 5.53 = 1437.8$ （ m^3 ）。

表 3-5   综合雨量径流系数

汇水面类型	面积（ m^2 ）	雨量径流系数 ϕ	比例	综合雨量径流系数
屋面、未铺石子的平屋面、沥青屋面、混凝土或沥青路面及广场	36 700	0.9	0.66	
绿地	17 800	0.15	0.32	0.65
透水铺装地面	800	0.3	0.01	

三、场地现状与挑战

护城河遗址公园占地面积较小，设计中的两大挑战一是如何改善水质，二是如何合理利用场地高差。

1. 水质污染严重

通过对现状污染源的排查，我们发现护城河小小的水面有多达 7 处的合流制污水排入其中，包括生活污水、餐饮废水，同时医院一处垃圾堆放点也对水质造成污染，水塘内部还存在鱼类养殖活动，也是造成水体污染的主要因素之一，其水质污染分布如图 3-82 所示。

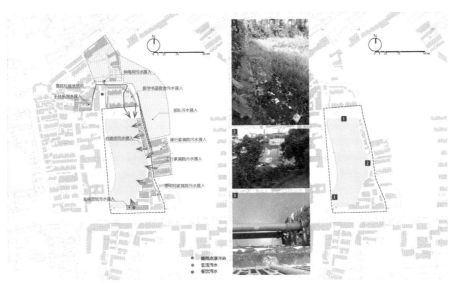

图 3-82 水质污染分布

通过对现状湖体水样、湖底淤泥的检测，中心湖水体为 V 类水，其中总磷为主要超标因子，湖底淤泥 Zn、As 超出土壤环境质量指标三级标准。

2. 场地高差大

由于场地为护城河基址，建造之初河道与墙基间就存在较大高差。现状高差较大处主要集中在场地东侧及南侧，高差最大处可达 6 m，其现状竖向图见图 3-83。

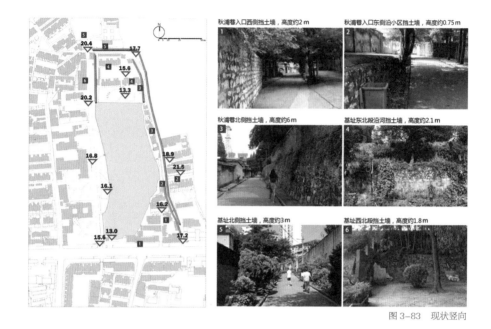

图 3-83　现状竖向

四、总体方案

在景观设计师的眼中，护城河遗址是一块有着浓厚历史印记的场地，它承载着城市的历史，反映着社会的变迁。故此，本次景观营造的重点在于将护城河的精神再现于场地之中，使古遗址在新时代焕发生机，并通过海绵城市设计理念地融入，使公园达到低影响开发的目的，而不是为了做海绵城市建设舍弃场地本身的历史文化底蕴，公园平面图及日景鸟瞰如图 3-84、图 3-85 所示。

1. 生态树池
2. 入口LOGO景墙
3. 上层观景台地
4. 下层亲水广场
5. 回忆之路(夏建城墙)
6. 雨水花园
7. 梯级湿地
8. 次入口
9. 回忆之路(昔日墙基)
10. 亲水平台
11. 休憩广场
12. 次入口
13. 水渠
14. 隔音竹林
15. 活动花园
16. 活水亭
17. 木栈桥
18. 次入口
19. 墙下绿带
20. 观景拱台
21. 湖心亭
22. 水上栈桥
23. 康复花园
24. 休憩廊架
25. 自然驳岸
26. 高位植坛带

图3-84 公园平面

图 3-85　日景鸟瞰

根据对周边环境及人群需求的分析，场地被精确地划分为五个不同的功能区块（图 3-86）。

（1）遗址遗迹区位于公园南侧，既是公园的主入口区域，也是公园中体现护城河遗址精神的核心区域。主要包括入口 LOGO 景墙、历史回忆之路、互动水车、梯级湿地等内容。

（2）岁月回廊区位于公园东侧，与秋浦巷相邻，是古护城河河岸的一部分，设计通过建造仿旧墙基来解决此处的高差，墙基的另一侧为水渠，行走在回廊之上，水城相伴相生，仿佛行走在历史的记忆中，感受护城河公园遗址的岁月变迁。

（3）活动花园区紧邻新华书店宿舍，是原宿舍小区的后花园。设计仍将该处定位为周边居民活动休憩的场所，布置儿童活动平台、休息座椅、活水亭等设施，同时在场地北侧设置隔音绿带，以减少公园游憩活动对小区居住环境的干扰。

（4）墙垣湖影区位于场地西侧挡墙之下，是利用湖底淤泥堆砌成的新区域，这一区域主要以滨水体验为主，设置有湖心亭、湖中栈桥等内容。栈桥将原本单调的水面一分为二，湖心亭起到点景效果；临水游径布置有停留休憩的座椅，原有挡墙倒映在

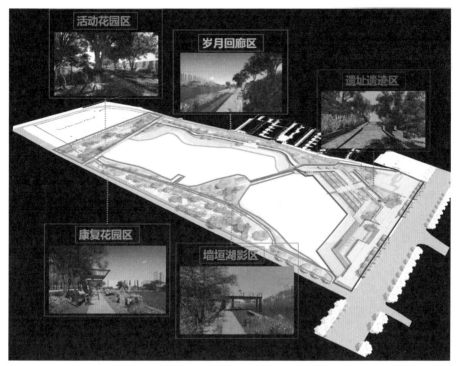

图 3-86　功能分区

清澈的水面之上，一派悠然景象。

（5）康复花园区为西侧邻近医院的区域，考虑到医院对景观环境的需求，设计利用草花地被、乔灌木等打造舒适活泼的游赏空间，并布置亭、座椅等休憩设施，为病人提供一个愉悦的康复疗养场所。

五、设计策略

1. 景观营造思路

为了更好地体现古城河的变迁，设计者在公园内设计了一条"水城相融"的历史回忆轴，水 - 水渠、城 - 城墙相伴相生。

回忆轴的起点位于公园入口处，融合了青砖与金属元素的水景 LOGO 墙将游人的视线引导向复建城墙，勾起人们对旧时的回忆（图 3-87），复建城墙与墙侧水渠见图3-88。

图 3-87　入口 LOGO 水景墙

图 3-88　复建城墙与墙侧水渠

沿墙而行，墙侧的青石水渠继续吸引着人们的目光，下几级台阶，转身即可看到湿地之上的水车，在这里，人们可以将湖内的水车入湿地，参与湖体水质净化的过程，台阶步道和梯级湿地如图 3-89 所示。

图 3-89　台阶步道和梯级湿地

湿地中的水经过净化后将缓缓流入不锈钢板制成的水渠，在水渠的另一侧，是利用场地高差建造而成的一段长长的仿旧墙基，与复建城墙不同的是，这一段墙基更显破败，仿佛延续着古城墙沧桑的岁月变迁（图 3-90）。

图 3-90　历史回忆轴中段水渠与仿旧墙基

　　水渠中的水最终将在公园的北侧汇入湖体，在一座运用玻璃、木材、青砖元素组合成的新式亭中观赏水流的跌落，成为游人游览历史回忆之路的句点（图3-91）。

图 3-91　新式活水亭与水渠终点

　　除"历史回忆轴"外，公园还在入口处设计有上下层观景平台，在水面中央设置有打破水面单调性的水中栈桥，在北侧设置有活动花园，在西侧设置有康复花园等以满足周边人群的多种使用需求（图3-92、图3-93）。

图 3-92　活动花园儿童活动平台及高位植坛

图 3-93　康复花园休息亭

2. 水质保障思路

本项目基于海绵城市设计理念，通过对点源污染进行有效截污的前提下，针对面源地表径流污染，建设海绵城市设施，拦截雨水径流，减少径流污染；针对内源污染，进行湖体清淤，削减底泥中的污染物；针对中心湖水质较差，建设梯田湿地保障水体水质；同时种植水生植物、放养水生动物，构建水下森林生态系统，逐步恢复水体生态系统，保障中心湖公园水质健康发展。

1）水质保障工程措施

（1）垃圾清理、污水管网改造：通过对供电局干休所、新华书店宿舍、部队、工行家属院等污水排放点的排查，制定合理的雨污分流改造方案。自北向南新建 DN300 污水管道，将周边生活污水接入秋浦西路已建 d800 合流制管道。雨水自流入塘。经改造和拆迁后，周边生活污水、餐饮废水等不入塘。

（2）湖底清淤：中心湖水深 0.95～2.54 m，周边红线范围内建筑将大部分进行拆迁，根据此工况条件和工程要求，本次设计采用干塘机械疏挖。疏挖后的底泥在排干塘后对底泥进行消毒、碱化、活化等处理，之后进行自然干化，用于基底改造。

（3）低影响开发设施布置：各类低影响开发设施均具有一定的调蓄容积，能起到净化消纳雨水、延缓峰值的作用。设计在公园内各个位置合理布置不同类型的低影响开发设施，以达到有效就近消纳、净化雨水的目的，其管网改造及设施平面布置如图 3-94、图 3-95 所示。

（4）水下森林构建："水下森林"生态系统是指运用水体生态修复技术原理，通过人工构建水生植物与水生动物种群系统，逐步恢复自然水生态系统，用以净化水质、防治水体富营养化的一种水生态系统修复技术，其效果如图 3-96 所示。

根据中心湖湖底内源污染状况，在底泥清淤基底改造后，对基底土质进行改善，营造有利于沉水植被生长的土壤环境。之后，运用水体生态系统修复技术原理，逐步恢复水生植物群落与水生动物群落，形成以浮游动物—沉水（挺水）植被—底栖生物—鱼类为主的共生种群生物链，并通过对植物、鱼类等操控，逐步恢复稳定健康的水体的自然水生态系统。

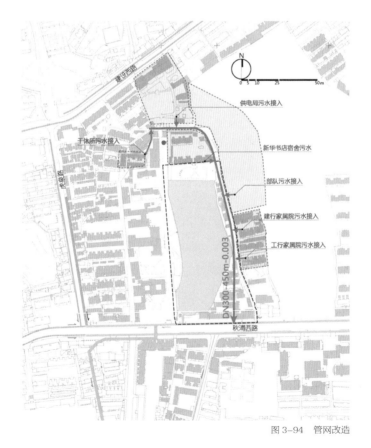

图 3-94　管网改造

溢流入湖

接市政管网

植草沟
透水路面
生物滞留设施
雨水花园
梯级湿地
快滤池
净水模块
溢流口
过水管
水泵

图 3-95 低影响开发设施平面布置

图 3-96 水下森林生态系统效果示意

沉水植物：根据安徽省本土水生植被调查相关资料，结合本次水体水质现状，沉水植物主要选择黑藻、苦草、竹叶眼子菜以及金鱼藻四种（图 3-97）。

黑藻　　　　　　　苦草　　　　　　竹叶眼子菜　　　　　　金鱼藻

图 3-97　沉水植物

挺水植物：考虑中心湖公园景观效果，挺水植物主要选择荷花、千屈菜、美人蕉、香蒲、鸢尾、花叶芦竹、梭鱼草等（图 3-98）。

千屈菜　　　　美人蕉　　　　香蒲　　　　花叶芦竹　　　　梭鱼草

图 3-98　挺水植物

为了调控、延长水体食物链，增加生态系统稳定性，设计按照一定比例和次序投放鱼类、沼虾、螺类、蚌类，并通过对鱼类等调控措施平衡沉水植被的生产力，优化水体水生动植物的多样性，形成良性循环的水生态自净系统，部分水生动物见图 3-99。

2）水质保障系统构建

公园内一系列如植草沟、高位植坛、生物滞留带、雨水花园、梯级湿地、水下森林、快滤池、净水模块等技术的运用使公园形成初期雨水净化、内湖水体循环两套系统，保障公园水质长期清洁，其系统构建如图 3-100 所示。

（1）初期雨水净化系统：以消减地表径流污染、蓄积雨水、延缓峰值为主，地面、

鱼类调控

鳜鱼—肉食性　　　乌鳢—肉食性　　　乌鳢—滤食性　　　鲅鱼—滤食性

底栖动物

萝卜螺　　　　　环梭螺　　　　　河蚌　　　　　草虾

图 3-99　水生动物

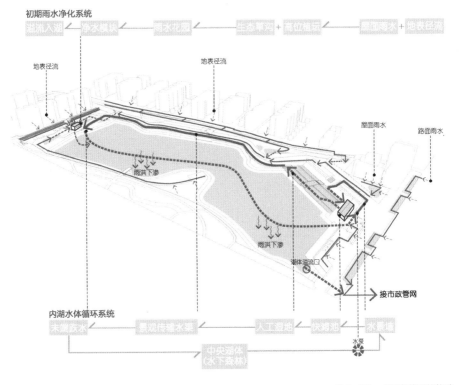

图 3-100　水质保障系统构建

屋面雨水径流均先通过生态草沟、高位植坛后汇入雨水花园，初步净化后流入净水模块进一步净化后汇入湖体。

（2）内湖水体循环系统：以活化水体，改善水体自净能力为主要目标，通过公园南侧水泵提供动力，打水入景墙，湖水随重力自流流经快滤池、人工湿地、传输水渠后最终跌落入湖。

建成后的公园不需铺设雨水管网，场地及周边汇水范围内径流将通过植草沟、高位植坛等全部汇入湖体，通过低影响开发设施与景观的结合，可实现场地雨水零排放。

场地排水通道平面分布如图 3-101 所示，剖面图见图 3-102 ~图 3-105。

图 3-101　场地排水通道平面分布

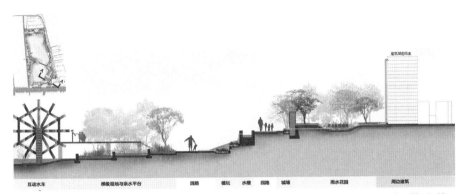

图 3-102　A-A' 剖面（周边建筑屋面雨水收集及梯级湿地）

图 3-103　B-B' 剖面（东侧园路雨水收集及高位植坛）

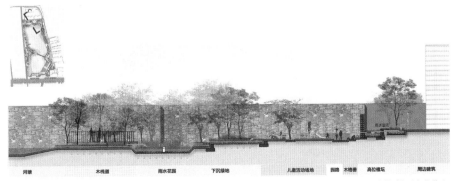

图 3-104　C-C' 剖面（北侧场地雨水收集）

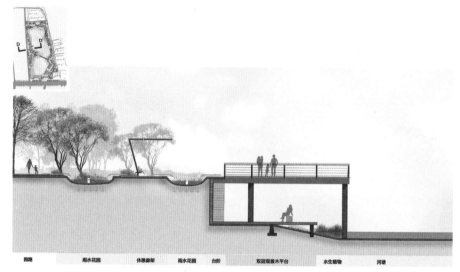

图3-105　D-D'剖面（西侧场地雨水收集）

3.科普展示思路

作为海绵城市试点项目，宣传海绵城市建设知识、科普低影响开发技术也是公园功能的一部分。设计者为公园设计了一套完整的标识系统，解说每一处公园中运用到的低影响开发技术，其平面布置图如图3-106所示，效果示意见图3-107。

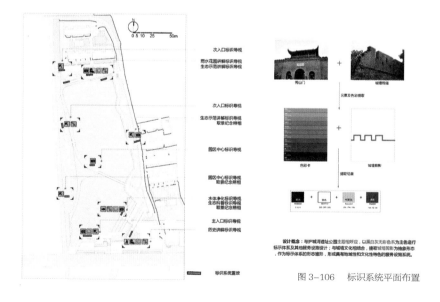

图3-106　标识系统平面布置

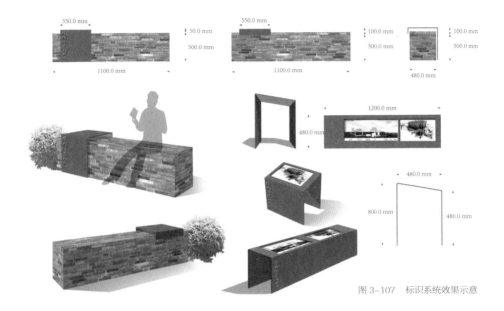

图 3-107 标识系统效果示意

六、指标复核

1. 海绵城市调蓄水量达标性分析

本项目海绵城市技术方案拟控制 85% 的降雨事件对应的降雨量为 40 mm，由水文计算得出按照 30 年一遇 24 小时降雨 380 mm，扣除 40 mm，实际需要调蓄 340 mm 的周边降雨径流为 8112 m³，见表 3-6。

表 3-6　降雨径流量计算表

汇水面积（m²）	降雨量（mm）	径流系数	径流总量（m³）
55 300	340	0.65	8112

景观湖水面面积 15 500 m²，调蓄水深为 0.8 m，可计算得出可调蓄水量为 12 400 m³，水量大于 8112 m³。因此，满足 30 年一遇 24 小时降雨量 380 mm，降雨不外排就地蓄滞的要求。

2. 低影响开发措施达标性分析

针对低影响开发相关工程规模及设计参数进行计算，可知采用低影响开发措施后可调蓄容积为 1470 m³，大于该区年径流总量控制率为 85% 时的调蓄容积 1437.8 m³，可知本次设计目标可达。

各低影响开发控制措施的设计调蓄容积和规模尺寸见表 3-7。

表 3-7　各低影响开发控制措施的调蓄容积和规模尺寸

低影响开发措施	调蓄容积（m³）	断面设计			长度设计（m）
		宽度（m）	边坡坡度	蓄水层深度（m）	
透水铺装	40	3.4	—	0.05	231
生态树池	40	3.0	—	0.15	96
高位植坛	62	1.5	—	0.18	230
植草沟	248	2.0（1号）2.0（2号）1.5（3号）	1∶3	0.2	254（1号）160（2号）150（3号）
雨水花园	128	—	—	0.2	—
地下雨水收集回用系统	952	—	—	—	—
合计	1470	—	—	—	—

3. 对项目区 SS 消减效果分析

径流污染控制是低影响开发雨水系统的控制目标之一，既要控制分流制径流污染物总量，也要控制合流制溢流的频次或污染物总量。各地应结合城市水环境质量要求、径流污染特征等确定径流污染综合控制目标和污染物指标，污染物指标可采用悬浮物（SS）、化学需氧量（COD）、总氮（TN）、总磷（TP）等。城市径流污染物中，SS 往往与其他污染物指标具有一定的相关性，因此，一般可采用 SS 作为径流污染物控制指标，低影响开发雨水系统的年 SS 总量去除率一般可达到 40% ～ 60%。

年 SS 总量去除率可用下述方法进行计算：年 SS 总量去除率 = 年径流总量控制率 × 低影响开发设施对 SS 的平均去除率。城市或开发区域年 SS 总量去除率，可通过不同区域、地块的年 SS 总量去除率经年径流总量（年均降雨量 × 综合雨量径流系数 × 汇水面积）加权平均计算得出。项目区低影响开发措施对 SS 总量的消减分析见表 3-8。经计算分析，项目区低影响开发措施实际 SS 的去除率为 63.8%，可以满足《海绵城市建设绩效评价与考核指标（试行）》中对 SS 总量消减 50% 的要求。

表 3-8　项目区低影响开发措施对 SS 总量的消减分析

低影响开发措施	该措施的 SS 平均去除率（%）	面源径流控制比例	实际 SS 的平均去除率（%）
透水铺装	50	0.03	1.5
高位植坛	90	0.04	3.6
植草沟	80	0.19	15.2
雨水花园	50	0.09	4.5
地下雨水收集回用系统	60	0.65	39.0
总和	—	1	63.8

第四章 建筑与小区设计

　　建筑与小区设计关于老旧小区与新建小区的侧重点有所不同，但是总体目标都是分散式雨水控制利用，以控制面源污染、消减地表径流、雨水调节为主，有条件的小区可兼顾雨水收集利用。适宜在建筑与小区使用的分散式雨水设施主要有：植草沟、雨水花园、渗透铺装、下沉式绿地、雨水湿地、雨水塘。老旧住区和新建住区低影响开发改造流程如图3-108、图3-109所示。

　　建筑屋面和小区路面的雨水应通过有组织的汇流与传输，经截污等预处理后引入绿地内的低影响开发设施。老城区以及新城区既有建筑小区改造空间有限，难度较大，可结合棚户区改造和既有建筑改造，将海绵工程纳入其中。新城区新建小区具有良好的海绵城市建设基础，海绵建设空间相对较大，应尽可能按照海绵城市建设要求，根据实际条件充分考虑各种工程技术措施。

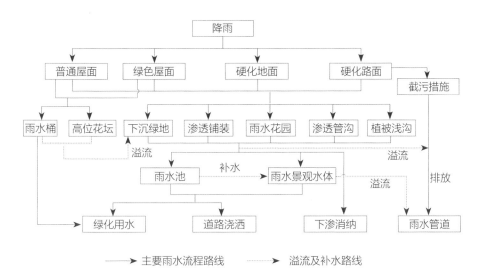

图 3-108 老旧住区低影响开发改造流程

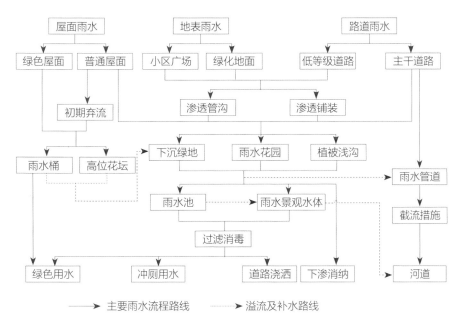

图 3-109 新建住区低影响开发流程

第一节　技术流程

降落在屋面（普通屋面和绿色屋面）的雨水经过初期弃流，可进入高位花坛和雨水桶，并溢流进入下沉绿地，雨水桶中雨水就近作为绿化用水使用。降落在道路、广场等其他硬化地面的雨水，应利用可渗透铺装、渗透管沟、下沉式绿地、雨水花园、植草沟等设施对径流进行净化、消纳，超标准雨水可就近排入雨水管道。在雨水口可设置截污挂篮、旋流沉沙等设施截留污染物。

经处理后的雨水一部分可下渗或排入雨水管，进行间接利用，另一部分可进入雨水池和景观水体进行调蓄、储存，经过滤消毒后集中配水，用于绿化灌溉、景观水体补水和道路浇洒等。

新建小区与公共建筑应完全按照海绵城市建设要求进行设计，相关控制目标满足海绵城市建设要求的指标。

新建居住区绿化面积较高，对于有水景的居住区改造应优先利用水景收集调蓄区域内雨水，同时兼顾雨水渗蓄利用及其他措施。将屋面及道路雨水收集汇入景观水体，并根据月平均降雨量、蒸发量、下渗量以及浇洒道路和绿化用水量来确定水体的体积，对于超标准雨水进行溢流排放。对于没有水景的新建居住区，如果以雨水径流削减及水质控制为主，可以根据地形划分为若干个汇水区域，将雨水通过植被浅沟导入雨水花园或下沉式绿地，进行处理、下渗，对于超标准雨水溢流排入市政管道。如果以雨水利用为主，可以将屋面雨水经弃流后导入雨水桶进行收集利用，道路及绿地雨水经处理后导入地下雨水池进行收集利用。

第二节　老旧居住区设计要点

老旧居住区设计要点如下：

（1）老旧居住区土地开发强度大，地表硬化率高，综合径流系数大，可利用地表绿化空间有限，低影响开发改造面临一定的困难。

（2）平屋面或坡度较缓（小于 15°）且屋顶荷载能力高的屋顶，可改造建设绿色屋顶；建筑周边有足够绿地空间的居住区，优先利用绿地空间改造建设分散的下沉式绿地、雨水花园或集中的景观水体等多功能调蓄设施，对雨水进行调蓄利用，同时应局部防渗避免渗透对建筑基础产生影响；对于建筑周边没有绿化空间的居住区，可选择分散设置雨水桶、雨水罐，或地下贮水池、蓄水模块，对屋面雨水进行收集回用；对于混接阳台洗衣废水的雨水，回收利用时需设置预处理设施进行处理。

（3）充分利用现有绿地改造建设下沉式绿地、雨水花园、雨水塘等调蓄雨水；对于无改造空间的小区，可通过雨水转输设施（植草沟、渗透沟渠、雨水管道）将雨水转输至周边集中绿地空间，建设大型集中式调蓄利用设施（如阶梯湿地、多功能调蓄水景等）并设排放泵，溢流接入市政管线或附近行洪水体。

（4）小区道路路面有条件的情况下宜改造使用透水混凝土、透水砖等渗透铺装，增加雨水的源头渗透减排。小区道路超渗雨水优先通过道路横坡坡向优化、路缘石改造等方式引入周边的绿地空间进行调蓄、净化、渗透，对于较大坡度道路转输处宜建生物滞留设施。对于空间不足且具有竖向优势条件的小区，道路雨水可通过植草沟、雨水管道等传输方式集中引入周边的集中绿地建设雨水花园、雨水生态滤池、雨水塘等进行净化回用，并设置溢流口与市政管线连通。

（5）已建居住区沿用原来的排水系统，应通过断接改造方式将雨水径流优先引入低影响开发设施再溢流至市政管线。老旧小区改造中阳台废水建议单独接入污水管线。

第三节　新建居住区设计要点

新建居住区设计要点如下：

（1）新建建筑与小区一般绿地率较高，综合径流系数相对较低，可利用空间条件较好，为低影响开发的设计提供了良好的基础。

（2）平屋面或坡度较缓（小于15°）的屋顶宜采用绿色屋顶的方式；大面积屋面雨水径流，优先引入建筑周围绿地中的雨水花园等生物滞留设施，下渗或集中进行收集回用，雨水渗透设施设计应考虑对建筑基础的影响。如阳台有洗衣废水，需与屋面雨水分离，单独设立排水系统，接入污水系统。

（3）在绿地适宜位置可增设下沉式绿地、雨水花园、雨水塘、雨水湿地等雨水滞留设施，充分利用小区内绿地滞蓄雨水；对于大型集中式调蓄设施宜设置排空设施与市政管线或附近泄洪水体连通。

（4）小区内非机动车道路、人行道、游步道、广场、露天停车场、庭院宜采用渗透铺装地面；非机动车道路可选用透水混凝土、透水砖等；人行道、游步道可选用透水砖、碎石路面、汀步等；露天停车场宜选用植草砖、透水砖等；广场、庭院可选用透水砖等。小区道路径流雨水优先集中引入周边的下沉式绿地中滞留下渗；较大坡度道路转输处宜建生物滞留设施。

（5）有景观水体的小区应发挥其雨水调蓄功能，雨水径流经植草沟、雨水花园等处理设施后作为景观水体补水水源，严格限制自来水作为景观水体的补水水源，景观水体宜设计生态驳岸形式，并设溢流口。

（6）优先采用植草沟、渗透沟渠等地表排水形式输送、消纳雨水径流，减少小区内雨水管道的使用；植草沟坡度不宜过大，若必须设置雨水管道，宜采用截污挂篮、环保雨水口等措施；小区主路采取植草沟排水方式应铺设防渗设施，降低雨水下渗对道路路基的影响。

（7）优先采用雨落管断接的方式，利用小区周边绿地设置雨水花园对屋顶雨水进行滞蓄与净化。

（8）对带有地下车库的小区进行雨水控制利用设施布局时，优先采用雨水池等集雨设施，不宜采用对种植土层、地下水位要求较高的设施。

（9）建筑与小区内收集的雨水，宜优先用于绿化灌溉、景观水体补水和道路浇洒等。

第四节 案例解析——池州市南湖苑小区海绵城市改造

一、项目概况

南湖苑小区海绵城市改造项目是池州市老旧小区海绵城市改造的试点项目（该项目由北京建筑大学设计）。该小区位于池州市贵池区石城大道与升金湖路交界位置，南侧和西侧被清溪河包围。项目设计总面积为 17.6 hm²，包含多种用地类型，其中小区改造面积 12.9 hm²，清溪河南湖苑段驳岸改造面积为 4.7 hm²，其改造范围内用地现状分析及项目区位如图 3-110、图 3-111 所示。

项目设计旨在以海绵城市改造为依托，以居民诉求为设计出发点，整体解决小区雨水管理、景观休闲及市政等问题，既达到海绵城市建设规定的海绵改造目标：年径流总量控制率 75%，对应设计降雨量为 26.8 mm，SS 削减率达到 40%，同时优化小区景观服务功能，提升区域的环境品质。

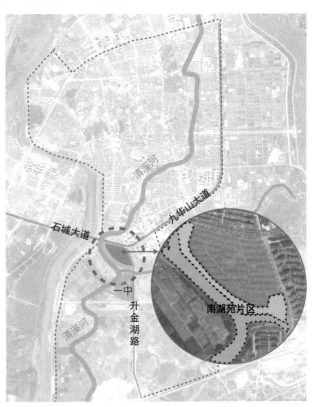

图 3-110 项目区位

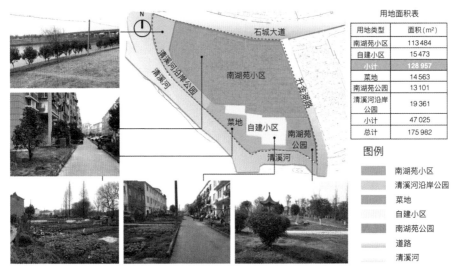

用地面积表

用地类型	面积(m²)
南湖苑小区	113 484
自建小区	15 473
小计	128 957
菜地	14 563
南湖苑公园	13 101
清溪河沿岸公园	19 361
小计	47 025
总计	175 982

图例

南湖苑小区
清溪河沿岸公园
菜地
自建小区
南湖苑公园
道路
清溪河

图3-111　改造范围内用地现状分析

二、项目问题

小区主要存在以下几点问题：

1. 雨污水方面

（1）雨污混接。阳台洗衣废水接入雨落管，同时，据物业反馈信息，小区存在大面积的雨污混流，主要是由于污水管直接接入雨水管网。

（2）径流污染。小区存在大面积裸土，车行人行侵占绿地，水土冲蚀严重，早餐摊污水直接进入雨水管道。

（3）积涝点。小区存在局部建筑基础被淹情况。

2. 建筑方面

由于建设年代较早，小区部分建筑立面外墙、楼梯及散水等公共部位出现破损现象，部分建筑雨落管也出现不同程度损坏。

3. 交通方面

（1）现状交通组织较为混乱，车辆乱停乱放，缺乏管控。小区有1个主要入口，次要入口5个，其中南湖苑市场处的入口交通差，周边交通拥堵，公共空间被占用。中央广场区域缺少步行通道，人为踩踏绿地现象严重。

（2）小区现有停车位不能满足居民停车需求，出现机动车侵占绿地，绿地破败等现象。

4.景观方面

景观单调，设施陈旧。在自建区住宅间绿地被改为菜地，私搭乱建、堆肥、景观混乱（图3-112）。

图 3-112　现状照片

三、设计思路

基于现状雨污管网、绿地、交通、居民需求及竖向等方面的综合分析，明确南湖苑小区海绵城市改造思路（图3-113），包括以下三点：

（1）在雨洪管理上，采用源头低影响建设与末端湿地设施相结合的雨洪管理模式。

由于小区建筑及道路周边绿地可利用率只有50%，且地下雨污管网私接混流情况不明，故采取源头与末端相结合的方式，综合控制管理小区的雨水水量及水质。

（2）在建筑与景观上，修复破损墙体，加强墙体散水的防渗措施。以海绵改造措施为基础，高效利用绿地空间，通过细致的地形设计、植物配置以及休闲功能的设置，既满足海绵设施功能要求，解决小区积涝问题，同时也优化小区景观，打造丰富的景观休闲节点。

（3）在小区交通上，在小区东南侧新增一机动车出入口，减轻其他出入口的机动车通行压力，使交通更加合理。增加小区停车位，采用透水混凝土材料，减少地表径流，进一步满足海绵城市建设要求。

小区设施分布见图3-114，总平面如图3-115所示。

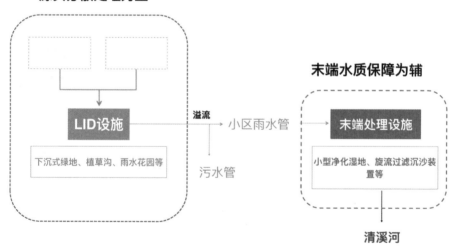

图3-113 系统改造思路

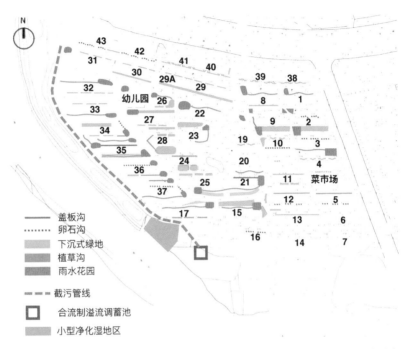

盖板沟
卵石沟
下沉式绿地
植草沟
雨水花园

截污管线
合流制溢流调蓄池
小型净化湿地区

图 3-114　设施分布

图 3-115　小区总平面

四、设计亮点

1. 创新的雨落管设计

由于当地居住及建设的习惯，南湖苑小区的住宅南侧阳台均有洗衣废水顺雨落管排出，且直接散排到路面或绿地。改造前一大部分雨水设施设置在建筑周边绿地里，含有高浓度化学物质的洗衣废水会影响设施中植被的生长，对雨水设施造成一定的影响。除此之外，由于现状建筑难以再新增雨落管去引流屋顶雨水，故在建筑南侧的雨落管下方设计溢流井，其底部设置管径较小的导流管来缓解洗衣废水混流的问题。在未下雨时，洗衣废水将直接通过导流管引入市政污水管网，而在下雨时，溢流井将先滞蓄一部分水，待达到一定量后溢流进雨水设施，此时即使有洗衣废水混流，但是因为雨水的稀释与冲刷，其对植物的影响减弱，故对雨水设施起到一定的保护作用（图3-116）。

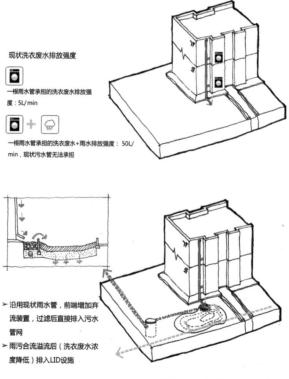

图3-116　雨落管弃流装置

2. 精细的竖向设计

场地竖向设计的基本原则是在满足各专项设施设计要求的前提下，因地制宜，减少土方量，保留现状乔木。同时兼顾居民休闲需求，合理造势，提高场地利用效率。

针对反坡导致建筑基础经常被浸泡的情况，则借助雨水花园等下凹式雨水设施之力，重塑地形，引流雨水，消除建筑浸泡之患。

竖向设计如图 3-117 所示。

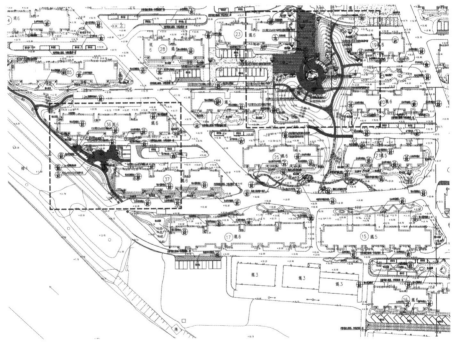

图 3-117　竖向设计（小区西南区域）

3. 雨洪管理与休闲功能紧密结合的景观节点设计

（1）中央广场：该场地位于小区中央，其定位为小区内部唯一的集中绿地，是海绵改造的重要示范窗口（图 3-118）。现状中央广场及绿地景观效果较差，无法满足居民出行，导致绿地被踩踏严重，本次改造在绿地中增加人行步道，方便居民出行；现状的景观空间单一，缺乏为居民服务的休闲空间和设施。设计中将增加对休闲游憩和娱乐活动设施的内容；同时现状绿地标高高于广场，绿地产流及广场自身径流无排水出路，导致广场积水。此次改造将广场做成透水铺装，同时将周边绿地做成下沉式绿地，利用该区域蓄滞雨水；将小区下挖的土方在中心绿地范围内就地填方塑造微地形，将雨水的收集过程可视化处理。中央广场设施分布见图 3-119，中央广场现状及改造后的效果如图 3-120、图 3-121 所示。

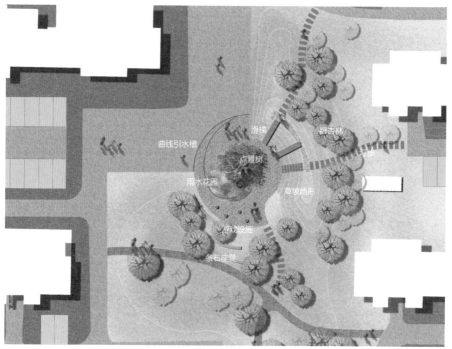

图 3-118　中心广场设计平面

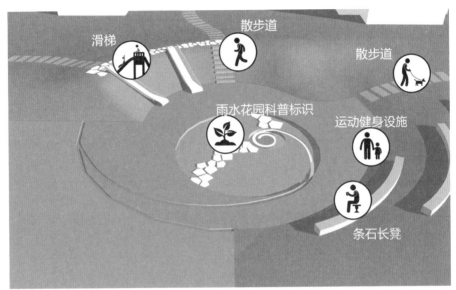

图 3-119　中央广场设施分布

图 3-120　中央广场现状

图 3-121　中央广场改造后

（2）居委会小广场：此处改造为透水混凝土铺装，在靠近街角的地方设置一个雨水花园，以收集道路的雨水径流，在雨水花园的中间增加一个钢格栅步行桥，方便行人通过，旁边增加条形座椅，满足行人的交通、休息等基本功能，设计平面见图 3-122，居委会广场现状图及改造后效果分别如图 3-123、图 3-124 所示。

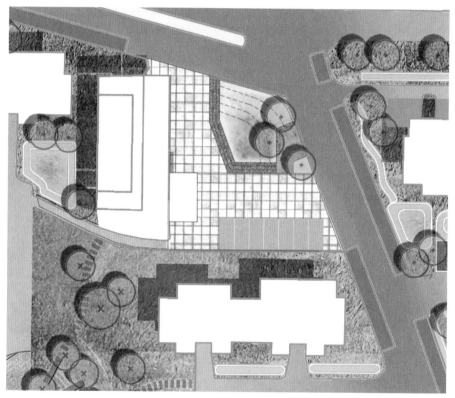

图 3-122　居委会广场平面图

图 3-123　居委会广场现状

图 3-124　居委会广场改造后

4. 与滨河休闲结合的末端湿地设计

湿地区域为清溪河南湖苑驳岸段的中间部分，是一个三角区域（图3-125）。现状场地整体地势平坦，临水驳岸有陡坎，树木繁茂。大面积场地已被南湖苑自建小区居民们开辟为自家菜地。有电线杆穿过场地，为日常生活供电之用。

图 3-125　湿地设计区域现状

驳岸处的湿地是小区海绵城市改造的末端处置设施，利用现有驳岸绿地建设生态雨水处理湿地，将雨水调蓄池内雨水提升后利用湿地进行净化处理，最终净化后的雨水排至清溪河。

整个湿地设计以17号楼南侧绿地中埋设的地下雨水调蓄池为设计起点，通过设置五个大小不一的圆形水平潜流湿地，层层净化，最后流入中央湿地。中央湿地通过植物、铺装、竖向等设计，创造出全区的景观观赏核心。中央湿地的水溢流进入下沉式绿地，形成浅水沼泽区。其中设置石块，配植湿生植物，形成缓坡亲水区。最后水通过驳岸开口汇入清溪河（图3-126、图3-127）。

结合场地周边交通情况，在靠近出入口的地方设计圆形空间，承担儿童游戏、器材健身、乒乓球及篮球运动等功能，为人们休闲运动提供场所。

图 3-126 湿地平面

图 3-127 鸟瞰图

1）功能与交通组织

整个驳岸形成一条连续的步行通道。湿地区域是一个开放式公园，通过 5 个出入口与小区、驳岸相接。湿地公园中围绕着圆形湿地构建主要步道，宽 2 m，长约 270 m，是一条塑胶跑道。次级步道宽 1.5 m，由圆形功能块相切相离形成。场地的东北角设计为湿地公园中主要的活动广场，为儿童提供游戏空间，也为成年人提供树下休憩空间（图 3-128）。

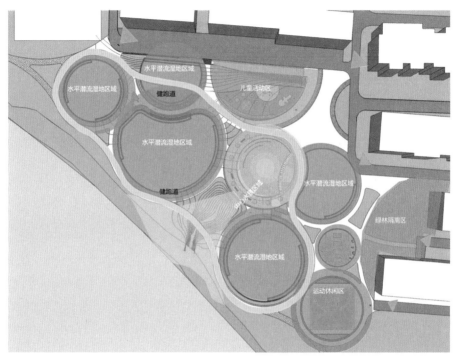

图 3-128　湿地区域功能分区

2）竖向设计

　　湿地区域现状地势平坦。场地竖向设计旨在满足水平潜流湿地运行的高差要求，寻求其与景观造景需求间的平衡。整个场地通过全区域的竖向设计，即抬高西北区的标高（第一级湿地区域），降低东南区的标高（第四级湿地区域），既满足每级湿地 1% 水力坡度及 100 mm 水头差的竖向要求，也尽力控制场地中心湿地最低标高，为景观的营造创造良好的高程条件。尽可能地保留临水驳岸现状，通过在树木间隙之中设计较小的开口，将水最终引入清溪河（图 3-129）。

图 3-129　湿地竖向设计

　　除了湿地区域外，其他驳岸区域尽可能地保持现状，随现有标高来铺设步行道，微调步行道出入口区域标高，保证与周边道路的平接。

　　3）功能区块设计

　　整个湿地区域分如下三大功能区块。

　　（1）水平潜流湿地：水平潜流湿地共分成四级，约 2500 m²，串联运行。为保证湿地的使用寿命，减少维护费用，受场地空间限制，仅将第一级湿地设计为两个并行的湿地，半年为周期交替运行。每级潜流湿地出进水头差为 100 mm，湿地自身的水力坡度为 1%。圆形的湿地形态切分出场地的步行通道，包裹湿地设置 1.5 m 的绿化带，形成统一的曲线的空间感受（图 3-130）。

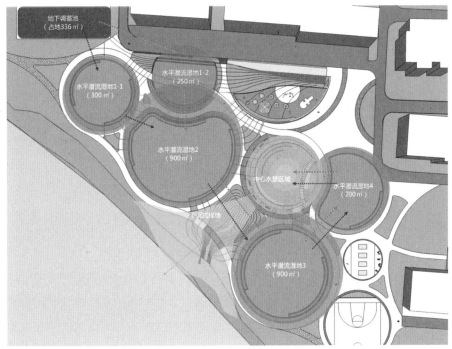

图3-130 湿地系统分析

（2）中心景观湿地：场地中央设计半径约 10 m 的表流湿地，利用雨水的循环路径营造观赏核心。该湿地与第四级水平潜流湿地相交，设置静水池及水堰，让穿行过潜流湿地的雨水平缓地进入中心表流湿地，结合植物、汀步及挡墙设计，将雨水的流经过程可视化、景观化，让人们能游走在其中，体会湿地的生态之美。沿中心景观湿地环状种植乔木，增加铺装变化层次，设置座椅，既加强圆形的空间感受，也为观赏中心湿地提供林荫及休憩空间（图3-131）。

图 3-131　中心湿地空间模型

（3）运动休闲区：湿地公园除了设置湿地满足雨水控制要求外，在圆形湿地之间插入圆形的运动休闲功能块，满足人们日常游憩运动之需，使公园成为集雨水净化、休闲游憩及运动健身功能于一体的多元的绿色空间。运功休闲分为儿童游戏区、器材健身区、乒乓球运动区及半场篮球运动区，分散设置在东北主广场及东南区域。儿童游戏区置于东北广场的地形之上，其中设置秋千、跳房子及圆锥形地形等游玩设施。场地中种植女贞，既可遮阴，也可为孩子们的吊床游憩提供可能（图3-132、图3-133）。

图 3-132　儿童活动区空间模型

图 3-133　入口广场空间模型

（4）湿地设计参数：处理水量：900 m³/d，非雨季时为维持湿地正常运行，自清溪河取水进行净化后回补清溪河。

潜流湿地占地面积：2250 m²，表面流湿地占地面积：300 m²。

潜流湿地初始填料孔隙率：35%～40%。

平均水深：表流湿地 0.5 m；潜流湿地 0.7 m。

水力停留时间：潜流湿地 1～3 d。

水力负荷：潜流湿地 0.5 m³/（m²·d）。

潜流湿地面积为 2250 m²，种植湿生植物。水流方向为上进下出，配水方式采用开孔墙形式，出水采用排水管形式。填料为 200 mm 厚布水层（碎石粒径 10～20 mm）、300 mm 厚火山岩陶粒（粒径 10～20 mm）、300 mm 厚麦饭石（粒径 15～30 mm）、200 mm 厚卵石（粒径 30～80 mm）分层填充，并用两布一膜土工布进行防渗处理，墙体用 10 mm 厚低发泡聚乙烯板进行防渗。

五、主要技术经济指标

由于南湖苑小区海绵城市改造项目包括小区及清溪河驳岸两类不同性质的用地，为方便相似工程统计及比对，故分开统计相关的技术指标（表 3-9、表 3-10）。

表 3-9　南湖区小区海绵城市改造设施指标

序号	名称	面积（m²）	百分比（%）	备注
1	总用地面积	113 000	100	—
2	景观面积	81 972	72.5	—
3	建筑占地面积	31 028	27.5	—
4	雨水花园面积	5711	5	—
5	生态草沟面积	3480	3	—
6	其他改造绿地面积	5949	5.3	—
7	铺装改造面积	13 683	12	—
8	新增停车位	340	—	—

表 3-10　清溪河驳岸湿地设计相关统计数据

序号	名称	面积（m²）	百分比（%）	备注
1	设计范围	36 030	100	—
2	改造面积	16 613	46.1	—
3	绿化面积	12 218	73.5	百分比是以改造面积为基准
4	铺装面积	4395	26.5	百分比是以改造面积为基准
5	水平潜流湿地面积	2250	13.5	百分比是以改造面积为基准

第五节 案例解析——池州一中

一、项目概况

项目位于池州市天堂湖新区，升金湖路西侧，东至路以北，总用地面积 22 hm²，其中池州一中用地约 15.3 hm²，池州市中小学素质教育劳动实践基地用地 6.7 hm²（图 3-134 ~ 图 3-136）。

项目所在地池州市位于长江中下游冲积平原与丘陵接合部位，多为剥蚀丘岗、平原及低洼湖盆，湖泊及池塘星罗棋布，丘岗植被发育。总体本区南高北低，地表起伏不大。土质多为粉质黏土、淤泥质粉质黏土，渗透系数见表 3-11，地下水位在 0.20 ~ 3.70 m 之间。

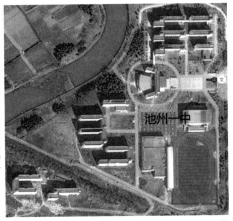

图 3-134 项目区位

图 3-135 现状照片

路面积水位置

存在多处断头路

—— 透空型围墙
—— 原施工围墙
□ 屋顶绿雨建筑

规划尚未建设

图 3-136　改造范围内用地现状分析

表 3-11　土壤渗透系数一览表

土质	渗透系数	
	m/d	m/s
黏土	小于 0.005	小于 6×10^{-8}
粉质黏土	0.005~0.1	6×10^{-8}~1×10^{-6}
黏质粉土	0.1~0.5	1×10^{-6}~6×10^{-6}
黄土	0.25~0.5	3×10^{-6}~6×10^{-6}
粉砂	0.5~1.0	6×10^{-6}~1×10^{-5}

二、项目问题

（1）主入口广场水量较多，容易形成积水。

（2）教学楼前为植草砖铺装，不适宜学生活动。

（3）校区内道路均低于周边绿化，下雨时水土流失，导致道路上积泥严重。

（4）教学区西侧停车位不够，南侧大面积陈旧铺装广场。

（5）现状广场、停车位损坏严重。

（6）篮球场塑胶破损严重。

（7）食堂与运动场之间雨污合流，管径流量不够。

（8）篮球场在雨大时容易积水。

（9）现状围墙破损严重，存在安全隐患。

（10）教学楼北侧为断头路，影响整体交通。

三、设计思路

1. 总体技术方向

（1）考核指标以水环境质量、城市面源污染控制、年径流总量控制、排水防涝、城市热岛效应为主。

（2）充分利用池州城区范围内的湖、河、塘等自然水系，结合防洪排涝的规划要求，作为自然蓄存的承载体。

（3）制定单个项目指标时，必须结合周边的环境确定，不能单独地就单个项目确定指标。

（4）集中渗透设施下凹高度不宜超过 100 mm，如超过需要增加渗透辅助设施，或渗排设施。

（5）雨水回用量应充分根据当地绿化浇灌用水频次、浇灌用水量确定，回用于生活杂用水等多种途径。

技术路线如图 3-137 所示。

2. 规划原则

本方案依据池州市海绵城市建设要求确定的低影响开发控制目标与指标，本着规划统筹，功能提升，配套完善的原则，因地制宜，落实涉及雨水渗、滞、蓄、净、用、

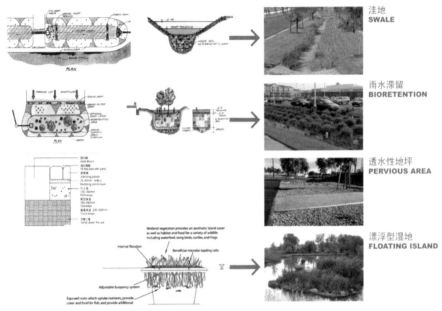

图 3-137　技术路线

排等用途的低影响开发设施用地，并结合校园功能和布局，合理布局及设置低影响开发雨水设施。

3. 改造目标

将池州一中海绵城市改造项目建设为池州市低影响开发雨水设施项目改造的示范工程，并结合项目自身情况，突出其渗、滞、蓄、净、排五大功能，达到所需年径流总量控制率的目标。

四、项目建设成果

1. 建设指标

三年实施计划内关于池州一中的年径流控制率为78%，对应设计降雨量30.0 mm，年SS控制率60%，雨水回用率不小于10%，规划总平面如图3-138所示。

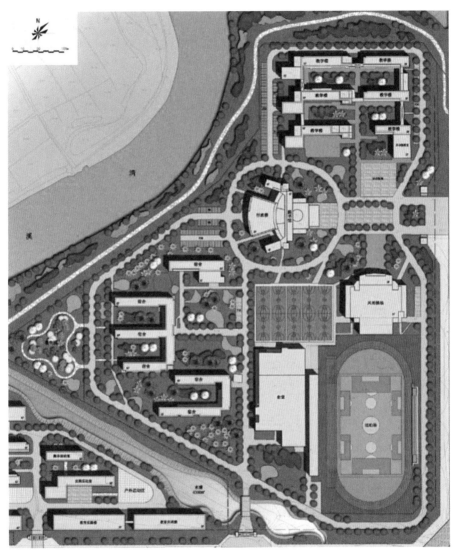

图 3-138　规划总平面

2. 建设成果（图 3-139 至图 3-144）

（1）具有较大的绿化面积和场地，可以利用的场地较大。

（2）管网配套相对完善。

（3）两侧水系、河道环绕。

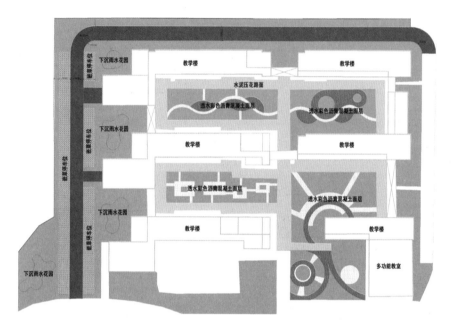

图 3-139　教学楼区平面布置

图 3-140　教学楼效果 1

图 3-141　教学楼效果 2

图 3-143　主入口效果

| 教学楼 | 下沉教学中庭绿地 | 园路 | 下沉教学中庭绿地 | 楼前混凝土压印通道 | 教学楼 |

图 3-143　教学楼断面

图 3-144　主入口铺装实景

第五章 城市道路设计

海绵城市道路的设计思路是在满足交通功能和安全的基础上，结合道路的纵坡和路拱横坡，利用道路车行道、人行道、停车场和绿化带设置透水铺装、植草沟、下沉式绿地、雨水湿地等 LID 设施，经过渗透、净化、调蓄、生态排水，实现城市道路的"海绵"功能。

城市道路海绵性设计内容包括道路高程设计、绿化带设计、道路横断面设计、海绵设施与常规排水系统衔接设计。

城市道路低影响开发设施（海绵体）的选择应以因地制宜、经济有效、方便易行为原则，在满足城市道路基本功能的前提下，达到相关规划（或上位依据）提出的低影响开发控制目标与指标要求。

城市道路径流雨水应通过有组织的汇流与转输，经截污等预处理后引入道路红线内、外绿地（绿化带）内，并通过设置在绿地内的雨水渗透、储存、调节等为主要功能的低影响开发设施（海绵体）进行处理。

第一节　技术流程

雨水先流入道路绿带中，经截污设施处理后，流入红线外的绿地中，在绿地中设置 LID 设施，消纳多余的道路雨水径流。当道路绿带空间充足时，可以将红线外不透水区域的雨水引入并消纳。为了保证雨水排放顺畅，可以在道路绿带中设置溢流口与雨水管网相连。

第二节　道路设计要点

海绵城市道路设计的原理是道路生态排水。

一、海绵城市道路设计原则

海绵城市道路设计的原则如下：

（1）因地制宜，选择经济有效、方便易行的设施，充分利用道路红线内外的绿地空间设置 LID 设施，协调设施与道路的衔接关系。

（2）合理地设计横坡的坡向，协调路面与绿带、红线外绿地的竖向关系，便于雨水流入 LID 设施中。

（3）选择具有净化功能的 LID 设施，防止污染物进入水体，造成面源污染。

（4）选择耐寒、耐淹、耐污的本地植物。

（5）采用 LID 设施时，注意采取必要的防渗措施。避免影响道路路面下其他基础工程设施。

新建道路应落实海绵城市低影响开发（LID）建设要求。道路设计应优化道路横坡坡向、路面与道路绿化带及周边绿地的竖向关系等，便于路面径流雨水汇入低影响开发设施。不同路面结构交接带及道路外侧宜设置绿化带，便于海绵设施布置及路面雨水收集排放（图 3-145）。

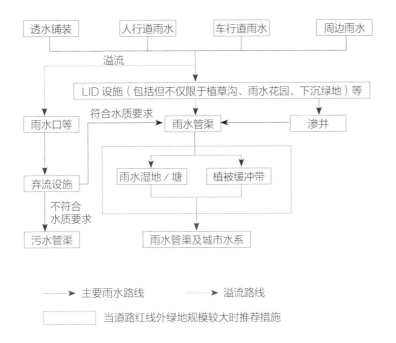

图 3–145　城市道路低影响开发改造流程

二、分项设计要点

1. 海绵城市机动车道设计要点

适宜路段可试验采用透水沥青路面或透水型混凝土路面。采用透水铺装路面时，为避免雨水浸入路基，影响道路强度，在路面结构的基层和中下面层采用非透水性材料，在上面层采用透水沥青混凝土，雨水进入透水沥青混凝土面层结构的内部，从不透水顶面沿横坡排至盲沟或路侧分隔带中，若与人行道相接时，在基层埋设排水管，纵向收集雨水，每隔一段距离排至雨水检查井内。

透水机动车道路拱横坡坡度宜采用 1.0% ~ 1.5%，道路最小纵坡坡度不应小于0.3%，最大纵坡坡度不大于 6.0%。

2. 海绵城市非机动车道路面设计要点

宜采用透水性路面。人行道一般采用透水砖，自行车道可采用透水砖或透水沥青路面。

非机动车道和人行道采用透水铺装，雨水渗入土壤，以达到避免路面积水、调节道路表面的温度和湿度、涵养地下水分等目的。对于透水能力较差的土壤，应该在基层内设置排水管。

透水非机动车道和人行道的路拱横坡坡度为 1.0%~2.0%，视透水情况而定。非机动车道和人行道纵坡坡度宜小于 2.5%。

透水砖铺装施工工艺简单，可进行人工铺筑，造价较低；而且预制混凝土透水砖的规格和颜色丰富，可以组合设计出多种图案。但是透水砖铺装的承载能力较低，整体性较差。因此，它适用于荷载较小的道路、机械施工不便的情况。

透水水泥混凝土铺装施工工艺较为简单、造价较低、结构整体性好、承载能力高，机械化施工速度较快，但色彩单一，景观效果不佳。因此，它适用于大面积、便于机械化施工、承载能力要求较高、对景观效果要求较低的情况，如广场、小型车辆停车场等。

3. 道路附属绿地设计要点

道路绿化带高程宜低于路面。道路绿化带宜建为下凹式绿地、植生滞留槽、植被草沟、生态树池等形式。坡度较大的路段，应采用梯田式绿化带。

海绵城市低影响开发设施可以使路面雨水径流进入绿化带内储存，并且入渗能力强，有雨水净化功能。分车绿带受城市道路空间大小的约束，可以采用的 LID 设施有下沉式绿地、植草沟、雨水花园等；行道树绿带可以采用生态树池。为防止雨水下渗可能对道路路面和路基甚至地下设施造成破坏，这些 LID 绿化设施下应采取必要的防渗措施。

4. 路牙、雨水口设计要点

宜采用孔口路牙、格栅路牙或其他形式，确保道路雨水径流能够顺利流入绿化带。

路缘石作为城市道路边缘排水设施，平缘石的标高与周围地表齐平，雨水径流通过地表漫流分散地流入绿地或集中流入雨水口；立缘石的标高大于周围地表，雨水一般通过漫流集中流向雨水口。立缘石能够有效地将机动车、非机动车和行人分隔开，但不能使路面雨水快速进入绿化带。

传统雨水口易产生堵塞和径流水质污染的问题，可通过截污雨水口、截污检查井或截污树池等设施加以克服。

LID 设施的雨水口设置在绿化带中，雨水口的高程应介于卜沉式绿地的最低点高程和路面高程之间，道路路面的径流雨水通过豁口立缘石进入截污雨水口过滤，大部分雨水渗入绿化带内或者被植被吸收，当土壤含水饱和或者经植被充分吸收后，剩余的雨水从雨水溢流口进入市政雨水管排走。

5. 海绵城市横断面设计要点

海绵城市道路与传统城市道路的不同主要体现在路面铺装、道路绿带、路缘石、雨水口和边沟五个方面。

1）路面铺装

机动车道采用透水沥青混凝土铺装，非机动车道和人行道采用透水水泥混凝土铺装或透水砖铺装，在路面结构基层埋设排水管，入渗雨水沿道路横坡流入排水管中，排水管接入车道旁的绿带中。

2）道路绿带

当道路中间分车绿带宽度小于 1.5 m 时，为了阻挡相向行驶车辆的眩光，中间分车绿带采用植物高度在 0.6~1.5 m 的雨水花园或下沉式绿地；当宽度大于或等于 1.5 m 时，可以采用种植乔木的雨水花园或生物滞留带；若绿化宽度富余时，可结合景观设计。

3）路缘石、雨水口和边沟

路缘石采用豁口立缘石，既能够有效地将机动车、非机动车和行人分隔开，又能汇集、引导雨水流入绿带中的截污雨水口。边沟采用植草沟、雨水花园等，作为路侧绿带。

6. 海绵城市道路排水系统

（1）雨水口宜设于绿化带内，雨水口高程宜高于绿地而低于路面。

（2）雨水口宜采用环保型雨水口，雨水口内宜设截污挂篮。

（3）市政道路沿线可因地制宜建设雨水调蓄设施。天然河道、湖泊等自然水体应成为雨水调蓄设施的首选；也可在公路沿线适宜位置建人工雨水调蓄池。

（4）土地条件许可时，道路沿线可建设雨水湿地滞洪区，道路雨水可引入其中处理、储存。雨水湿地滞洪区应兼有雨水处理、调蓄、储存的功能。

第三节 案例解析——池州市齐山大道海绵城市改造工程

齐山大道位于池州市主城区的南侧，是连接城市南部地区和主城区的重要城市干道之一，该道路东侧为月亮湖候鸟湿地，南侧为南湖湿地，生态基底良好。由于区域水系连通以及道路面源污染问题，两侧湿地污染状况逐年加剧，水质已为轻度黑臭甚至黑臭水体，且富营养化情况明显。本项目的海绵城市改造将承接上位区域水系改造计划，结合道路本身问题，明确该道路海绵建设目标，因地制宜地采用综合措施，最终打造一条穿过生态敏感区的低影响城市干道（该项目由北京建筑大学设计）。

一、现状问题及分析

1. 项目建设背景

1）池州市海绵城市建设背景

池州市是国家第一批 16 个海绵城市建设试点城市之一，该市北临滔滔长江，南望九华山脉，东守平天美湖，西拥杏花古村，城市山水格局清晰，山、河、湖、城交融共生，具有得天独厚的自然生态基底和历史悠久的文脉传承。池州市海绵城市建设示范区选取中心城核心区域 18.5 km² 的范围，覆盖池州市主要建成区（老城区）和新城区（天堂湖新区），其中老城区 10.68 km²，占比 58%，天堂湖新区为 7.82 km²，占比 42%（图 3-146）。

试点区年径流总量控制率为 72%，对应设计月降雨量 24.2 mm，年 SS 总量去除率 40%。

2）齐山大道海绵城市改造项目概况

项目位于池州市重要的生态敏感区——月亮湖湿地周边，设计路段全长约 3.9 km，道路红线范围 60 m。道路两侧分别为南湖和月亮湖，月亮湖水质常年为 III 类水，南湖主要指标为 IV 类水。道路北侧基本为老城区，以已建居住小区为主，道路北侧紧邻石城大道，道路南侧以新建居住小区为主，并有一条铁路从道路区域经过。道路有齐山公园、陵阳大道、铁路桥、高速转盘等客水汇入。

图 3-146 池州市海绵城市建设范围

2. 项目条件分析

（1）降雨条件：池州市多年年平均降雨量 1483 mm，多年平均降雨天数 142 天。降雨时空分布不均，年内出现暴雨的时间一般为 4 ~ 7 月，主汛期 6 ~ 7 月，降雨量占全年的 29.7%。6 月中旬至 7 月上、中旬为"梅雨期"（图 3-147）。

（2）空间格局：基于场地踏勘推断，齐山大道周边空间条件主要可分为四类：① 绿色空间开阔，道路距离水面距离超过 40 m，且绿地坡度平缓；② 绿地坡度较大，易造成水土冲蚀，需要考虑分级滞留设施；③ 绿地系统低洼且树木相对较少，适宜作为低影响开发设施用地使用；④ 绿地空间较为狭窄，主要可利用空间为绿化带或树池。

3. 现状面临问题

（1）径流污染：通过池州及其他地区降雨径流污染状况分析，本项目改造前，道

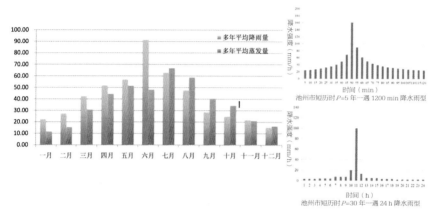

图 3-147　池州市多年平均降雨量、蒸发量

路全年排入两侧湿地雨水径流总量约 56.94 万立方米，由此推断，全年排入湿地内径流污染负荷总量见表 3-11。

　　根据检测报告显示，道路两侧的月亮湖和南湖属于黑臭水体，其水质情况见表 3-12。月亮湖中透明度稍微不满足要求，故判别为轻度黑臭，其他指标均好于黑臭水体判别要求；南湖中主要是氧化还原电位和溶解氧不满足要求，这主要是其自身内源污染和水动力不足导致。

　　（2）排水内涝：由于陵阳大道与铁路桥周边区域客水通过地表漫流形式流入齐山大道，加之管网排水能力不足，齐山大道道路竖向低洼处主要积水点有五处（图

表 3-11　齐山大道汇水片区全年平均径流污染负荷

COD	TN	TP	SS
114.04 t	855.33 kg	73.34 kg	102.60 t

表 3-12　月亮湖与南湖水质情况调查

水体名称	COD（mg/L）	氨氮（mg/L）	TP（mg/L）	TN（mg/L）	DO（mg/L）	ORP	透明度（cm）
月亮湖	42.8	1.25	0.283	2.56	9.92	138	24
南湖	57	1.68	0.520	6.22	0.91	-300	35

注：ORP 为氧化还原电位，表征介质氧化性或还原性的相对程度。

3-148）。由于道路竖向局部低洼造成小范围积水（积水点一、二）；由于道路两侧路缘石横坡不足，雨水口较高，管网系统收水不足，造成局部时段积水深度高于20 cm（积水点三）；道路低点纵坡较大，导致暴雨时大量客水汇入，内涝与积水明显（积水点四、五）。

（3）景观提升与综合改造：齐山大道建成年代较远，由于承载着池州市重要的交通枢纽功能，路面出现不同程度的破损与路基失稳现象，绿地游憩设施不够完善，景观效果单一。主路面有 28 处局部破损，降雨时形成低洼积水点（图 3-149）。

图 3-148　齐山大道竖向与积水点位置示意

图 3-149　路面沉降与破损

二、改造目标

综上分析，本项目需要重点解决雨水径流污染、外围客水汇入造成积水等问题，以期最终达到海绵城市改造目标，同期统筹解决道路积水内涝和满足周边湿地生态保护的双重目的。在改造过程中将充分体现生态、海绵的建设理念，选择适合场地特点的海绵技术设施，尽量保留其生态本底，恢复原有的水文过程；同时也还需满足海绵城市绩效考核要求，达到海绵城市控制指标要求。

1. 海绵城市建设目标

水质控制目标：年 SS 总量去除率 50%。

中小降雨减排目标：年径流总量控制率 83%，对应设计降雨量 37.1 mm。

暴雨排水控制目标：大排水系统满足疏导 30 年一遇降雨要求。

2. 道路建设目标

结合海绵城市建设修复破损路面、失稳路基，满足城市主干道路承载及通行要求；调整道路系统布局，增加非机动车道，增强交通安全。

三、改造设计方案及实施

1. 改造策略

解决齐山大道复杂的水环境问题必须以问题为导向，因地制宜，找到一个综合性、可持续性、经济上合理的手段来管理径流及其水资源。其综合设计应遵循如下重要原则：

（1）总体原则。充分体现生态、海绵的建设理念，选择适合场地特点的海绵技术设施，尽量保留生态本底，恢复原有的水文过程。

（2）满足海绵城市绩效考核要求。

① 道路红线内雨水通过低影响开发设施满足年径流总量控制率 83% 的要求；

② 道路红线外客水结合末端市政管网改造与新增调蓄空间达到控制要求；

③ 结合道路步道游线设置大排水通道，解决 30 年一遇暴雨内涝积水问题。

（3）协同完善道路交通设施、景观提升。

2. 总体方案

（1）道路红线内低影响开发设施：道路红线内低影响开发设施布局主要包括两种

方式。改造前未设置机动车与非机动车隔离带的路段，由于新增隔离带，优先利用隔离带绿地进行滞蓄，之后漫流到人行道周边雨水花园或滞蓄型草沟。改造前即有机动车与非机动车隔离带路段，由于隔离带植物长势好，改为间隔开槽方式将雨水汇入人行道周边植草沟（见图 3-150 ~图 3-152）。

（2）道路红线外汇流区域径流控制设施：对于道路管网所承担的道路红线外汇流

图 3-150　总体平面布置

图 3-151　新增机动车与非机动车隔离带路段低影响开发设施布局示意

图 3-152　机动车与非机动车隔离带改造路段低影响开发设施布局示意

区域雨水，主要通过末端生态空间滞蓄，设置沉砂井优先对雨水径流进行沉淀后进入前置塘，最终通过调蓄湿塘后流入水体（图 3-153 ~ 图 3-155）。

（3）暴雨径流行泄排放通道：齐山大道暴雨径流行泄排放通道主要分为两种情况。道路红线内暴雨时局部低洼处可能由于溢流口排放能力不足而造成短时积水，需要在人行道处设置漫流或箱涵式局部漫流通道，将超标暴雨径流导入生态设施并最终通过漫流方式接入水体。另外，对于陵阳大道等暴雨时漫流进入齐山大道的客水，通过设置截流盖板沟等方式，将雨水导入周边调蓄生态湿地（图 3-156）。

图 3-153　红线外汇流区域雨水调蓄塘

图 3-154 石笼台地净化道路径流

图 3-155 雨水调蓄塘实景

图 3-156 暴雨径流行泄排放通道示意

3. 综合效益分析

（1）本项目工程总费用共计为 5800 万元，其中海绵城市专项设施费用约为 2404.8 万元。

（2）齐山大道改造方案对源头和末端处理设施规模进行合理的分配，因地制宜地选择控制设施同时兼顾景观提升。

（3）通过源头措施综合达到 3 年一遇排水标准，减少管线提标改造费用。

（4）在满足径流控制率的情况下，选取普通铺装减少透水铺装的额外成本。

（5）合理利用末端调蓄用地处理上游衔接地块汇水控制容积 17 281 m³（按照相同单价绿色基础设施计算相当于节省投资约 3000 万元）。

四、改造效果

齐山大道改造后成效显著。2016 年自 6 月 30 日 20 时至 7 月 5 日 8 时，池州市出现连续强降水天气，最大累计降水量达 566.0 mm，最大小时雨强 67.2 mm。此次强降雨历时长、瞬时雨强大，而齐山大道的植草沟、生物滞留带、排水通道等海绵设施发挥了应有的作用。

雨水系统改造后基本不造成内涝与积水，同时该路段由于道路环境得到整体改善，使月亮湖湿地视线开阔，逐渐成为市民散步、游憩的重要场地（图 3-157、图 3-158）。

图 3-157　暴雨期间齐山大道滞蓄型草沟运行状态

图 3-158 非机动车道改造前后对比

五、项目总结

城市道路项目作为转输周边汇水区域雨水的重要场地，海绵城市设计中必须要统筹处理红线内外、道路竖向以及行泄的诸多功能。齐山大道项目通过一条道路的改造，不仅解决了道路本身周边汇水区域雨水径流的处理和处置，更通过管网末端湿地空间的构建，在源头改造项目开工前，通过末端设施临时控制了周边居住小区汇水区域的雨水径流污染。同时，兼顾道路修补以及景观视线的开放，使本条道路成为池州市市民游憩、散步道路之一，起到了很好的公众宣传作用。

但另一方面，由于齐山大道周边绿化空间开阔，调蓄空间充足，该项目部分草沟、雨水花园实施了部分换土，考虑到更换填料的长期运行管理与建设成本，部分管网末端绿地空间开阔的末端湿塘未进行大规模填料更换。

第六章　城市水系设计

城市水系海绵性设计对象包括城市江河、湖泊、港渠。

城市水系海绵性设计内容包括水域形态保护与控制、河湖调蓄控制、生态岸线、排口设置以及与上游城市雨水管道系统和下游水系的衔接关系。应对现状河流、湖泊、湿地、坑塘、沟渠等城市自然水体进行保护保留，严禁乱挖乱填的开发建设行为。

第一节　城市水系的保护与控制

规划建设新的水体或扩大现有水体的水域面积，核实区域低影响开发的控制目标，并根据目标进行水体形态控制、平面设计、容积设计、水位控制和水质控制。

一、城市水系水域保护设计要求

（1）系统评估区域水域保护状况，对湖泊蓝线、绿线控制状况，周边建设状况对水域占用进行评估；对城市港渠红线控制状况、周边建设对水域占用状况进行评估。

（2）对设计对象水系或区域内水面率指标进行计算，对于非达标区域提出补偿措施，如增加调蓄水位控制、增加超标暴雨可调蓄空间控制措施等。

二、城市水系调蓄调控设计要求

（1）设计需利用模型法、经验公式法等对城市湖泊、港渠进行水量平衡计算，主要明确不同设计标准下源头海绵措施控制后入湖入港调蓄量、外排水量、蒸发水量、河湖补水量、入渗量等。

（2）为增强水系作为排涝调蓄空间的功能，城市湖泊整治设计需进行多级水位复核，主要包括：

① 生态控制水位：最低生态水位通过河道生态环境需水量，断面设计进行确定。河道生态环境需水量可参照《河湖生态环境需水计算规范》（SL/Z 712—2014）进行计算。

② 汛前预降水位：结合现有规划对湖泊的正常水位的规定，通过不同降雨、水位组合，结合湖泊水下地形、周边建设、出口泵站运行等状况，合理确定汛前预降水位，并评估达到该水位的排放时间。

③ 最高控制水位：按照 30 ~ 50 年一遇降雨核算水系内水位过程，确定湖泊最高控制水位。

④ 超标调蓄水位：按照百年一遇降雨核算水系内水位过程，确定湖泊超标调蓄水位。

第二节　城市水系低影响开发设施选择及设计

城市水系按照断面可分为滨水带、驳岸（水陆交接带）、水体三个区域，不同区域的特征不同，其低影响开发设施选取与设计手法也有所区别。

一、滨水带设计

滨水带绿地空间宜选择湿塘、雨水湿地、植被缓冲带等措施进行雨水调蓄、消减径流及控制污染负荷；滨水带步行道与慢行道应满足透水要求；滨水带内的管理建筑物应符合绿色建筑要求。

二、驳岸设计

（1）江河、湖泊、港渠的岸线平面曲线应具有自然性与生态性。

（2）城市江河宜选用安全性和稳定性高的护岸形式，如植生型砌石护岸、植生型混凝土砌块护岸等；对于流速较缓的河段可选用自然驳岸。

（3）城市湖泊、港渠设计流速小于 3 m/s，岸坡高度小于 3 m 的岸坡，应采用生态型护岸形式或天然材料护岸形式，如三维植被网植草护坡、土工织物草坡护坡、石笼护岸、木桩护岸、乱石缓坡护岸、水生态植物护岸等。

三、水体设计

1. 排口

（1）城市水系禁止新增污水排口，新增雨水排口应建设面源控制措施，并进行水质监测，不超过受纳水体水质管理目标。

（2）城市水系排口应采用生态排口，包括一体式生态排口、漫流生态排口等。

（3）港渠、湖泊现有合流、混流排口整治设计中，应结合汇水范围内的源头海绵性改造措施，设置初期雨水调蓄池、截污管涵等工程措施进行末端污染控制。

2. 水体

（1）规划新建的水体或扩大现有水域面积，应核实区域低影响开发的控制目标，并根据目标进行水体形态控制、平面设计、容积设计、水位控制及水质控制。

（2）对于城市水体水质功能要求较高、排涝高风险区，可利用现有子湖等水域设计自然水体缓冲区等，缓冲区作为湿塘、前置塘、湿地、缓冲塘、渗透塘等设施集中布置区域。根据区域排水量、污染控制目标，确定缓冲区的面积、容积；根据上游排口标高、下游水体水位明确缓冲区水域竖向标高。

（3）自然水体缓冲区应制定水质污染风险防范措施，以防止上游污染事件后对主水域水质破坏的情况发生。

第三节　案例解析——阜阳市城区水系综合整治规划

一、现状问题及分析

1.项目建设背景

阜阳市城区水系规划树立"五水同治"理念（治污水、防洪水、排涝水、留雨水、节约水），科学规划、标本兼治、重点施治、点面结合、一河一策、综合整治。水系治理需保障城市防洪安全，确保城市排涝安全；尽可能减轻对河流生态系统干扰，修复受损的河流廊道和湿地系统；突出城市水系休闲养生功能，全面提升城市水环境质量，建设宜居城市，营造水空间［该项目由上海市政工程设计研究总院（集团）有限公司设计］。

2.现状条件分析

（1）自然条件：阜阳市区位于淮北平原西部，地形平坦开阔，地面标高一般在海拔 28~31 m，最低海拔 26.7 m，最高海拔 32.5 m。地形总趋势西北高，东南低，地形坡度约 1/8000。

根据阜阳闸水文站实测雨量数据，阜阳闸站多年年平均降水量为 933 mm，其中汛期（5～9月）降水占全年的69.2%，夏季降水量占年降水量的51.2%。阜阳市颍州、颍东、颍泉三区多年年平均面降雨量 893 mm。市区年平均蒸发量为 931.6 mm，平均相对湿度为 73%。

（2）水系现状：阜阳市境内河流均属淮河水系，其中阜阳城区外河水系 6 条，城区内河 70 条。阜阳市境内河流可分为颍河、泉河、茨河、茨淮新河、西淝河、小润河六大水系。阜阳市区内水系纵横交错、湖塘星罗棋布，本次研究范围内共有内河 70 条，主要为城市排涝河道（图 3-159）。

3.现状面临问题

（1）水环境质量不容乐观。阜阳市城市黑臭水水体监测，其中轻度黑臭水体 12 个，重度黑臭水体 10 个。轻度黑臭水体中，分别有 12 个水体 DO 指标和 9 个水体 ORP 指标，达到"轻度黑臭"级别。重度黑臭水体中，氨氮为主要超标因子（图 3-160、图 3-161）。

图 3-159 阜阳市水系

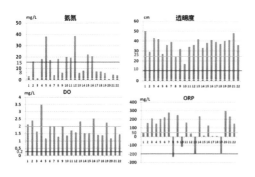

图 3-160 阜阳市黑臭水体主要污染指标

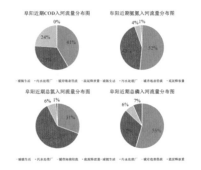

图 3-161 阜阳城区污染负荷入河量组成统计表

（2）水生态系统已遭到破坏。阜阳市内河浮游植物以蓝绿藻占绝对优势；浮游动物以耐污型的轮虫和原生动物为主，对环境要求相对较高的枝角类含量较低；底栖动物保有量少，且以耐污品种霍甫水丝蚓占绝对优势；大型维管束植物尤其是对水质要求高的沉水植物在本次调研中基本未发现。河道水生态系统已经遭到严重破坏，水生生物多样性低，生态系统不稳定且脆弱。

阜阳城区河道总长度约 300 km，大部分河道以硬质护坡为主，透水性不佳，生态性差，河道生态岸线河道不足 40 km，生态岸线比例不到 15%。城区河道缺乏生态补水，河道流动性差，河道自净能力差。

（3）水安全标准偏低。

① 防洪标准低，未达到规范要求：目前防洪标准仅 20 年一遇，远未达到规范要求。

② 原规划城防堤圈已不适应城市快速发展的要求：阜阳市原防洪规划堤圈保护总面积 189 km^2。根据阜阳市城市总体规划（2012—2030），中心城区规划范围和空间增长范围面积分别为 227 km^2 和 433 km^2，原规划堤圈已不适应城市快速发展的要求。

③ 原规划城防堤圈未建成封闭堤圈，不满足城市防洪需要：阜阳原城市防洪规划防洪堤长约 109 km，除沿河堤防（约 80 km）在流域治理中进行建设外，其他规划堤段大部分未建设，尚未形成封闭堤圈。

④ 城区地形平坦，且处于沙颍河、泉河下游，受洪水威胁大：阜阳城区位于淮北平原，地形平坦，且处于沙颍河和汾泉河的下游，一旦上游河道破堤决口，洪水将顺势而下，对阜阳城区造成的损失将是极为惨重的。

二、水系规划目标

1. 水环境

规划区域内水体水质达到水功能区划的要求；未列入功能区划的水体，2020 年达到基本消除黑臭的目标，2030 年达到地表水Ⅳ类水质标准；饮用水源水质达标率100%。

2. 水生态

通过对城区水环境进行综合治理，改善河道水质，减少水土流失，恢复生态环境，近期到 2020 年使土著水生动植物种类及数量增加，形成健康及可持续的片区水生态系统，远期 2030 年最终实现生存之河、生活之河、生态之河的治理目标。

3. 水安全

阜阳市中心城区防洪标准 100 年一遇；排涝标准 30 年一遇。

4. 水文化

建设水系景观结构合理，景观形态丰富优美、适宜多种生物栖息，满足各类人群休闲游憩需求，融合当地文化特质的多功能的滨水公共绿地。

三、水系规划方案

1. 城市水系布局和水面规划

（1）水系等级：本次主要针对阜阳城区的规划河道（共计 72 条，总长 419.6 km）进行划分（图 3-162），总共分为 3 级，具体划分如下：

图 3-162　阜阳市城区河道等级划分

① 一级河道：颍河、泉河 2 条河道，总长 32.9 km。

② 二级河道：中清河、老泉河、济河等共计 28 条，总长 216.3 km。

③ 三级河道：一道河等共计 42 条，总长 170.4 km。

（2）水系布局：阜阳市水网密布、水系纵横，水系规划应充分挖掘水的潜力，展示水的魅力，通过生态河道建设、水面修复等措施，构建"一湖两河凭古韵、三片六脉兴颍州"的水系总体框架和布局，打造"水清、岸绿、景美、游畅"的淮上水乡新景观，通过环境治理、生态修复、景观营造、旅游开发来挖掘和提升水系的综合功能（图3-163）。

一湖伴城：颍州西湖。综合古西湖、西湖等打造"大西湖"旅游风景度假区。

两河穿城：颍河、泉河风光带。

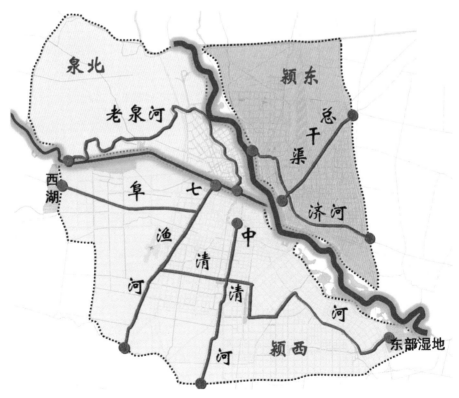

图 3-163　阜阳市城区水系布局

　　三片六脉：泉北片以老泉河为脉，颍东片以济河、总干渠为脉，颍西片以阜清河、七渔河、中清河为脉。阜清河西起西湖，经阜临河、七渔河、五道河（双清湾）、东清河（南湖）、新韩沟、华侨沟、阜颍河、芦桥沟，最终达东部湿地，汇入颍河。

　　（3）城市水面规划：阜阳市城区现状水面组合形式为：自然湖泊、自然河流、自然湿地（河、湖岸线周边水位经常变动的区域）和零星分布的池塘、水坑。阜阳市城区现状水面面积约为4034万平方米，现状水面率约为3.49%。拟定阜阳城区规划水面率为9.45%，规划水面面积约为4034万平方米，新增水面面积2543万平方米。

　　（4）河道治理规划：为保证水系畅通及满足区域景观等要求，本次共新开挖泉南沟、舒园沟及南北河3条河道，总长7.45 km。改线规整河道共计10条，规划总长41.3 km。规划河湖连通6处，加强河湖连通，形成横纵交错的水网格局。

　　2. 防洪规划方案

　　（1）泉北区防洪方案：西侧利用现有柳河右堤向西延伸，与105省道交叉后，向南接杨店沟，杨店沟至蔡孜沟，沿蔡孜沟向西至黄沟，利用黄沟左侧筑堤至泉河左堤连接，形成与泉河左堤、颍河右堤封闭堤圈，线路总长57.3 km，保护面积140 km²。柳河左侧不筑堤，右侧筑堤，对原有的排水涵进行改扩建，防洪方案如图3-164所示。

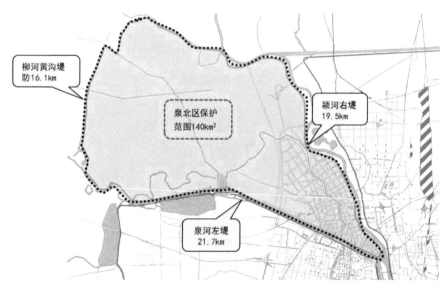

图3-164　泉北区防洪方案示意

（2）颍东区防洪方案：对颍河左侧堤防达标建设，按 100 年一遇标准向下游延伸加固，堤防建设长度 27.7 km，防洪方案如图 3-165 所示。

（3）颍西防洪方案：按照 100 年一遇标准向上游延长加高加固城区外泉河右堤约 5 km，向下游延伸颍河右侧堤防 3 km，防洪保护圈堤面积 295 km²，堤防建设总长度 90.1 km，防洪方案示意如图 3-166 所示。

3.防洪设计及洪水设计水位

本次阜阳城区段颍河、泉河、茨淮新河 50 年一遇、100 年一遇设计洪水计算成果见表 3-13 ~表 3-15。

图 3-165　颍东区防洪方案示意

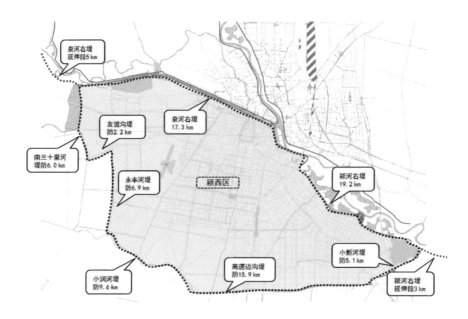

图 3-166　颍西区防洪方案示意

表 3-13　颍河阜阳城区段设计成果

断面位置	河道桩号	设计流量（m³/s）		设计水位（m）	
		50 年一遇	100 年一遇	50 年一遇	100 年一遇
茨淮新河口	66+083	2760	3480	34.34	35.17
泉河河口	81+950			33.8	34.64
阜阳闸下	83+125	4580	5550	33.38	34.18
济广高速	95+370			32.8	33.62

表 3-14 泉河阜阳城区段设计成果

断面位置	河道桩号	设计流量（m³/s）		设计水位（m）	
		50 年一遇	100 年一遇	50 年一遇	100 年一遇
泉河口	0+000	2048	2259	33.8	34.64
三十里河口	17+905			34.7	35.48
黄河口	18+300	1931	2137	34.71	35.49
规划阜淮高速公路路边河	26+620			35.06	35.81

表 3-15 茨淮新河阜阳城区段设计成果

断面位置	河道桩号	100 年一遇设计流量（m³/s）	100 年一遇设计水位（m）
河首（接沙颍河处）	134+238	2100	35.17
茨河铺闸下	132+809		31.82
黑茨河口	131+976		31.76
济广高速	120+800	2300	30.85
插花闸上	109+499		29.87

4. 排涝规划方案

阜阳市规划区划分为 5 个防涝分区，其中泉北区 1 个防涝分区，颍东区 1 个防涝分区，颍西区分 3 个防涝分区（图 3-167）。

排涝工程方案如下：

（1）泉北区：泉北区排水条件较差，主要采取疏浚拓宽排涝沟河、扩建现状泵站规模的方式增加区内排涝能力。

（2）颍东区：颍东区涝水排水条件较好，大部分地块满足自排条件，主要采取疏浚拓宽主排涝沟河、扩建局部低洼处泵站规模的方式增加区内排涝能力。

（3）颍西区：颍西区条件较为复杂，规划对农排与城排分界处以子堤、道路、涵闸的方式隔开，农排区涝水排入小润河，城排区涝水主要排入泉河、颍河。规划主要

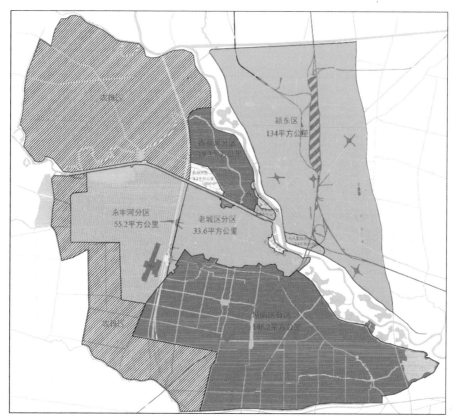

图 3-167　排涝分区示意

采取疏浚拓宽排涝沟河、新建雨水调蓄工程、新建扩建泵站规模的方式增加区内排涝
能力。

5. 河湖水质控制方案

以流域治理为单元，以现状调查为基础，以污染控制为核心、以生态修复为保障，
通过污水系统治理、初期雨系统治理、内源系统治理、生态系统修复和活水工程实现
城区水质达标。

（1）点源污染治理工程：

① 源头雨污分流、错接漏接改造工程：对老城区以外的合流制地块和雨污混接程
度严重的地块进行分流改造，对雨污混接程度较轻的地块进行错接点改造，对近期无
法实施分流的地块进行污水截流。

② 污水支管完善工程：污水支管完善工程结合棚户区改造和已建道路改造进行；远期随市政道路同步建设。

③ 污水干管畅通工程：对城区存在的未贯通污水干管实施连通。

④ 扩建污水处理厂：扩建颍东污水处理厂（现状规模 30 000 m³/d，扩建 30 000 m³/d），并完善阜阳市近期建设范围内各污水厂服务区域的污水提升泵站及配套污水管网。

⑤ 污水截流工程：采用自控式截留井对排口初期雨水进行截流，并在截流井内设置自控浮筒阀和防倒灌拍门。

⑥ 固体废弃物收集处置工程：开展垃圾收集处置专项行动，杜绝垃圾直接入河。

（2）面源污染治理工程：面源污染治理遵循"渗、滞、蓄、净、用、排"的海绵城市全过程设计理念，源头在建筑小区、公园广场、停车场、园路、人行道等处采用硅砂透水材料，下渗雨水的同时削减面源污染；过程通过构建河道两岸植被缓冲带，消减面源污染；末端通过分散截流集中调蓄方式进行初期雨水截流。

阜阳分流制区域截流标准为 6 mm，合流制区域截流标准为 12 mm。截流调蓄的初期雨水采取就地处理和输送至污水厂处理相结合的方式净化后作为河道景观用水。本次工程对 258.4 km² 的初期雨水进行截流，采用初期雨水与旱季污水同步截流的方式，规划建设调蓄池 29 座，总规模 104.5 万平方米，建设 DN1200 ~ DN2400 初期雨水截流管 446.5 km，处理流程如图 3-168 所示。

（3）内源污染治理工程：阜阳市河道底泥污染严重，部分底泥发黑发臭，底泥中的污染物质释放到上覆水体，会造成二次污染。规划采取环保疏浚清淤方式，对污染底泥进行脱水固化，与原土混合处理后做绿化种植土使用，实现污泥资源化利用。规划共清淤河道 62 条，河道长 318.9 km，清淤量约 249.8 万立方米。

（4）河道水质净化工程：本次工程通过上述的点源污染治理工程、面源污染治理工程和内源污染治理工程控制污染源，在污染源得到控制的前提下，通过生物栅和原位生态修复技术（PGPR）等技术提高河道水质，恢复河道生境，为河道生态系统的恢复打下基础。

（5）河湖生态修复：划定河流、湖泊和季节性湿地的水域控制线和保护区域。通过生态修复、生态缓冲、水生植物群落设计、水生动物群落设计进行河道生态修复。共构建生态河道、自然生态型河道 276.34 km²，恢复漂浮湿地型河道 110.34 km²，构建 23 个生态湿地，总面积约 2205 hm²。通过湿地处理污水厂尾水净化补水水质，最终为阜阳市城区水系提供清洁的补水水源。

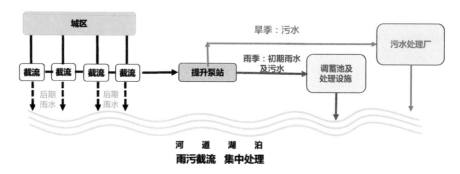

图 3-168　处理流程

6. 水文化、水景观

水景观总体规划格局为"两带育城、六脉固城、七水兴城"。"两带"为颍河风光带和泉河风光带；"六脉"为颍西、颍东、泉北三个片区的水系主脉，分别为颍西的阜清河、中清河和七渔河，颍东的济河、总干渠，泉北的老泉河；"七水"为根据城市总体规划中对河道两岸用地性质的规划，将城区所有水系景观带分为七种景观功能类型，分别为历史文化型、居住生活型、商业休闲型、生态游憩型、生态防护型、工业休闲型和码头作业型。以两带为魂，六脉为纲，七水为本，力求营造植物色彩丰富、形式多样的亲水活动空间，打造富有层次、步移景异的城市水系景观（图 3-169）。

（1）历史文化型：西城河、东城河、南城河、中清河 4 条富含历史文化底蕴的河道。以文化旅游休闲功能为主，强调地方特色的挖掘和展示，再现历史风貌。

（2）居住生活型：阜临河、双清河等穿越居住区的河道。以居住功能为主，强调休憩空间和绿化景观的营造。

（3）商业休闲型：颍河、泉河交汇处为典型代表的商业岸线。以观光休闲、商业娱乐、商务金融功能为主，可沿河布置美食、购物、艺术、创意、影视、表演、展览等休闲商务产业模式。

图 3- 169　景观水系景观规划

（4）生态游憩型：颍河下游、东大沟等。以生态游憩功能为主，强调生态水景与滨水游憩功能的结合，突出自然风貌。

（5）生态防护型：七里长沟、新韩沟等。以生态防护功能为主，作为重要的水源保护区与涵养地，强调生态化的设计原则，着重生态修复和防护。

（6）工业休闲型：阜颍河、新韩沟等工业区段。以工业、休闲功能为主，强调绿色、环保、低碳，为工厂员工创造宜人的休息场所。

（7）码头作业型：颍河、泉河中的客、货运码头段。以装卸储运、中转换装、运输组织、现代物流、商贸等功能为主，强调"深水深用、浅水浅用、合理开发、有效保护"。

第四部分

考核

第一章　国家海绵城市绩效评价与考核办法

第一节　背景概况

近年来，全国各地市在水安全保障、水环境治理、水生态构建等方面进行了大量的建设工作，可以看到各类基础设施的建设正在逐步完善。从单个工程体系看，工程的建设均以上位专项规划为指导，建设成果也基本满足专项规划的要求。但不可否认的是，海绵城市建设却进入了一个怪圈，雨水管网建设完善，排涝设施规模达到要求，遇到暴雨城市却处处"看海"；污水管网建设完善，城市纳污水体已经清淤治理，城市水体黑臭却越来越多。单类基础设施的完善并不能在区域内形成具有统一目标的综合效益。海绵城市建设及其评价体系要摒弃过去"头疼医头、脚疼医脚"的模式，着眼于一个区域是否在水资源、水环境、水生态、水安全上发生了根本的改善，不能把海绵城市建设等同于一系列的工程堆砌。评估一段管网建设是否达标、一个污水厂建设和运营是否成功以及一个公园是否符合低影响开发的原则，都体现不了海绵城市建设的成效。必须评价区域内是否在水资源、水环境、水生态、水安全上发生了根本的改善，其评判标准简单朴实：水体是否从黑臭变成了清澈有鱼；内涝是否减轻或消失；

生态环境是否在变得越来越宜人。这种最简单的民生要求恰恰体现的是整个城市涉水设施细节的全面化和系统化完善。

住建部出台的绩效考核和评价标准，用最朴实的话来说就是"小雨不积水、大雨不内涝、水体不黑臭、热岛有缓解"。评价体系通过水生态、水环境、水资源、水安全和显示度这 5 类指标评价海绵城市建设的成效。与此同时，为增强海绵城市建设理念的落地性、保障建设的顺利进行，完善制度建设、考察制度执行情况是绩效考核的重要内容。制度建设及执行情况分 6 个指标，分别为规划建设管控制度、蓝线绿线划定与保护、技术规范与标准建设、投融资机制建设、绩效考核与奖励机制、产业化，从政府职能部门管控制度、海绵技术研究、项目的融资方式、项目实施效果与资金管理等方面提出了一系列的要求，要求各地市完善制度建设并按照制度进行海绵城市的建设，制度化和常规化将最大限度地保障海绵城市建设的合理、有序和可持续。

第二节　考核内容解析

为科学评价海绵城市建设成效，2015 年 7 月 10 日，住建部发布《海绵城市建设绩效评价与考核办法（试行）》（以下简称《国家考核办法》），提出 6 大类别 18 项指标，对海绵城市建设的效果进行绩效评价与考核。《国家考核办法》指标关注系统工程、关注实施效果、要求建制完善。其提出的 6 大类别 18 项指标中，约束性指标 14 项，鼓励性指标 4 项；定量指标 11 项，定性指标 7 项。《国家考核办法》给出了考核的指标内容，没有给出考核的侧重点和指标的具体分值。单从考核的指标内容看，内容较全面，要求较严格，有明确考核的对象，没有分值设定。

水生态类别中有约束性指标 3 项，鼓励性指标 1 项。约束性指标分别为年径流总量控制率、生态岸线恢复和地下水位。年径流总量控制率指标是《海绵城市建设技术指南》中提出的最基本的指标，是海绵专项规划中需要明确的目标，更是项目建设实施的必备要求。小到单个独立项目、大到整个城市规划区都要满足年径流总量控制率的目标要求。生态岸线恢复指标要求对城市河湖水系岸线、加装盖板的天然河渠等进行生态修复，在不影响水系防洪排涝的前提下，打造生态水系，为改善水环境助力。地下水位指标为分类指导的约束性指标，主要针对年均降雨量不足 1000 mm 的地区，该指标鼓励各级政府提高雨水的下渗和回补地下水，从而减轻地下水位的下降，维持城市水系统地上地下的循环和平衡。鼓励性指标为城市热岛效应，该指标从热岛效应反映海绵城市建设的实施效果。

水环境类别中有约束性指标 2 项，分别为水环境质量和城市面源污染控制。水环境质量对海绵城市建设区域内的河湖水系水质和地下水监测点位水质提出了要求，该指标反映了海绵城市建设的实施效果。水质目标的达标依赖于城市雨污水管网的建设、城市面源污染的控制、水系自身治理等多项系统工程的建设实施。面源污染控制指标针对雨水径流污染、合流制管渠溢流污染的有效控制。该指标反映了城市雨污水管网的建设成果，引导各地政府加大对管网排查摸底的力度，提高管网建设质量，同时预留雨水直排出口或合流制管渠溢流出口的生态治理用地。

水资源类别中有约束性指标 2 项，鼓励性指标 1 项。约束性指标分别为污水再生利用率和雨水资源利用率。污水再生利用率指标是分类指导的约束性指标，主要针对人均水资源量低于 500 m³ 和城区内水体水环境质量低于 IV 类标准的城市，引导各地政府提高对污水再生利用的认识，科学合理地利用污水再生水，缓解水资源短缺、实现水资源的循环利用。雨水资源利用率是指雨水收集并用于道路浇洒、园林绿地灌溉、市政杂用、工农业生产、冷却等的雨水总量（按年计算，不包括汇入景观、水体的雨水量和自然渗透的雨水量）与年均降雨量（折算成毫米数）的比值；或雨水利用量替代的自来水比例等。雨水资源作为一种较丰富的水资源，对其加以利用则可以有效地缓解水资源严重短缺的现象。该指标引导各地政府提高对雨水资源的认识，把城市雨水利用与城市建设、水资源优化配置、生态建设统一考虑。鼓励性指标为管网漏损控制，管网漏损不仅影响供水企业经济效益，更造成水资源严重浪费。该指标要求各地政府提高供水管网的建设质量，推进老旧供水管网改造，降低城市供水管网漏损，可以节约水资源，维护城市水资源的可持续利用。

水安全类别中有约束性指标 1 项，鼓励性指标 1 项。约束性指标为城市暴雨内涝灾害防治，关注城市历史积水点彻底消除或明显减少，或者在同等降雨条件下积水程度显著减轻。该指标反映了海绵城市建设的实施效果，城市内涝的减轻，是城市内涝防治系统工程共同作用的结果，涵盖雨水管网建设、排涝泵站建设、城市调蓄水体建设、城市排水沟渠建设等多类型工程的建设和实施。除了工程性措施，协调多部门的力量提高综合应急能力也是保障城市内涝安全的必要措施。鼓励性指标为饮用水安全。各地须继续加强饮用水水源地保护，保障城乡居民供水安全 。

制度建设及执行情况类别中有约束性指标 5 项，鼓励性指标 1 项。约束性指标有规划建设管控制度、蓝线绿线划定与保护、技术规范与标准建设、投融资机制建设和绩效考核与奖励机制。规划建设管控制度指标要求各地政府加强过程管控，出台城市管控详规、相关法规、政策文件等，确保从规划、立项、建设、验收、运营全过程落实海绵城市建设，从管控制度层面保障当地海绵城市建设的顺利实施。蓝线绿线划定与保护指标要求在城市规划或蓝线绿线规划中划定蓝线、绿线并制定相应管理规定，保护城市本底生态条件。技术规范与标准建设指标要求各地政府制定较为健全、规范的技术文件并适应于本地情况，从技术层面保障当地海绵城市建设的顺利实施。投融资机制建设指标要求各地政府制定海绵城市建设投融资、PPP 管理方面的制度机制，完善海绵 PPP 项目的管理。绩效考核与奖励机制指标要求对于吸引社会资本参与的海绵城市建设项目，需要把建设成效与按效付费相结合，对于政府投资建设、运行、维护的海绵城市建设项目需要把建设成效与责任落实、工作考核相结合，注重建设成效，建立奖惩机制。鼓励性指标为产业化，该指标要求政府制定促进相关企业发展的优惠政策等。

显示度类别中有约束性指标 1 项，为连片示范效应指标，要求 60% 以上的海绵城市建设区域达到海绵城市建设要求，形成整体效应。2015 年 10 月 11 日，国务院办公厅印发了《国务院办公厅关于推进海绵城市建设的指导意见》（国办发〔2015〕75 号，以下简称《指导意见》），《指导意见》明确要求，"通过海绵城市建设，综合采取'渗、滞、蓄、净、用、排'等措施，最大限度地减少城市开发建设对生态环境的影响，将 70% 的降雨就地消纳和利用。到 2020 年，城市建成区 20% 以上的面积达到目标要求；到 2030 年，城市建成区 80% 以上的面积达到目标要求。"连片示范效应指标要求海绵城市建设在实施过程中，需要以小流域为单位统筹推进，防止过度碎片化，形成整体连片效益，提高实施效果的显示度。

第二章　安徽省海绵城市绩效评价与考核内容

第一节　背景概况

　　安徽省在海绵城市建设中一直走在全国的前列，池州市为国家第一批试点城市，省住房和城乡建设厅颁布了《安徽省海绵城市规划设计导则》《安徽省海绵城市建设设计标准图集》等地方建设标准。

　　在试点城市的引领下，安徽省各地市均须开展海绵城市的建设工作。为了促进城市规划建设理念转变，全面推进海绵城市建设的开展，需要对安徽省地方各级政府的海绵城市建设工作进行科学合理的评价与考核，建立健全海绵城市绩效考核体系，保障海绵城市建设工作的稳步推进。

第二节 安徽省海绵城市建设绩效评价与考核办法（试行）

一、考核内容

第一条 为全面贯彻落实国家关于海绵城市建设的相关要求，推进安徽省海绵城市建设，促进城市规划建设理念转变，保障海绵城市建设工作的稳步推进，需要对安徽省地方各级政府的海绵城市建设工作进行科学合理的评价与考核，建立健全的海绵城市绩效考核体系。

第二条 依据住房和城乡建设部《海绵城市建设绩效评价与考核办法（试行）》的要求，结合安徽省海绵城市发展现状，并充分征求各行业部门的相关意见，特制定《安徽省海绵城市建设绩效评价与考核办法（试行）》。

第三条 安徽省 16 个省辖市（地级市）、6 个县级市应依据本办法对建设效果进行绩效评价与考核。被列入国家试点的城市按照国家《海绵城市建设绩效评价与考核办法（试行）》执行。

第四条 安徽省住房和城乡建设厅负责安徽省各市海绵城市建设的绩效评价与考核。住房和城乡建设部负责指导和监督各地海绵城市建设工作，并对海绵城市建设绩效评价与考核情况进行抽查。

第五条 建立定性分析与定量分析相结合，目标考核与绩效考核相结合的绩效评估考核体系，坚持客观公正、科学合理、公平透明、实事求是的原则；采取查阅资料、实地考察及监测数据分析相结合的方式。

第六条 考核分为必备资料审查、单年检查和双年考核。

第七条 单年检查内容共有 3 大类 7 项，分别为创新模式、管理模式和政府工作 3 大类；整合打包运作、PPP 情况、合同管理和按效付费、财政资金使用和管理、政府工作检查、各职能部门工作检查和项目过程管控共 7 项。双年考核内容共有 3 大类 9 项，分为创新模式、资金管理和实施效果 3 大类；整合打包运作、PPP 情况、合同管理和按效付费、财政资金使用和管理、水生态指标、水环境指标、水资源指标、水安全指标和连片效应共 9 项。

第八条 海绵城市建设绩效评价与考核分两个阶段：

城市自查：海绵城市建设过程中，各市应做好降雨及排水过程监测资料、相关说明材料和必备资料的整理、汇总和归档，按照安徽省海绵城市建设绩效评价与考核指标做好自评，配合做好省级评价与部级抽查。

省级评价：安徽省住房和城乡建设厅每单年对安徽省各市的年度工作进行检查，每双年对各市的海绵城市建设效果进行考核。

第九条 必备资料审查与单年检查每单年年末进行。双年考核每双年考核一次，安排在 8 ~ 9 月进行。

第十条 必备资料审查和单年检查由安徽省住房和城乡建设厅组织考核，对各市上报的各项材料进行检查，并按照评分细则打分，形成考评结论。双年考核由安徽省住房和城乡建设厅组织考核，安徽省住房和城乡建设厅函请海绵城市建设技术指导委员会专家，对各市上报的各项材料进行审查，并对现场进行实地考察，按照评分细则打分，形成考评结论。

第十一条 考核等次，满分 100 分。分数 ≥ 80 分，评定为优；70 分 ≤ 分数 < 80 分，评定为良；60 分 ≤ 分数 < 70 分，评定为合格；分数 < 60 分，评定为不合格。

第十二条 考核组织的职责：

（1）组织、指导、监督海绵城市建设的考核工作；

（2）形成考核等次意见。

考核小组成员必须按考核办法要求，实事求是地进行考核。对考核过程中有徇私舞弊、打击报复、弄虚作假行为的，必须严肃处理。

第十三条 对海绵城市建设绩效评价与考核工作中存在弄虚作假、瞒报、虚报等情况的城市，将予以通报。

第十四条 本办法实施时间为 2017 年至 2020 年。

第十五条 本办法由安徽省住房和城乡建设厅负责解释，自发布之日起试行。

二、考核办法

1. 必备资料内容及审查要点

必备资料 7 项，包括海绵城市专项规划、政策保障、管理保障、建设管控制度、相关专项规划的编制、资金保障和相关材料。必备资料审查合格后，方能进行考核和评分。具体要求见表 4-1。

表 4-1　必备资料内容审查一览表

项	名称	要点
1	海绵城市专项规划	通过专家审查会
2	政策保障	政府关于推进海绵城市建设的相关决定、办法
3	管理保障	在城市供水、排水、水环境、水资源、节水等方面相关管理制度的建立
4	建设管控制度	在城市建设系统方案、项目立项、设计、建设、施工与竣工验收、运营管理方面的管理制度和机制
5	相关专项规划的编制	《竖向规划》 《城市排水（雨水）防涝规划》 《绿地系统规划》 《水系、湿地保护规划》 《蓝线、绿线保护规划》 《污水专项规划》 《城市黑臭水体治理方案》 《城市地下空间综合》 《节水规划》 《再生水规划》 …… 各市至少需提供 5 项规划
6	资金保障	政府制定关于投资计划、财务管理、资金管理、投融资制定、审计监督、奖励办法等方面的管理办法和保障机制
7	相关材料	1. 至 2020 年海绵建设项目分布图； 2. 项目所在区域现场情况（简要描述和现场照片）； 3. 针对不同类型项目，对项目现状情况的必要描述（文字、图纸、照片等）

2. 单年检查内容及审查要点

单年检查内容共有 3 大类 7 项，分别为创新模式、资金管理和政府工作 3 大类；整合打包运作、PPP 情况、合同管理和按效付费、财政资金使用和管理、政府工作检查、各职能部门工作检查和项目过程管控共 7 项。总分 100 分，分值设定见表 4-2。

表 4-2　单年检查内容

类别	项	评价指标	分值
一、创新模式	1	整合打包运作	5分
	2	PPP 情况	10分
	3	合同管理和按效付费	5分
二、资金管理	4	财政资金使用和管理	10分
三、政府工作	5	政府工作检查	10分
	6	各职能部门工作检查	40分
	7	项目过程管控	20分
合计	8	—	100分

单年检查评分细则见表 4-3，总分 100 分。

表 4-3　单年检查评分细则

项	评价指标	分值	考核要点
1	整合打包运作	5分	建立起有效的成本补偿保障机制，确保有效运营，形成有利于实现整体目标的运作模式，按汇水片区或其他适宜本地工程进度、实施条件的形式打包运作；通过竞争性选择技术 + 资本 + 本地资源的社会资本；采取总承包模式，实现海绵城市建设项目规划、设计、建设、运营全产业链、全生命周期最优
2	PPP 情况	10分	1. 已进入实施阶段（得 10 分）； 2. 已选定社会资本，正在签订 PPP 协议和组建 SPV 等（得 8 ~ 9 分）； 3. 正在通过竞争性磋商、竞争性谈判等市场机制择优选择社会资本（得 5 ~ 7 分）； 4. 编制完成 PPP 实施方案，正在进行市场调查（得 3 ~ 4 分）； 5. 正在编制 PPP 实施方案编制（得 1 ~ 2 分）； 6. 尚未完成 PPP 实施方案编制（得 0 分）
3	合同管理和按效付费	5分	采取 PPP 模式的项目建立清晰明确的绩效考核、按效付费机制，绩效考核指标明晰、可量化考核

续表 4-3

项	评价指标	分值	考核要点
4	财政资金使用和管理	10分	资金下达及时，使用安全，管理规范。（得 10 分）； 资金下达不及时，执行率在 70%～90%，管理和使用情况符合规范且未对建设工作造成严重影响。（得 5～9 分）； 资金下达不及时，执行率低于 70%，管理和使用情况符合规范且未对建设工作造成严重影响。（得 1～4 分）； 资金下达不及时，执行率低于 70%，管理和使用情况不规范，影响建设工作推进，不得分，并按有关规定处理
5	政府工作检查	10分	政府颁布的关于海绵城市建设的相关办法、规定
6	各职能部门工作检查（40 分）	5分	明确各职能部门的海绵城市建设职能分工（发改委、住建厅、规划、水利、市政、交通、园林等部门）
		10分	各职能部门的年度工作安排和建设计划，近期工作安排和建设计划
		25分	各职能部门的进度计划是否有效完成 100% 完成计划（得 21～25 分）； 完成计划的 80%（得 16～20 分）； 完成计划的 60%（得 11～15 分）； 完成计划的 50%（得 1～10 分）； 完成度不到计划的 50%（得 0 分）
7	项目过程管控	20分	项目设计方案审查、施工图图审、施工巡查、竣工验收全过程对海绵城市建设相关部分进行审查并形成审查结论

3. 双年考核内容及审查要点

双年考核内容共有 3 大类 9 项，分为创新模式、资金管理和实施效果 3 大类；整合打包运作、PPP 情况、合同管理和按效付费、财政资金使用和管理、水生态指标、水环境指标、水资源指标、水安全指标和连片效应共 9 项。总分 100 分，分值设定见表 4-4。

表 4-4　双年检查评分内容

类别	项	评价指标	分值
一、创新模式	1	整合打包运作	5分
	2	PPP 情况	10分
	3	合同管理和按效付费	5分

续表 4-4

类别	项	评价指标	分值
二、资金管理	4	财政资金使用和管理	10分
三、实施效果	5	水生态指标	15分
	6	水环境指标	20分
	7	水资源指标	10分
	8	水安全指标	15分
	9	连片效应	10分
总分	10	—	100分

双年考核评分细则见表 4-5, 总分 100 分。

表 4-5 双年检查评分细则

项	评价指标	分值	考核要点
1	整合打包运作	5分	建立起有效的成本补偿保障机制, 确保有效运营, 形成有利于实现整体目标的运作模式。 按汇水片区或其他适宜本地工程进度、实施条件的形式打包运作; 通过竞争性选择技术＋资本＋本地资源的社会资本; 采取总承包模式, 实现海绵城市建设项目规划、设计、建设、运营全产业链、全生命周期最优
2	PPP 情况	10分	1. 已进入实施阶段 (得 10 分); 2. 已选定社会资本, 正在签订 PPP 协议和组建 SPV 等 (得 8～9 分); 3. 正在通过竞争性磋商、竞争性谈判等市场机制择优选择社会资本 (得 5～7 分); 4. 编制完成 PPP 实施方案, 正在进行市场调查 (得 3～4 分); 5. 正在编制 PPP 实施方案编制 (得 1～2 分); 6. 尚未完成 PPP 实施方案编制 (得 0 分)
3	合同管理和按效付费	5分	采取 PPP 模式的项目建立清晰明确的绩效考核、按效付费机制, 绩效考核指标明晰、可量化考核
4	财政资金使用和管理	10分	资金下达及时, 使用安全, 管理规范 (得 10 分); 资金下达不及时, 执行率在 70%～90%, 管理和使用情况符合规范且未对建设工作造成严重影响 (得 5～9 分); 资金下达不及时, 执行率低于 70%, 管理和使用情况符合规范且未对建设工作造成严重影响 (得 1～4 分); 资金下达不及时, 执行率低于 70%, 管理和使用情况不规范, 影响建设工作推进, 不得分, 并按有关规定处理

续表 4-5

项	评价指标	分值	考核要点
5	水生态指标	15分	1. 生态岸线恢复： 生态岸线恢复完成海绵专项规划目标的 100%（得 5 分）； 生态岸线恢复完成海绵专项规划目标的 70%（得 3 ~ 4 分）； 生态岸线恢复完成海绵专项规划目标的 50%（得 1 ~ 2 分）； 生态岸线恢复达不到海绵专项规划目标的 50%（得 0 分）。 2. 近期建设重点区域年径流总量控制率： 近期建设重点区域年径流总量控制率达到海绵专项规划的目标（得 8 ~ 10 分）； 近期建设重点区域年径流总量控制率达到海绵专项规划目标的 90%（得 5 ~ 7 分）； 近期建设重点区域年径流总量控制率达到海绵专项规划目标的 80%（得 1 ~ 4 分）； 近期建设重点区域年径流总量控制率无明显提高（得 0 分）
6	水环境指标	20分	水环境质量： 海绵城市建设区域内的河湖水系水质不低于海绵专项规划的要求（得 16 ~ 20 分）； 水环境有改善，且无明显黑臭现象（得 11 ~ 15 分）； 水环境有改善，且不出现新的黑臭水体（得 1 ~ 10 分）； 水环境无显著改善（得 0 分）
7	水资源指标	10分	1. 雨水资源利用率： 雨水资源利用率完成海绵专项规划目标的 100%（得 4 ~ 5 分）； 雨水资源利用率完成海绵专项规划目标的 50%（得 1 ~ 3 分）； 雨水资源利用率低于海绵专项规划目标的 50%（得 0 分）。 2. 污水再生利用率： 污水再生利用率完成海绵专项规划目标的 100%（得 4 ~ 5 分）； 污水再生利用率完成海绵专项规划目标的 50%（得 3 分）； 提出污水再生利用的规划目标和近期建设计划（得 1 ~ 2 分）； 尚未进行污水再生利用的工作（得 0 分）
8	水安全指标	15分	内涝积水点整治： 近 3 年公布的内涝积水点按内涝积水点整治工作计划 100% 完成整治（得 11 ~ 15 分）； 近 3 年公布的内涝积水点按内涝积水点整治工作计划 80% 完成整治（得 6 ~ 10 分）； 近 3 年公布的内涝积水点按内涝积水点整治工作计划 50% 完成整治（得 1 ~ 5 分）； 近 3 年公布的内涝积水点未完成内涝积水点整治工作计划的 50%（得 0 分）
9	连片效应	10分	100% 近期建设区域达到海绵城市建设要求，形成整体效应（得 9 ~ 10 分）； 70% 近期建设区域达到海绵城市建设要求，形成整体效应（得 6 ~ 8 分）； 50% 近期建设区域达到海绵城市建设要求（得 1 ~ 5 分）； 低于 50% 近期建设区域达到海绵城市建设要求（得 0 分）

三、考核指标解析

1. 整合打包运作

（1）内业检查材料：项目打包合同或实施方案。

（2）内业检查指标：

① 打包方式合理、操作性强；

② 采取总承包模式；

③ 成本补偿保障机制有效、合理。

2.PPP 情况

（1）内业检查材料：PPP 项目进展情况说明。

（2）内业检查指标：说明材料及佐证材料翔实。

3. 合同管理和按效付费

（1）内业检查材料：采取 PPP 模式的项目有清晰明确的绩效考核、按效付费机制。

（2）内业检查指标：

① 绩效考核指标明确、可量化；

② 付费制度与考核结果挂钩。

4. 财政资金使用和管理

（1）内业检查材料：资金管理相关办法和规定。

（2）内业检查指标：

① 资金管理规范；

② 资金下达及时。

5. 水生态指标

1）生态岸线恢复：

（1）内业检查材料：相关说明，内容包括

① 基准年现状生态岸线比例；

② 考核年生态岸线比例；

③ 建设前后现场照片；

④ 相关施工图（竣工图）。

（2）内业检查指标：说明材料翔实，能充分反映建设情况。

（3）外业现场检查：现场踏勘（若与提交材料不符，酌情扣分）。

（4）外业现场检查指标：

① 生态岸线长度满足要求；

② 护岸采用形式，是否采用生态护岸；

③ 与施工图设计相符；

④ 岸线建设后生态环境良好。

2）近期建设区域年径流总量控制率：

内业检查材料：相关说明和计算书。

评估方法参考：

（1）指标评估。

① 近期建设重点区域海绵建设指标——单位面积控制容积；

② 近期建设重点区域已建海绵设施及其总控制容积，须大于单位面积控制容积和已建面积的乘积。

（2）监测评估。

① 需要监测的内容：

a. 降雨量（5~15 min 间隔）；

b. 近期建设重点区域各总口外排流量（连续监测不少于 1 年、监测频率不低于 15 分钟 / 次）。

② 评估方法：在近期建设重点区域安装雨量计监测降雨量；在各总口处安装流量计进行外排流量监测。采用监测数据与技术分析相结合的方法进行评估。

a. 按近期建设重点区域所在地历史降雨数据，制作"年径流总量控制率—设计降雨量"统计关系曲线，通过该曲线得出年径流总量控制率 $N\%$ 对应的设计降雨量（此条亦可参考安徽省海绵城市规划导则相关内容）。

b. 监测（通过雨量计监测）降雨量（5~15 min 间隔）。

c. 监测（通过流量计监测）不少于 5 次形成外排径流的降雨。实测该日的外排量 $W_{排}$，根据实测得出该日的降雨量 $H_{降}$，统计汇水面积 $A_{汇}$，计算每一场降雨的径流总量控制

雨量 $H_{控}$；

　　d. 在 $H_{降}$ 大于设计降雨量的情况下，将 $H_{控}$ 与设计降雨量进行比较，如果每场雨的 $H_{控}$ 都不小于设计降雨量，则年径流总量控制率达标。

　　（3）模型评估（图4-1）。

　　① 需要收集资料：

　　a. 年径流总量控制率要求；

　　b. 监测站 5~15 min 步长连续降雨量数据资料；

　　c. 日平均蒸发量；

　　d. 近期建设重点区域各总口外排流量（连续监测不少于 1 年、监测频率不低于 15 分钟／次）。

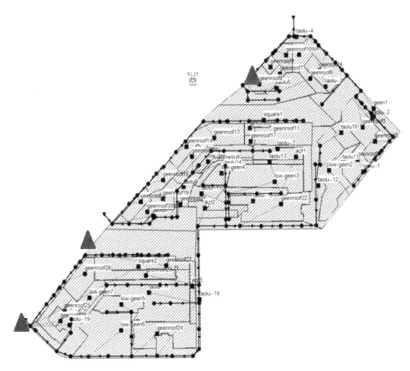

图4-1　某小区模型与监测点位

② 评估方法：

a. 对已建项目区进行建模；

b. 模拟分析项目区总外排雨水量；

c. 确定项目区的年径流总量控制率；

d. 分析后明确项目区阶段性建设效果及下一步建设要求。

③ 内业检查指标：

a. 相关数据与现状相符；

b. 说明和计算书清晰、准确，并满足相关海绵指标的要求。

6. 水环境指标：水环境质量

（1）内业检查材料：相关说明和佐证材料，委托第三方检测机构（具有 CMA 计量认证，即美国注册管理会计师认证）开展水质检测，检测基准年现状河湖水系水质和考核年河湖水系水质。

（2）内业检查指标：

① 提供第三方检测机构（具有 CMA 计量认证）的水质检测报告；

② 近 2 年有关水环境治理项目建设完成情况说明；

③ 近 2 年有关截污管道项目建设完成情况说明。

（3）外业现场检查：现场踏勘（若与提交材料不符，酌情扣分）。

（4）外业现场检查指标：

① 现场有无明显不良气味；

② 现场有无垃圾；

③ 水体是否清澈、流动；

④ 河岸植物种类是否丰富，生长是否良好。

7. 水资源指标

1）雨水资源利用量替代的城市自来水的量。

（1）内业检查材料：说明材料，内容包括：

① 雨水收集装置位置、容量；

② 雨水利用量的统计；

③ 计算书；

④ 相关施工图和建设前后现场照片。

（2）内业检查指标：说明材料翔实，能充分反映建设情况。

（3）外业检查：现场踏勘（若与提交材料不符，酌情扣分）。

（4）外业现场检查指标：雨水收集装置位置和数量与说明材料一致。

2）污水再生利用率。

（1）内业检查材料：说明材料，内容包括：

① 是否按《污水再生利用规划》或其他相关规划要求落实再生水利用设施；

② 再生水厂施工图、再生水管道施工图等相关施工图纸；

③ 再生水利用量的统计数据。

（2）内业检查指标：说明材料翔实，能充分反映建设情况。

（3）外业检查：现场踏勘（若与提交材料不符，酌情扣分）。

（4）外业现场检查指标：

① 再生水厂建设情况；

② 再生水管道建设情况；

③ 用水点布置及再生水使用情况。

8. 水安全指标：内涝积水点整治

（1）内业检查材料：说明材料，内容包括：

① 气象部门降雨记录；

② 积水点位置图；

③ 积水深度数据；

④ 内涝积水点整治方案及建设情况说明。

（2）内业检查指标：说明材料翔实，能充分反映建设情况。

9. 连片效应

（1）内业检查材料：说明材料，内容包括：

① 近期建设区域达到海绵城市建设要求的项目及其所在位置、内容等，提供总图和项目情况说明；

② 项目海绵设计相关图纸和计算书；

③ 现场施工照片；

④ 项目相对集中在一个完整的汇水区域。

（2）内业检查指标：说明材料翔实，能充分反映建设情况。

（3）外业检查：现场踏勘（若与提交材料不符，酌情扣分）。

（4）外业现场检查指标：

① 项目落地是否与说明材料一致；

② 项目的建设内容是否与施工图一致。

四、审核过程

1. 审查主体与流程

1）审查主体

海绵城市项目独立审查机构应为具有城乡规划甲级、风景园林工程设计专项甲级、市政行业（道路工程、给水工程、排水工程）专业甲级资质的单位。

2）审查流程

（1）方案设计审查：海绵城市建设项目方案设计审查由设计单位完成方案设计后进行报送，报审文件包括方案文本、建设单位对本项目建设要求、前期相关规划文件等资料，经审查部门审批后，评估报告报送建设单位、设计单位以及海绵城市建设办公室（图4-2）。

（2）初步设计审查：海绵城市建设项目初步设计审查由设计单位完成初步设计文件和投资概算后进行报送，报审文件包括前期方案审查通过文件、初步设计文件、概算文件等资料，经审查主体审查通过后，经专家评审通过作为下一步施工图设计依据。

（3）施工图设计审查：海绵城市建设项目施工图设计审查由设计单位完成施工图设计文件后进行审送，报审文件包括前期方案审查通过文件、初步设计审查通过文件、施工图设计文件等资料，经审查部门审批后，作为施工依据（图4-3）。

2. 各阶段设计文件报审要求

1）方案设计文件报审要求

（1）方案设计内容：海绵城市建设项目方案设计文件应包括项目概况、海绵城市

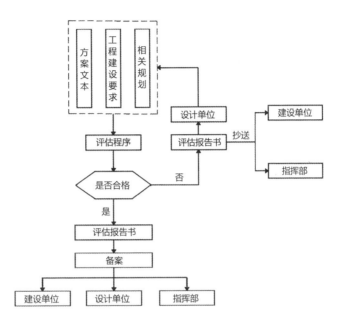

图4-2 海绵城市建设项目方案设计审查流程

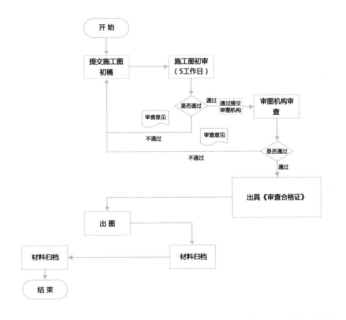

图4-3 海绵城市建设项目施工图设计审查流程

设计目标与技术路线、方案设计、投资估算等内容。

（2）方案设计深度：

① 项目概况、编制依据、现状问题与分析、规划条件要求。

② 海绵城市设计目标与技术路线：海绵城市设计控制目标、海绵城市技术路线、主要技术措施。

③ 方案设计：总体设计思路、汇水分区划分、雨水控制利用设计方案、常规排水系统设计方案、排涝除险设施设计方案，景观、道路、建筑相关专业设计方案。

④ 海绵城市设计图纸要求：海绵城市设计平面布置图、雨水管线设计平面图、排涝除险设施平面图。

⑤ 投资估算：取费依据、投资估算表。

（3）方案报审材料清单及图纸：海绵城市方案设计文件报审应提交的材料及图纸应包括：海绵城市规划条件、海绵城市建设工程设计方案、海绵城市专项设计计算书（雨污水管道管径计算，径流系数计算、海绵城市设计等）、相关方案设计图纸以及其他相关资料等。

2）初步设计文件报审要求

（1）初步设计内容：海绵城市建设项目初步设计文件应包括项目概况、海绵城市设计目标与技术路线、初步设计、投资概算等内容。

（2）初步设计深度。

① 设计说明：项目概况、编制依据、现状问题与分析、规划条件要求。

② 海绵城市设计目标与技术路线：海绵城市设计控制目标、海绵城市技术路线、主要技术措施。

③ 初步设计：雨水汇水分区计算、海绵设施平面布置、场地竖向设计、室外排水管网设计、海绵设施节点图，景观、道路、建筑相关专业初步设计。

④ 海绵城市设计图纸要求：海绵城市设计平面布置图、雨水管线设计平面图、场地竖向设计图、雨水设施节点图。

⑤ 投资概算：取费依据、投资概算书。

（3）初步设计审查材料清单及图纸：海绵城市建设工程初步设计文件报审应提交

的材料及图纸应包括：海绵城市规划条件、方案审查通过文件、海绵城市建设工程初步设计文本、海绵城市专项设计计算书（雨污水管道设计，径流系数计算，海绵城市设计等）、海绵城市设施平面布置图、场地竖向图、汇水分区平面图、设施节点图、相关专业初步设计图纸以及其他相关资料等。

3）施工图设计文件报审要求

（1）施工图设计内容：海绵城市建设项目施工图设计文件应包括海绵城市设计专篇、海绵城市专项设计计算书、施工图设计图纸、做法大样图纸等内容。

（2）施工图设计深度：

① 总平面图：除总平面图要求的常规项目外，还应按照海绵城市低影响开发的要求，采用不同的图例标出地下车库和地下构筑物、建筑屋面、硬化道路、停车位、透水铺装、下沉绿地、调蓄设施等，并注明相应的面积或容积。

应标注室外场地的地面标高，明确道路、场地与周边绿地高程的关系。

应标明地面排水方向；雨水口、雨水井、雨水调蓄池等的位置。

主要雨水排水管线的布置、排水方向、标高及坡度；雨水设施溢流口接雨水管线位置及标高；场地排水管线与市政雨水管网的接驳口位置、管径及标高。

调蓄设施应标明定位尺寸、室外雨水口（沟）的位置、场地排水方向等。

② 设计、施工说明。

主要专项指标：年径流总量控制率、下沉绿地率、透水铺装率、绿色屋顶率等。

场地高程控制：场地总体竖向条件、道路、广场与周边绿地竖向关系、市政道路与本区域室外地面高程的关系。

场地排水设计标准：与市政雨水管网接驳口位置、标高以及管径。

低影响开发雨水系统计算：场地综合径流系数、年径流总量控制目标、雨水设施总控制容积，当雨水回用时还应包括回用水量平衡计算等。

低影响开发雨水设施设计参数、施工要求等。

雨水调蓄水池：调蓄池的材料、规模以及施工要求。

③ 设施详图。

下沉绿地做法（深度控制、种植要求、换填要求）；

地库顶板疏排水设施做法；

雨水调蓄池详图；

雨水井、雨水口、雨水收集设施、渗排水设施的接管详图；

雨水回用设施的处理详图以及回用流程。

（3）施工图设计报审材料清单及图纸。

海绵城市施工图设计文件报审应提交的材料及图纸应包括：海绵城市规划条件、初步设计审查通过文件、海绵城市建设工程施工图设计、海绵城市专项设计计算书（雨、污水管道设计，径流系数计算，海绵城市设计等）、海绵城市设施平面布置图、场地竖向图、排水管线平面图、做法大样图、相关专业施工图设计图纸以及其他相关资料等。

3. 设计文件审查要点

1）建筑与小区海绵城市低影响开发雨水系统审查要点

（1）总平面图。

① 除总平面图要求的常规项目外，还应按照海绵建设要求，采用不同的图例标出地下车库和地下构筑物、建筑屋面、硬化道路、停车位、透水铺装、调蓄设施以及下沉绿地和雨水花园等各类生物滞留设施等，并注明相应的面积或容积。

② 应标注室外场地的地面标高，明确道路、场地与周边绿地的高程和竖向关系。

③ 应标明地面排水方向及汇水区域划分，雨水口、雨水井、雨水调蓄池等的位置。

④ 主要雨水排水管线的布置、排水方向、标高及坡度；雨水设施溢流口接小市政雨水管线位置及标高；场地排水管线与市政雨水管网的接驳口位置、管径及标高。

⑤ 调蓄设施应标明定位尺寸、室外雨水口（沟）的位置、场地排水方向等。

（2）设计、施工说明。

① 主要专项指标：绿地总面积、下沉绿地面积及下沉深度；硬化面种类及面积，透水铺装种类及面积；水景面积及水量，雨水调蓄设施容积。

② 场地高程控制：场地总体竖向条件；道路、广场与周边绿地竖向关系；市政道路与本区域室外地面高程的关系。

③ 场地排水设计标准；与市政雨水管网接驳口位置、标高以及管径。

④ 海绵城市雨水系统计算：场地综合径流系数、年径流总量控制目标、雨水设施

总控制容积、当雨水回用或利用水景进行调蓄控制时还应包括水量平衡计算等。

⑤ 海绵城市低影响开发雨水设施设计参数、施工要求等。

⑥ 雨水调蓄水池：调蓄池的材料、规模以及施工要求。

（3）设施详图。

① 下沉绿地做法（深度控制、种植要求、换填要求）。

② 透水铺装做法（承载力要求、底部排水做法）。

③ 地库顶板疏排水设施做法。

④ 雨水调蓄池详图。

⑤ 雨水井、雨水口、雨水收集设施、渗排水设施的接管详图。

⑥ 雨水回用设施的处理详图以及回用流程。

2）市政道路海绵城市低影响开发雨水系统审查要点

（1）海绵设施总平面与横断面图。

① 应包括道路平面、绿化平面、源头低影响设施、源头低影响设施与排水管网系统衔接、末端雨水设施、大排水系统等相关内容。

② 应标明地面排水方向；雨水口、雨水井、雨水调蓄池、植草沟、雨水花园、生物滞留设施（转输型和换填型）、雨水塘、大排水系统排口等的位置。

③ 主要雨水排水管线的布置、排水方向、标高及坡度；雨水设施溢流口接市政雨水管线位置、管径及标高。

④ 应包括主要设施横断面，涵盖机动车道、中间隔离带、非机动车道、机非隔离带、人行道、低影响设施、溢流口断面关系，标明排水方向、标高、坡度、调蓄深度等。

（2）设计、施工说明。

① 项目概况：道路面积、典型道路断面、硬化地面面积、下沉绿地面积、透水铺装面积以及其他雨水设施面积或容积。

② 排水管线设计标准。

③ 设计汇水面分析，包括汇入道路地表的汇水区域、汇入道路雨水管线的汇水区域。

④ 海绵城市雨水系统计算：综合径流系数、年径流总量控制目标、年 SS 总量去除率、雨水设施总控制容积，当雨水回用时还应包括回用水量平衡计算等。

⑤ 海绵城市雨水设施设计参数、施工要求，如下沉隔离带、生态树池、植草沟、雨水花园、生物滞留设施（转输型和换填型）、雨水塘等。

⑥ 雨水调蓄水池、沉砂池、蓄水模块：使用材料、规模以及施工要求。

⑦ 透水铺装、透水路面：使用材料、规模以及施工要求、渗排水要求等。

⑧ 应包括道路绿化植被配置。

（3）设施详图。

① 雨水井、雨水口、溢流口、渗排水设施的接管详图。

② 雨水回用设施的处理详图以及回用流程。

③ 雨水调蓄池、沉砂池、蓄水模块接管详图。

④ 透水铺装、透水路面详图。

⑤ 其他海绵城市雨水设施详图。

⑥ 绿化节点详图。

3）绿地、广场及周边区域海绵城市低影响开发雨水系统审查要点

（1）海绵设施总平面。

① 应包绿化平面、铺装平面、低影响设施、水等相关内容。

② 应标明地面排水方向；植草沟、雨水花园、雨水塘、湿地、调蓄水体等的位置。

③ 主要雨水排水管线的布置、排水方向、标高及坡度；雨水设施溢流口接市政雨水管线位置、管径及标高。

（2）设计、施工说明。

① 项目概况：绿化面积、透水铺装面积、硬化铺装面积、下沉绿地面积以及其他雨水设施面积或容积。

② 排水管线设计标准。

③ 设计汇水面分析，包括汇入公园地表的汇水区域、汇入公园雨水管线的汇水区域。

④ 有水体的公园应对水量平衡进行分析以及提出具体水质保障措施。

⑤ 海绵城市雨水系统计算：综合径流系数、年径流总量控制目标、年 SS 总量去除率、雨水设施总控制容积，当雨水回用时还应包括回用水量平衡计算等。

⑥ 海绵城市雨水设施设计参数、施工要求，如下沉绿地、植草沟、雨水花园、雨水塘、

湿地等。

⑦ 雨水调蓄水池、沉砂池、蓄水模块：使用材料、规模以及施工要求。

⑧ 透水铺装、透水路面：使用材料、规模以及施工要求、渗排水要求等。

（3）设施详图。

① 溢流口、渗排水设施的接管详图。

② 雨水回用设施的处理详图以及回用流程。

③ 雨水调蓄池、沉砂池、蓄水模块接管详图。

④ 透水铺装、透水路面详图。

⑤ 其他海绵城市雨水设施详图。

⑥ 绿化节点详图。

4）单项设施审查要点

（1）植草沟。

① 植草沟适合各种土壤类型，种植土壤不小于 30 cm。

② 植草沟中心线距离建筑基础至少 3 m，如果浅沟距离建筑物小于 3 m，应于植草沟和建筑之间铺设防水材料。

③ 植草沟所服务汇水面积不大于 1400 m²（折合不透水面积），当植草沟长度过长（大于 100 m）或穿路时可采用暗渠（管）配合输送雨水。

④ 植草沟坡度大于 5%，长度超过 30m 时，可考虑增设台坎，以减少流速，增加入渗雨水量。台坎由卵石、砖块、木头或混凝土等材料制成，一般高 7~15 cm，每 4~6 m 设置一处或每条浅沟设置 2 处。

⑤ 植草沟断面形式宜采用抛物线形、三角形或梯形。

（2）下沉绿地。

① 绿地下凹深度宜为 50~100 mm，且不大于 200 mm，溢流口的高度为 50 mm。

② 选择耐盐、耐污、耐淹的乡土草本植物，植物的耐淹时间宜为 1~3 d。下凹式绿地的调蓄空间与其下凹深度有关，一般取平均下凹深度乘以其面积，即为其调蓄容积。

（3）生物滞留设施。

① 生物滞留设施应用于道路绿化带时，若道路纵坡大于 1%，应设置挡水堰或台坎，

以减缓流速并增加雨水渗透量；设施靠近路基部分应进行防渗处理，防止对道路路基稳定性造成影响。

② 生物滞留设施内应设置溢流设施，可采用溢流竖管、盖篦溢流井或雨水口等，溢流设施顶一般应低于汇水面 100 mm。

③ 生物滞留设施宜分散布置且规模不宜过大。

④ 复杂型生物滞留设施结构层外侧及底部应设置透水土工布，防止周围原土侵入，土工布单位质量宜为 200 ~ 300 g/m²。如经评估认为下渗会对周围建（构）筑物造成塌陷风险，或者拟将底部出水进行集蓄回用时，应在生物滞留设施底部和周边设置防渗膜。

⑤ 生物滞留设施的蓄水层深度应根据植物耐淹性能和土壤渗透性能来确定，一般为 200 ~ 300 mm，并应设 100 m 的超高。

⑥ 换土层介质类型及深度应满足出水水质要求，还应符合植物种植及园林绿化养护管理技术要求；为防止换土层介质流失，换土层底部一般设置透水土工布隔离层，土工布单位质量宜为 200 ~ 300 g/m²。也可采用厚度不小于 100 mm 的砂层（细砂和粗砂）代替。

⑦ 砾石层起到排水作用，厚度一般为 250 ~ 300 mm，可在其底部埋置管径为 100 ~ 150 mm 的打孔排水管，砾石应洗净且粒径不小于穿孔管的开孔孔径；为提高生物滞留设施的调蓄作用，在穿孔管底部可增设一定厚度的砾石调蓄层。

（4）绿色屋顶。

① 绿色屋顶的附加负荷宜为 300 kg/m²，具体项目应根据结构专业计算确定。

② 防水层可采用玻璃纤维、聚氯乙烯（PVC）、高密度聚乙烯（HDPE）、三元乙丙橡胶（EPDM）等防渗材料，厚度宜大于 60 mm。蓄水检查防水层施工完毕并经自然养护 2 d 后，蓄水（最浅处不小于 10 cm）48 h，检查无任何渗漏后验收合格。

③ 当植物根系有可能刺穿防水层时，应设置保护层，可采用热塑塑料等保护膜，厚度宜大于 30 mm。

④ 排水层可采取天然砂砾、碎石等材料，厚度宜大于 30 mm，最大排水能力大于 4 L/（m·s）。

⑤ 过滤层可采用规格为 150 ~ 300 g/m² 土工布铺设，接口处土工布搭接长度不

少于 15 cm。

⑥ 土壤层厚度应按照种植植物要求确定，适宜厚度为 100~250 mm，密度一般介于 714~892 kg/m³，渗透系数在 1×10^{-5} m/s 到 1×10^{-4} m/s 之间。

（5）渗透铺装。

① 渗透铺装坡度不宜大于 2%，当坡度大于 2% 时，沿长度方向应设置隔断层，隔断层顶宜设置在透水面层下 2~3 cm。

② 透水铺装地面宜在土基上建造，自上而下设置透水面层、透水找平层、透水基层和透水底基层；当透水铺装设置在地下室顶板上时，其覆土厚度不应小于 600 mm，并应增设排水层。

③ 透水面层应满足下列要求：渗透系数应大于 1×10^{-4} m/s，可采用透水面砖、透水混凝土、草坪砖等，当采用可种植植物的面层时，宜在下面垫层中混合一定比例的营养土；透水面砖的有效孔隙率应不小于 8%，透水混凝土的有效孔隙率不小于 10%。

④ 透水找平层应满足下列要求：渗透系数不小于面层，宜采用细石透水混凝土、干砂、碎石或石屑等；有效孔隙率应不小于面层；厚度宜为 20 ～ 50 mm。

⑤ 透水基层和透水底基层应满足下列要求：渗透系数应大于面层。底基层宜采用级配碎石、中、粗砂或天然级配沙砾料等，基层宜采用级配碎石或者透水混凝土；透水混凝土的有效孔隙率应大于 10%，沙砾料和砾石的有效孔隙率应大于 20%；垫层的厚度不宜小于 150 mm。

⑥ 雨水径流水质等级低于 Ⅳ 级时不宜采用渗透铺装；周边的客水不宜引导到渗透铺装上。

（6）渗井 / 渗渠。

① 渗透管渠开挖应符合《给水排水管道工程施工及验收规范》。

② 渗透管渠回填要求：一方面回填时可在管顶设置 100 mm 厚粗砂保护层；另一方面回填土密度应符合具体设计要求，密实度检验可用环刀法检验；在设计无要求时，可按以下要求执行：渗透管渠顶面上部 0.5 m 覆土内为 85%，渗透管渠顶面上部 0.5 m 外至地面为 80%，沟槽回填的密实度为 90%。

③ 超过渗井处理的径流雨水应设施溢流设施将多余雨水排走，以防止造成地表积

水等危害。

④ 渗井适用于较小的不透水汇流区域，汇流面积一般小于 0.404 hm²。

⑤ 渗井内储存的雨水停留时间应不大于 2 ~ 3 d。

⑥ 应保证渗井的底部与地下季节性高水位至少有 0.6 ~ 1.5 m 的距离，以防止地下水污染。

⑦ 距特殊设施最小距离：建筑红线 3 m，建筑地基 3 m，取水井 15 m。

⑧ 渗透井安装时均应在其四周设置碎石渗透层，碎石粒径为 20~30 mm，渗透层外包不小于 200 g/m² 的土工布。

（7）雨水塘。

① 雨水塘长宽比一般大于 3：1，推荐的长宽比为（4：1）~（5：1）；雨水塘边坡坡度应小于 3：1。

② 由于湿塘常年有水，根据经验宜服务较大的汇水面积。

③ 湿塘应进行水量平衡计算，确定合理的规模，达到更好的运行和景观效果。

（8）雨水湿地。

① 湿地深水区 0.45 ~ 1.8 m；高沼泽带在常水位下 0.15 m；低沼泽带在常水位下 0.15 ~ 0.45 m。

② 雨水湿地常年有水，根据经验宜服务较大的汇水面积，雨水湿地适用汇水面积宜大于 10 hm²。

③ 雨水湿地岸边高程应高于溢流口 30 cm 以上。雨水湿地应根据汇水面积、蒸发量、渗透量、湿地滞流雨水量等实际情况计算水量平衡，保证在 30 d 干旱期内不会干涸。

（9）调蓄池。

① 根据城市多年的平均月降雨量及蒸发量，需结合景观设计要求对水景调蓄收集的雨水的利用进行水量平衡分析，确定水体容积、面积以及调蓄空间大小，并对蓄洪排涝要求进行校核。

② 综合考虑项目条件、实际情况及成本分析。

（10）生态浮岛。

① 浮床形状以四边形为多，还有三角形和六边蜂巢，单体边长一般取 2 ~ 3 m。

② 有框湿式浮床一般用PVC管作为框架,用聚苯乙烯等材料作为植物种植的床体。

（11）蓄水模块。

① 塑料模块水池的覆土深度宜为 0.5 ~ 4.0 m,覆土深度超过 4.0 m 时,应另行进行结构计算。

② 塑料模块水池距离车行道的长度应满足模块侧面载荷要求。

③ 当土中杂质较多时,塑料模块水池四周宜设置聚苯板等材料的回填保护层。

④ 分散设置在树池、绿地内的塑料模块覆土厚度不宜大于 1.0 m。

4. 运行维护要点

（1）建立健全海绵城市雨水设施的维护管理制度和操作规程,配备专职管理人员和相应的监测手段,工作人员应经过专门专业技术培训上岗,所有的维护工作应作维护管理记录。

（2）雨季来临前,应对各项分散式雨水控制利用设施进行清洁和维护,确保其安全运行;在雨季,定期对设施的运行状况进行检查。

（3）可在海绵城市雨水设施旁设置标示牌,介绍设施的构造、作用等,有利于公众对设施的认知和维护。

（4）植物养护应满足景观和设施正常运行的要求。

（5）海绵城市设施的维护管理部门宜对设施的效果进行监测和评估,确保设施的功能得以正常发挥。

（6）应加强海绵城市设施数据库的建立与信息技术应用,通过数字化信息技术手段,进行科学规划、设计,并为低影响开发雨水系统建设与运行提供科学支撑。

（7）应加强宣传教育和引导,提高公众对海绵城市建设、低影响开发、绿色建筑、城市节水、水生态修复、内涝防治等工作中雨水控制与利用重要性的认识,鼓励公众积极参与海绵城市设施的建设、运行和维护。

各类设施的检查维护要点见表 4-5 至表 4-14。

5. 成本估算及控制指导

各单项设施的单价来源于近年来部分已实施的低影响开发设施建设项目。各地区材料、人工及机械等价格不同,单项设施的单价会有差别。

表 4-5　生物滞留设施

检查内容	检查周期
植物生长状况、密度、多样性、病虫害	建造后 2 年内每月 1 次，以后 1 年 4 次
土壤的干燥情况	1 年 4 次
雨水径流入口是否堵塞或冲刷破坏； 查看配水和溢流设施是否有淤积	建造后 2 年内 1 年 4 次，以后 1 年 2 次； 或大暴雨后 24 h 内
存水区是否有泥沙淤积； 边坡是否坍塌； 溢流口是否通畅	
雨水排空时间是否大于 48 h	
出水水质	
维护内容	维护周期
补种植物； 清除杂草、死株和病株； 修剪植物，收割植被； 及时浇灌植物，施加追肥	至少 1 年 2 次，视检查结果确定
杂物及垃圾的清理	根据检查结果确定
修整覆盖层、更换覆盖层	1 年 1 次，根据检查结果而定
更换表层种植土、土工布或砂滤层	检查结果显示过滤层及地下排水层失去功效后，通常在使用 5 ～ 10 年后

表 4-6 植草沟、卜沉式绿地、植被缓冲带

检查内容	检查周期
植物覆盖率是否达到 90%； 是否有枯死； 是否需要修剪	建造后 2 年内每月 1 次；以后 1 年 4 次
配水、溢流设施是否有淤积； 植被浅沟出现底部淤积是否小于 5%； 排水是否顺畅； 边坡是否有坍塌； 台坎是否被冲开	建造后 2 年内 1 年 4 次；以后 1 年 2 次；大暴雨后 24 h 内
维护内容	维护周期
补种、清除杂草、施肥、保证植物生长	按植物要求定期实施，按检查结果确定
清除溢流设施，配水设施； 淤积垃圾； 清除草沟底部淤积	1 年 2 次，根据检查结果确定，大暴雨后 24 h 内
修补坍塌部分，保持断面形状； 修整草沟底部，保持草沟坡度； 恢复台坎设置	

表 4-7 植草沟植物修剪高度

设计草长（mm）	最高草长（mm）	修剪后高度（mm）
50	75	40
150	180	120

表 4-8　渗透铺装

检查内容	检查周期
雨水入渗情况	在大暴雨 24 h 内
维护内容	维护周期
清除路面垃圾	按照环卫要求定期清扫
透水面层清理 （吸尘器抽吸、高压水冲洗）	根据透水路面检查结果确定； 根据路面卫生状况不同，2 ~ 3 年左右一次
更换透水面砖	根据路面卫生状况不同，在使用了 5 ~ 10 年后透水面砖出现破损

表 4-9　雨水湿地、雨水湿塘、景观水体等多功能调蓄设施

检查内容	检查周期
护坡是否有坍塌损毁	1 年 2 次大暴雨后 24 h 内
前置塘淤积深度是否超过总深度的 50%	1 年 1 次
水生植物的覆盖率、是否需要修剪、 是否有外来物种	1 年 3 次
进水口、出水口及溢流处的垃圾累积	1 年 4 次； 大暴雨后 24 h 内
控制门、阀及其他机械设施	约 1 年 1 次
维护内容	维护周期
修复坍塌损毁部分，补种护坡种植物	根据检查结果确定
杀虫或清理淤泥	当出现异味或大量蚊虫时
补种、修剪水生植物 清理外来物种	根据检查结果；当覆盖率达不到设计要求；根据景观 设计要求
清除滞留塘、深水区、出水池底部淤积	通常在使用 10 ~ 25 年后

表4-10　过滤设施（雨水过滤池）

检查内容	检查周期
垃圾聚集情况	至少1月1次
过滤池是否有破坏和裂缝现象	约1年1次
泥沙淤积和雨水溢流情况	雨季1月1次
雨水排空时间大于24 h	大暴雨后24 h内
出水水质	
维护内容	维护周期
清除垃圾、杂物	根据检查结果 约1年4次
更换过滤层、土工布或排水层	检查结果显示过滤层及地下排水层失去功效后，通常在使用5～10年后

表4-11　绿色屋顶

检查内容	检查周期
种植物的生长状况、密度和多样性	建造后2年内1年4次，以后1年2次，大暴雨后24 h内
雨水的入渗情况，是否有入渗到屋顶顶板	
溢流设施是否有淤积，排水是否通畅	
维护内容	维护周期
补种植物； 清除杂草、死株和病株； 修剪种植物，收割植被； 及时浇灌植物，施加追肥	至少1年2次，视检查结果确定
清理溢流设施或通道淤积物	1年2次，根据检查结果确定
更换土工布、排水层及其他设施	检查结果显示排水不畅、出水混浊、入渗不畅或顶板渗水，通常在使用了10～25年后

表 4-12　生物浮岛

检查内容	检查周期
种植物的生长状况、密度和多样性	建造后 2 年内 1 年 4 次，以后 1 年 2 次，大暴雨后 24 h 内
维护内容	维护周期
补种植物； 修剪种植物，收割植被； 维护支架	至少 1 年 2 次，视检查结果确定

表 4-13　雨水桶

检查内容	检查周期
雨水桶老化	建造后 2 年内 1 年 2 次
雨水桶是否有渗漏	
雨水桶内部是否有颗粒污染物淤积	
维护内容	维护周期
更换配件，清理淤积物	至少 1 年 2 次，视检查结果确定

表4-14　低影响开发设施费用估算表

低影响开发设施	单位造价估算
透水铺装	150 ~ 400（元/m²）
绿色屋顶	200 ~ 400（元/m²）
狭义下沉式绿地	50 ~ 100（元/m²）
生物滞留设施	150 ~ 800（元/m²）
湿塘	400 ~ 600（元/m²）
雨水湿地	600 ~ 1000（元/m²）
蓄水池	1200 ~ 3000（元/m²）
调节塘	200 ~ 400（元/m²）
植草沟	30 ~ 200（元/m²）
人工土壤渗滤	800 ~ 1200（元/m²）

第五部分

投融资与管理

第一章　投融资方案

第一节　总体概况

从目前国内投资建设海绵城市的实际情况来看，主要有政府和社会资本合作（下简称 PPP）、城投统筹和职能部门分段实施三种模式。相较于传统基础设施建设方式，海绵城市属于高度集成的系统工程，更适用于集投资、设计、建设、运营于一体的全生命周期整合的建设方式，同时由于其资金需求量巨大，也更需要借助社会资本的能力来完成建设。两者的结合是客观需求的产物，在中央政府创新公共基础设施投融资模式，推广 PPP 政策的宏观背景下，PPP 逐渐成为海绵城市建设投融资主要模式之一。

相较于传统建设模式，PPP 模式可以规避部门之间缺乏协调和统筹，容易造成项目碎片化的弊病。社会资本和政府合作成立特殊目的公司（SPV）来推进整体工程建设，致力于达到整体的建设目标和效果。2014 年财政部 838 号文件《关于开展中央财政支持海绵城市建设试点工作的通知》中第一条明确规定，中央财政对海绵城市建设试点给予专项资金补助，对采用 PPP 模式达到一定比例的，将按补助基数奖励 10%。另外从绩效考评办法也可以看到对于海绵城市建设投融资机制建立和 PPP 管理的专项考核内容。

　　海绵城市建设与 PPP 在中国尚属新生事物，其协同演进使得运用 PPP 模式建设海绵城市项目具有更高的复杂性。我国自 2013 年在全国推广海绵城市建设和 PPP 以来，两项新生事物的政策演进逻辑和推进路线、时间进程基本相似，都经历了前期探索筹备、起步实施、火热开展、项目落地四个阶段（表 5-1）。

表 5-1　海绵城市发展阶段与 PPP 发展阶段对比分析

阶段名称	时间	海绵城市发展阶段	PPP 发展阶段
前期探索筹备阶段	2013 年底至 2014 年底	以 2014 年 11 月住建部出台《海绵城市建设技术指南——低影响开发雨水系统构建》为标志	财政部主要与亚洲开发银行一起合作，以基层试点为主，在中国推进 PPP 工作
起步实施阶段	2014 年底至 2015 年 9 月	2014 年 12 月，财政部、住建部和水利部联合下发《关于开展中央财政支持海绵城市建设工作的通知》，2015 年 4 月选定 16 个示范城市，2015 年 7 月，住建部颁布了具体的考核办法，海绵城市开始进入正式的实施执行阶段	2014 年 9 月，财政部下发《财政部关于推广运用政府和社会资本合作模式有关问题的通知》（76 号文），部委级别首次正式提出"政府和社会资本合作"的标准说法，并部署 PPP 推广事宜。2014 年 10 月，财政部发布"43 号文"，明确提出剥离城投公司的政府融资职能，提出"推广使用政府与社会资本合作模式"。各地开始大规模地汇总 PPP 项目，为下一步的发改委和财政部项目库做准备
火热开展阶段	2015 年至 2016 年初	首批试点城市进入实施方案编制和先导项目落地，各地正积极筹备第二批试点城市申报。同时对于海绵城市建设的金融支持进一步加强	2015 年 4 月底，中央政治局会议提出整个宏观政策的重心开始从供给收缩向需求扩张转移，稳增长的权重明显上升。地方掀起了一阵 PPP 热潮，PPP 经历了发展最快的一个阶段
海绵城市 PPP 项目陆续落地	2016 年初至今	第一批试点城市的 PPP 项目陆续落地。2016 年 4 月份住建部办公厅发布《关于做好海绵城市建设项目信息报送工作的通知》	PPP 以财政部为主导，同样进入提质增效阶段。2015 年下半年 PPP 签约近万亿，随着项目落地，一些现实问题开始逐步显现，中央和地方开始陆续出台一些有针对性的改进措施，克服 PPP 落地瓶颈，提高项目质量

运用 PPP 模式进行海绵城市建设遇到的问题在于，从推进节奏来看，两者都是新事物，处于新探索阶段，接下来的任务要面对的是国内 30 个示范城市的示范项目建设，各地建设情况千差万别，问题也极具多样性，同时面临这些问题，其挑战是全面的和复杂的。

一、运用 PPP 模式建设海绵城市的合理性

1. 与中国政府"国家治理"的总体战略契合

党的十八届三中全会提出了"国家治理"的概念，表明政府与社会、公众关系定位的新变化。政府更注重"法治"规则、契约精神及市场观念，这是 PPP 产生的时代背景。通过 PPP 模式提供公共服务，政府从"管理者"转变为"监督者、合作者"，更加注重平等协商、公开透明与"按合同办事"，有助于解决政府职能错位、越位、缺位问题，推动从"国家管理"向"国家治理"转变。国务院《关于创新重点领域投融资机制鼓励社会投资的指导意见》（国发〔2014〕60 号）中进一步明确了 PPP 的重点领域"为推进经济结构战略性调整，加强薄弱环节建设，促进经济持续健康发展，迫切需要在公共服务、资源环境、生态建设、基础设施等重点领域进一步创新投融资机制，充分发挥社会资本特别是民间资本的积极作用"。海绵城市建设项目涵盖城市基础设施改造、水环境生态治理等内容，是中国政府重点鼓励采用 PPP 模式的领域。

2. PPP 相关政策环境日益改良

自 PPP 出台以来，国家相关部委相继出台有关鼓励和允许社会资本参与城市基础设施建设和经营的政策，并随着 PPP 项目逐渐落地，逐渐扫清项目实施中的政策障碍。从总体层面上，明确发文鼓励基础设施建设项目采用 PPP 模式。如发改委《关于开展政府和社会资本合作的指导意见》（发改投资〔2014〕2724 号）第三条提出"PPP 模式主要适用于政府负有提供责任又适宜市场化运作的公共服务、基础设施类项目。燃气、供电、供水、供热、污水及垃圾处理等市政设施，公路、铁路、机场、城市轨道交通等交通设施，医疗、旅游、教育培训、健康养老等公共服务项目，以及水利、资源环境和生态保护等项目均可推行 PPP 模式。"《关于鼓励和引导社会资本参与重大水利工程建设运营的实施意见》（发改农经〔2015〕488 号）第一条，"对新建项目，要建立健全政府和社会资本合作（PPP）机制，鼓励社会资本以特许经营、参股控股

等多种形式参与重大水利工程建设运营"。从专项层面上，也出台相应文件鼓励海绵城市建设采用 PPP 模式。如《国务院办公厅关于推进海绵城市建设的指导意见》（国办发〔2015〕75 号）第一条，"积极推广政府和社会资本合作（PPP）、特许经营等模式，吸引社会资本广泛参与海绵城市建设"。并在绩效考评体系中的第十五条明确提出"制定海绵城市建设投融资、PPP 管理方面的制度机制"的要求，并将其作为约束性指标强制执行。

3. 海绵城市项目的系统性特点适合采用 PPP 模式

海绵城市项目的系统性特征明显，适合进行项目打包。由于水系统的关联性，为了实现一个统一的目标，海绵城市的建设应尊重海绵城市的流域或者排水分区的自然属性，由此使得相关建设项目往往整体打包进行建设。这样的系统性建设使得其所需总体资金需求量大，地方财政难以支撑，需要社会资本介入。

更为重要的是，社会资本的专业整合能力及对资源的高效配置能力强于政府部门，可以更为有效地整合资源实现全周期项目管理。海绵城市自身的系统性决定了无论是在技术方案编制、建设方案、运营维护、指标考核方面均需要专业协同，社会资本可充分运用其行业整合能力和高效运营管理助力海绵城市建设，这一点亦是政府推行 PPP，改善公共投资效率的关键意义。

二、各方参与海绵城市 PPP 项目的积极性

在国家政策扶持下，社会资本和政府对于运用 PPP 模式开展海绵城市建设表现出了极大的兴趣。当前海绵城市的发展前景良好，中央及各部委政策密集发布引领方向，地方政府出台海绵城市建设指导意见加速响应。住建部部长曾公开表示，海绵城市建设投资约为每平方千米 1 亿元到 1.5 亿元，各地都看到了巨大的基础设施投资的机会。海绵城市建设投资既是补旧债，又是启新程。当下中国经济面临下行压力，这种类型的基础设施建设投资将尤其被政府重视，海绵城市的大范围推进将成为未来 5 ~ 10 年的大概率事件。

从政府的角度考虑，海绵城市和 PPP 是近年来最火的改革方向之一，地方政府有需求。其次，海绵城市涵盖园林、市政道路、排水等专项，是地方政府本来就有的建设任务，将其统筹成海绵城市一揽子实施，可大大推进项目建设的进度。最后，通过

PPP 的方式，政府与社会资本合作，能够发挥社会资本在资源、技术以及专业领域的优势，能够借助社会资本在融资、建设、运营和管理方面的经验，以提高效率，节约成本。

从企业的角度考虑，首先海绵城市 PPP 实质是"两标并一标"，其建设施工利润可观。按照《招标投标法实施条例》第九条第一款第三项规定，已通过招标方式选定的特许经营项目投资人依法能够自行建设、生产或者提供的，可以不进行招标，简称"两标并一标"。因此，符合要求的社会资本如果具备相应的建设资质，可直接参与项目建设，不需要再次进行招标。企业既有投资利润又有工程运营利润，极大提高了参与的积极性。其次，该模式可使合作更为深入，相较于传统的 BT 模式回款机制更有保障。过去政府和企业是甲方乙方的关系，政府完全信用担保，以城投为主体举债，企业不承担风险，但现在政府和企业是合伙人的关系，作为项目公司（SPV）的合伙人，企业方的话语权会有一定程度上升。且企业在 PPP 项目中的回款机制更加明晰、更有保障，均增加了企业参与海绵城市 PPP 的积极性。

三、试点城市海绵城市 PPP 情况

1. 江苏镇江

镇江市海绵城市试点区陆地面积 22 km^2，水域面积 11.5 km^2。镇江市海绵城市建设 PPP 项目建设内容包括道路 LID 整治、老小区（既有小区）LID 整治、湿地生态系统建设、污水处理厂建设、雨水泵站建设、管网工程建设、水环境修复保护、海绵城市达标工程建设。项目的总投资为 25.85 亿元。项目建设期为 2015—2017 年。

镇江市采用 PPP 模式建设海绵城市，项目的总投资为 25.85 亿元。政府方与社会资本股权比例为 30%：70%。项目经营性项目和非经营性项目分开设置服务期限，分别为服务期为 25 年（含建设期）和 17 年（含建设期）。

项目公司注册资本金为本项目资本金。为了降低项目全生命周期成本，减少镇江市财政补贴，项目选择较低成本的银行贷款。在确定社会资本前，政府方先制定银行机构的选择方案，与有意向的银行进行接触，通过竞争比选贷款银行，从而选择愿意提供最低融资成本的合作银行。社会资本选定后，如果社会资本方有更优惠的融资渠道，社会资本可以另行选择融资资金。项目公司通过污水处理费收入和可行性缺口补贴来收回成本，并实现投资回报。本项目将建立绩效考核标准，由镇江市财政局依据住建

局等监督机构的绩效考核情况，直接向项目公司支付相关费用。

2. 河北迁安

迁安市海绵城市建设项目试点区域面积为 21.5 km²。工程内容包括：建筑与小区、绿地与广场、道路与管网、建设区外工程、能力建设工程等 5 大类共 214 个项目。项目建设期为 2015—2017 年，总投资 38.42 亿元。

迁安市采用 PPP 模式建设海绵城市，项目总投资共计 19.32 亿元，共计拆分为 9 个项目包。政府方代表和选定的社会资本方共同注册项目公司，政府方与社会资本方的股权比例为 20%：80%。项目经营性项目和非经营性项目分开设置服务期限，服务期分别为 25 年（含建设期）和 17 年（含建设期）。项目公司注册资本金为人民币 5.80 亿元（约占总投资的 30%）。除自有资金外的其他资金的筹集主要包括银行贷款、股东贷款等，为债务性融资。

3. 四川遂宁

遂宁将 2016 年、2017 年的 302 个试点项目整合成 10 个工程包，2016—2017 年海绵城市建设项目总投资将达到 86.23 亿元，占三年实施计划海绵城市建设试点总投资的 74.1%，其中海绵 PPP 投资 43.19 亿元。

项目操作中注重多元投入，构建政企合作的资金保障体系。一是结合国家政策，积极用好国家财政补助资金，按照合同约定和工程进度及时足额拨付工程款，无拖欠现象；二是加大地方财政投入，2015 年，全市新增地方政府债券转贷资金 1 亿元专项用于海绵城市建设，后期 PPP 项目按照合同约定，分年度预算政府付费资金；三是积极利用好银行借贷资金，2015 年海绵试点核心区河东新区获得农发行 26 亿元贷款用于城市基础设施和海绵城市建设；四是通过建设管控，要求各建设、开发单位在新开发建设项目中实施海绵城市建设内容；五是积极推行 PPP+EPC 模式，吸引社会资本参与海绵城市建设。开发区产业新城（PPP）一期项目，于 2015 年 2 月 24 日通过公开招投标与中冶交通建设集团及中冶建设高新工程技术有限责任公司、杭州中宇建筑设计有限公司、中冶建信投资基金管理（北京）有限公司联合体签署了 PPP 合同。该项目总投资 25.26 亿元，合作期限 10 年（建设期 3 年，运营维护期 7 年），项目公司出资 90%，负责投资、融资、设计、建设、维护、运营及移交。政府授权出资代表持有项目公司 10% 的股份，按照"一次承诺、绩效考核、分期支付"的原则支付费用向社会资本方采购服务。政府购买服务的费用包括可用性服务费、运维绩效服务费以及按照 PPP 合同约定支付建设期投资补贴等，投资回报率以实际融资利率为准，但不超过 8.95%。

4. 福建厦门

采用"政府 + 代建企业"的代建模式与 PPP 模式相结合的投融资建设模式，总计 55.7 亿元的建设投入。其中代建项目类型主要集中在城市基础设施：如道路、绿化改造、雨污分流等工程，合计 33.3 亿元。PPP 项目类型主要集中在供水污水处理、河道整治、海域清淤、湾区岸壁、公园项目等市政设施项目，合计 22.4 亿元。

试点区建设项目适用于 PPP 模式的建设项目占总投资比例 40.3%，其中社会资本计划投入资金占全部总投资比例为 28.2%，占 PPP 项目总投资比例为 70.1%，政府投入部分与社会资金投入部分占比接近 3 ：1，投资比例较为合理。

第二节 PPP 项目模式

一、项目打包

一旦确定以 PPP 作为主要投资模式，首先要回答的问题就是将哪些项目装入 PPP 项目包，这是目前实施海绵城市 PPP 项目的难点所在。由于海绵城市项目不是一个单一类型的项目，而是一系列相关项目的总和，因此如何合理地进行"切割"和"整合"是在设计 PPP 方案过程中需要慎重考虑的首要问题。一般而言，整合的程度越高越复杂，管理上越高效，但市场上能提供相应服务的企业数量就越少。因此，无论采用何种切分方式（以项目类型为特征，或以流域为特征，或以问题区域为特征等），都必须兼顾绩效考核的需求、项目潜在市场吸引力、政府管理和协调的难度、绩效考核的便利性等要素。具体体现在以下三个方面。

第一是项目的可经营性。对于大多数海绵城市项目构成的分析，非经营性项目占到了大多数。有的城市建议将两类项目分开，因为是截然不同的两种回报方式，前者有清晰的经营收入回报，后者则需要以政府购买服务的方式形成回报。有的城市则把两类项目放在一起，除了在同一流域的技术层面考虑，更多地考虑将两者放到一起，均衡配置，可以加大对于社会资本的吸引力，从而形成充分竞争，最大程度保护政府的利益。

第二是项目组合的方式，如按照同类型基础设施组合还是按照流域或者汇水分区进行项目组合，两种模式均具有自身的优势。考虑到海绵城市绩效考核指标，以流域或者汇水分区为单元更容易分配考核指标，也更容易进行技术设计和监管考核。单类专项项目相比较于流域打包可以适用于传统的立项、可研、建设工作，也适用于发改委专项建设基金的支持，但是整体效果无从保证和确保达到。

第三是项目的体量。在当地政府财政承受能力范围以内，合理的项目包体现的投资总量也非常重要。因为 PPP 流程非常纷繁复杂，如果单体包太小则经济性不强，而项目包过大，市场上对应社会资本又太少，会削弱竞争，不利于政府充分选择社会资本。

二、项目运营管理

海绵城市需要全生命周期的建设运营管理，但目前国内普遍缺乏具有该能力的运营管理企业。相较于单项基础设施来讲，海绵城市建设的最大意义在于项目集成，可以发挥整体效益。海绵城市 PPP 模式与过去政府的自建自营相比较，最大意义在于实现全生命周期建设，并将政府付费与绩效挂钩，将传统的"碎片化、注重建设、注重初期资本投入"方式转变为"注重全生命周期管理、注重最终的治理效果"方式的关键因素。其建立了政府与社会资本风险分担、收益共享的合作机制，采取明晰经营性收益权、政府购买服务、财政补贴等多种形式，鼓励社会资本参与海绵城市投资建设和运营管理。可以强化合同管理，严格绩效考核并按效付费，发挥整体效益。

但现实操作中仍面临重重困难。首先是如何合理地确定考核指标，住建部的绩效考核均为整体优化指标，如何将这些指标科学合理地分配到每个汇水分区，理清政府与社会资本的责任边界，以及免责情况的清晰标明。其次是海绵城市产出绩效的标准，海绵城市现在无论是规划设计、工程技术还是运营管护都处在一个探索阶段，尤其是技术采用与建设成本、运营成本、融资风险的全周期成本是何种关系尚不明朗，再加上各地气候地表情况各异，使得确定哪些指标来框定实施效果仍是极大挑战。目前市场仍处于发育期，真正有海绵城市技术储备的企业极少，如何根据自身项目特点选择投融资、整合设计、工程建设以及运营服务于一体的海绵城市综合服务商是项目推进顺利与否的关键。

三、项目融资

海绵城市 PPP 项目投资金额大，期限长，收益率低，且多数项目为外部性较大的非经营性基础设施项目，未来难以通过资本市场实现退出，为海绵城市建设项目的融资带来巨大困难。上述项目特点使得金融机构并不能像股权投资项目一样，未来在资本市场实现超额回报，则金融机构不想成为真正的股东。加上新型城镇化背景下国家重点支持基础设施建设，金融机构只期望在"资产荒"的背景下，寻找风险相对较低的资产进行债权投资，所以符合国家政策导向的海绵城市建设 PPP 项目则是这种安全的"猎物"。因而金融机构参与海绵城市建设 PPP 的方式主要是通过债权的方式。

由此产生的关键问题就是金融机构债权投资的增信问题，增信主体缺失，已成为海绵城市 PPP 融资困境的一大主因。金融机构的债权投资需要增信，需要融资主体的实力和信用符合金融机构要求。由于我国对银行、保险等金融机构的监管较为成熟和严格，且由于金融机构对 PPP 项目的债权投资特征，使得金融机构参与 PPP 项目投融资时，一般需要政府或社会资本对项目融资提供"强增信"。而目前多数 PPP 项目融资主体为项目公司（SPV）本身，项目公司刚刚成立，没有实力和信用可供参考，因此金融机构需要由其他主体为项目公司增信。通常的增信主体为项目公司的股东方或关联公司。工程资本一般不会为项目公司提供强增信（抵押或保证），而现行多数政策要求，政府方也一般不能为项目公司提供强增信，由此造成债权投资的增信主体缺失。

实践中，政府和社会资本一直呼吁，以项目公司（SPV 公司）购买服务协议预期收益作为银行贷款的质押担保方式进行"有限追索"融资（即仅以 SPV 公司本身作为融资追索主体，不向其股东方追索）。然而"收费权质押的有限追索融资"有两个现实困境，使得金融机构无法接受：一是海绵城市 PPP 项目多为外部性较强的公益性项目，很多并无可靠、稳定、可测的现金流。能够确保覆盖融资本息的项目凤毛麟角，使得项目公司的收益呈现不稳定、不可靠、不足够的特征，金融机构无法基于这种不确定性进行融资；二是我国担保法尚未承认未来收费权质押的法律地位，未形成明确的应收账款收费权，金融机构无法办理质押登记，也无法变现，因此通常不能将其视为"强增信"。

第二个关键的问题是金融工具期限与 PPP 项目期限错配。目前参与 PPP 项目的金融工具，主要包括银行贷款、银行理财、保险资金、债券［公司债、企业债、项目收益债、短期融资券、中票、非公开定向债务融资工具（ PPN ）等］、资产抵押债券（ ABS ）、融资租赁等。各类资产管理计划、基金，实质并非真正的金融工具，而是上述工具的通道。这些金融工具的期限通常为 5 ～ 10 年，最长的一般也只有 20 年，如银行固定资产贷款一般是 5 ～ 15 年；银行理财一般是 3 ～ 5 年，最长 8 ～ 10 年；债券最长一般为 7 ～ 10 年，保险资金可以相对较长，但最长也仅为 15 ～ 20 年，且保险资金条件较高，一般项目难以纳入保险类资金的考虑范围内。金融工具的期限显然与 PPP 项目 20 ～ 30 年的运营期形成鲜明的矛盾。对于经营类项目，还可以考虑在中后期发行 ABS 解决前期融资到期问题，但对于海绵城市这类非经营项目，如何解决期限错配，是当前海绵城市 PPP 融资的又一大难题。

第三节　改良投融资模式的建议

一、合理打包海绵 PPP 项目

SPV 成立前，地方政府应该借助专业 PPP 咨询机构和海绵技术顾问的专业支持，合理确定海绵 PPP 项目包。在进行招标以前，政府前期需要引进专业的咨询团队进行全程跟踪服务，不仅包括从前期顶层系统设计、初步设计到施工、竣工验收的全过程技术咨询，还包括建立评估体系和制定标准体系等工作。在出具海绵城市专项规划方案以后，最重要的是进行合理的"切割"与"整合"，确定海绵城市项目包。建议海绵城市 PPP 重点考虑以下几个方面。

1. 组包的基本原则

（1）流域治理的原则。海绵城市的核心是雨水管理系统的构建，不仅包括源头的低影响开发设施、也包含解决小排水系统和城市水系系统，是一个系统性流域性工程，需以流域为单元划分，才能相应承担城市的径流减排指标和污染减排指标。

（2）经营性与非经营性搭配原则。海绵城市项目大比例为非营利性的基础设施，建议将流域内功能关联密切的经营性基础设施如污水处理厂，以及准经营性基础设施如停车场、公园门票、公共设施租赁、广告宣传等交由 SPV 公司特许经营，海绵城市建设设施海绵功能的管理维护甚至连带设施常规管理维护也可商讨一并交由项目公司承担，并支付相应费用。提升对于社会资本的吸引力。

通过对第一批试点城市的观察来看，采取的办法不尽相同。迁安市、厦门市和鹤壁市分别代表了三种不同思路，迁安市将非经营性和可经营项目打包出售，让社会资本获得收益的同时参与公益性项目的建设；厦门市则将公益性项目和经营性项目区分开，社会资本只参与经营性项目的建设，公益性项目仍采取政府购买、付费的方式；鹤壁市则将项目进行细分，不同的项目采用不同的融资及运营模式。虽然仍然有相当长的周期去观察每个城市采取不同模式下的海绵城市建设的目标达标率和资金的使用效率，但考虑到海绵城市本身的系统性属性，迁安模式所代表的流域模式更具有优势。从海绵城市的客观实际出发，在流域和一定汇水分区内，可以实现项目的充分整合，为长达 10 年以上的海绵城市基础设施运行和功能正常发挥保驾护航作用。地方政府也可以提高有限财政资金的使用效率，达到海绵城市的制定目标。

2. 项目的初步筛选

一般而言，适宜采用 PPP 模式的项目应具有以下一个或者多个特点：建设难度大、有良好的经营性现金流、社会资本在运营阶段有明显的成本优势、最终的实施绩效存在不确定性、项目体量较大。基于上述几个维度，对海绵城市中"道路与广场""公园与绿地""建筑与小区""水系""污水治理"和"排水防涝"共 6 类子项目进行比较。比较结果显示，"水系""污水治理"和"排水防涝"3 类子项目由于同时具有上述多个特点，更适宜优先实施 PPP（表 5-2）。

表 5-2　各类子项目相关特点分析

项目	建设难度大	有良好经营性现金流	社会资本在运营阶段有成本优势	实施绩效存在不确定性	项目体量较大	适宜优先采用PPP模式
道路与广场	×	×	×	×	√	×
公园与绿地	×	×	×	×	√	×
建筑与小区	×	×	×	×	√	×
水系	√	×	√	√	√	√
污水治理	√	√	√	√	√	√
排水防涝	√	√	√	√	√	√

3. 项目的打包方式的选择

海绵城市 PPP 项目往往在项目筛选后确定整合打包方式的环节产生踌躇。如果将多个项目每一个都分开进行招标，政府将陷入招标和考核的泥潭；如果多个项目变成一个 PPP 大杂烩项目进行招标，则市场应标者寥寥。不同的打包整合方法各有优劣。

第一种方式是按专业（道路、水系、污水等）分类。特点是简单易操作，市场竞争充分，业主议价能力强。因此，按专业进行分类实施 PPP 是第一批国家海绵城市示范城市广泛采用的打包模式。但这一方式的缺陷也非常明显，即项目整体性被割裂，绩效考核一旦出现问题，容易互相扯皮推诿。

第二种方式是按流域或者按汇水分区将"道路与广场""水系""排水防涝"等不同子类型项目打包。特点是容易取得连片效应，业绩考核主体清晰。同时，把盈利能力不同的项目加以打包，实现优劣搭配，避免了社会资本对项目的任意挑选。此外，受到各类子项目经营成本结构、更新改造和投资周期以及收入来源存在差异的影响，不同项目类型的现金流趋势不一，容易在特许经营期内出现少数年份财政压力突出的问题；当不同类型项目整合成功，可以有助于优化整体现金流状况，优化企业的经营。但缺点是综合类型的项目的建设商和运营商的市场供给不足，多为联合体，此时政府议价能力较低。

考虑到各地现实情况，建议对于现状问题严重的流域采用连片打包运作，由一家社会资本或其联合体负责区域内 PPP 运作，这一模式下，责任主体清晰，考核指向明确。现状问题较轻的区域，宜按专业分类实施 PPP 并实施招标，强化市场竞争，降低成本。

二、培育企业全周期运营管理能力

政府按照效果付费就是把整个项目的全生命周期管理和责任，通过合同的方式移交给了社会资本。使得过去投资多与少、效果没人负责的局面发生了革命性变化，而按效付费的全周期管理是变化的核心。对社会资本的运营能力提出了更大的挑战。

SPV 成立后，项目公司应努力探索以绩效为导向的运营管理体制。首先要改变海绵城市传统碎片化服务的模式。摈弃以项目建成投入使用为最终目标，以单个项目为核心，分部门、分专业、分阶段实行规划、设计、施工、监理、后期运行管理。 全生命周期管理的综合服务的模式应以详细的过程数据为支撑，建立海绵城市全过程建设管控平台及考核评估体系。借助专业咨询机构的力量，运用水文模型，模拟海绵城市解决方案，合理确定项目考核目标，理清责任边界。其次，充分评估海绵城市的治理技术方案，对比技术风险、时间周期、经济成本等要素，综合选择最优方案。最后，明确海绵城市产出绩效标准，尤其是考虑建设成本、运营成本和融资风险溢价的全周期完全成本与绩效指标的非线性关系，如何通过合理的检测、监测手段，识别产业绩效是需要核心设计的环节。

三、制定针对性的金融政策支持

从全国 PPP 项目落地率较低的情况来看，核心问题就是项目公司融资遇到阻碍。总体来看，银行对 PPP 仍处于关注和调研的状态，根据财政部统计，真正落地投资的项目很少，仅为 1/10 左右。《国务院办公厅关于推进海绵城市建设的指导意见》明确了完善融资支持方面的措施政策：一是充分发挥开发性、政策性金融作用，鼓励对海绵城市建设提供中长期信贷支持。二是担保创新类贷款。积极开展购买服务协议预期收益等担保创新类贷款业务，加大对海绵城市建设项目的资金支持力度。三是专项建设基金支持。将海绵城市建设中符合条件的项目列入专项建设基金支持范围。四是鼓励发行债券等。

1. 充分发挥开发性、政策性金融的中长期信贷支持

2015 年底，住建部分别与国家开发银行、中国农业发展银行签署了合作协议：《住房和城乡建设部国家开发银行关于推进开发性金融支持海绵城市建设的通知》（建城〔2015〕208 号）和《住房和城乡建设部中国农业发展银行关于推进政策性金融支持海绵城市建设的通知》（建城〔2015〕240 号）。两家政策银行均表示在符合贷款条件的情况下，优先对海绵城市建设项目给予贷款支持，并将其作为信贷支持的重点领域，更好地服务国家经济社会发展战略。

首先，两行均积极创新融资模式。加大对具备综合业务能力、以总承包方式整体打包运作海绵城市建设项目企业的信贷支持，打造大型专业化建设运营主体。在风险可控、商业可持续的前提下，积极开展以购买服务协议预期收益等为担保的贷款业务，这也是目前海绵城市融资急需突破的关键。其次，对符合条件的海绵城市建设项目实施主体提供专项建设基金，用于补充项目资本金不足部分。最后，两行均积极支持具备"技术＋资本"综合业务能力的企业参与海绵城市建设，打造大型专业化海绵城市建设运营企业。

2. 担保创新类贷款，重新审视政府方增信限制规定

根据现行文件要求，政府方一般不能为 PPP 项目公司提供"非理性担保或承诺"，不能做"固定回报承诺"。政策的初衷是好的，即为了规范 PPP 融资行为，防止给地方财政带来不应有的负担和过大的风险。但现实情况是多数海绵城市 PPP 项目投资回报方式是"政府购买服务"和"可行性缺口补助"，都将用到政府财政的信用。纯粹的"使用者付费"且能够有效覆盖投资回报（融资本息）的项目少之又少。对于海绵城市项目，金融机构债权融资必然需要政府方作为增信主体，因此需重新审视政府方增信的这些限制性规定，根据不同回报方式及项目重要性采取差别化对待。

3. 专项建设基金支持，充分利用产业基金

产业基金的飞速发展是最近一两年 PPP 市场的一大亮点，但各方面对于产业基金的认识还仅停留在"为项目提供建设资金"这一用途上。事实上，产业基金对 PPP 项目融资的意义和作用十分广泛，除了可以为工程资本代持股份，解决工程资本不能控股项目公司的困境外，其更重要的作用是可以为项目融资提供增信。一种是可以通过

产业基金入股项目公司并补足项目资本金，达到项目资本金比例，使项目公司可以进行债权融资。有国家级产业基金或省级政府引导基金入股项目公司，无疑对项目公司债权融资是一种强增信。另一种是产业基金可以起到兜底或担保的作用，对于经营性现金流不足、政府财政实力较弱的海绵城市项目，产业基金提供担保或提供可行性缺口补助，使其他金融机构愿意为其进行债权融资。

第二章　管理方案

海绵城市的建设贯穿从规划设计、建设实施、运行监管、绩效评估等全过程，是涉及城市水系设施、绿化、建筑、道路、城市竖向、城市防洪等设施建设项目的综合集成。面对这样一个高度集合的综合城市建设项目，需要新型管理模式和配套的法规制度保障，建立具有统筹和协同能力的管理主体、针对性强的法规政策等，为海绵城市建设目标的实现和效能可持续性提供支撑和保障。

第一节　总体概况

在第一批试点申报阶段，各试点城市均将人民政府作为责任主体，成立海绵城市建设办公室，隶属不同政府主管委局，或临时抽调人员组成一个临时机构，该机构在负责组织申报、组织规划编制和三年实施方案制定过程中起到了重要作用。在实施建设期由于各城市基础设施建设实施管理归属部门不同，地方技术水平和能力参差不齐，均采取了多种组织方式实施，以应对建设目标的实现。有的城市采取"自己内部为主，外部为辅"的合作方式，有的采用购买三年外部技术咨询服务，还有整体海绵建设项目打包由外部技术团队全面负责实施完成。无论采用哪一种建设实施方式，海绵城市建设实施过程中涉及多专业的融合、多项目的协调、多部门的配合，都需要地方政府建立相应的管理体系，对建设实施过程不同关键节点进行管控，同时地方政府还需要制定相关政策法规或地方管理办法，以保障实施过程中涉及的问题有解决的途径和办法。

一、当前管理实施模式

全国海绵城市建设进度不一，第一批试点城市进入全面建设阶段，逐步开展项目的建设，依据海绵城市专项规划和三年实施方案落实工程项目，海绵城市办公室组织相关工作开展；第二批试点城市进入实施前期阶段，主要进行规划内容与实施项目的对接工作。全国其他城市正在开展海绵城市专项规划的编制工作，无论哪个阶段都涉及管理部门的责权问题，大部分存在规划编制与实施阶段管理脱节、规划指标指导项目实落困难的问题。

海绵城市建设过程涉及的管理部门多，平级部门之间的协调是很多地方主管部门都面临的难题。海绵城市建设的项目管理包括从规划、设计、实施建设到绩效考核目标完成的全过程，每个环节涉及的管理体系和内容不尽相同，建设项目中包括城市水体、雨水、污水、给水、再生水、园林绿化、绿色建筑、道路交通、城市竖向、城市防洪等项目，项目之间因建设目标和绩效指标相互关联，协同跨专业跨部门的综合性建设项目，涉及多个不同的且相互独立的部门参与，需要这些部门之间紧密的组织协调，这对原有的专业管理体系提出巨大挑战。

1. 项目规划阶段

目前大部分试点城市均由海绵城市办公室组织规划编制及实施建设。通常城市总体规划是政府批复的法规文件，由政府规划部门负责组织编制，其他专项规划依据总体规划确定的指标及要求进行编制，并由行业主管部门负责落实规划内容。海绵城市部分规划指标需要多个部门共同协同才能落实完成，如专项规划既要根据总体规划要求进行调整，同时又需要与各专项规划进行融合调整，将规划内容分摊到不同专项规划并落实到后期实施的工程项目中，涉及主管部门较多且多为平级机构，因此在统筹各部门目标时就存在整合各部门建设目标的问题。

2. 项目实施阶段

原本城市水系统（雨水、污水、给水、河道、受纳水体等）已处于多部门管理状态，在项目实施过程中的立项审批、招投标、项目验收等阶段如何有效进行整体管控，是当前许多试点城市在实施管理过程中所面临的困境。目前试点城市实施过程中主要采取以下三种模式：① 外部技术团队负责三年的技术咨询，负责解决实施过程中的技术问题，政府按现有工作方式履行立项、审批、招标等职责，其工作内容本质无实质性改变，仅增加聘请专业团队完成项目质量监管；② 城市海绵建设项目整体打包，由外部团队负责三年实施的项目；③ 政府下属委局或投资公司负责实施和过程管理。

案例：西咸新区与池州市的管理模式

西咸新区和池州市为确保海绵城市试点创建工作顺利实施，均成立海绵城市试点工作领导小组，但是工作领导小组的责任主体不一样，西咸新区以新区管委会为责任主体，池州以池州市人民政府为主体。池州市采用聘请外部团队年技术咨询三年，建设项目分包实施，住建委负责过程管控的模式；西咸新区实施阶段主要依靠由西咸新区管委会与西咸发展集团共同出资设立的西咸城投集团下属的 6 个全资子公司和 4 个参控股公司负责实施的模式。

由于海绵城市的建设实施管理责任主体不唯一，其职能范围也不同。西咸新区的海绵城市工作主要在沣西新城，政府是新成立的，工作领导小组采取工作联席会议解决重要问题，并通过不定期召开工作会议，投资公司负责制定、审查工作和资金计划，协调、指导、督促相关责任单位（部门）开展试点区域创建工作，协调解决试点创建实施过程的具体问题，重大问题由领导小组组织专题会议协调解决，投资公司负责具体项目的组织实施，不同项目由不同专业公司负责组织实施。而池州工作领导小组的职责范围则相对较窄，主要负责监督重点任务的开展与落实，住建委负责从项目设计到项目施工验收、设施维护进行全过程跟踪。

3. 项目后续运行

目前各试点城市尚未完全进入运行维护期，还在基本沿用海绵城市建设办公室（只是隶属部门不同）来执行项目的监督管理，不同建设项目的预期目标与城市总体建设目标的关联度如何评判、如何验收、如何考核等都是即将面临的实际操作问题。各试点城市进入常态化的运行阶段后，如何保障大批项目发挥预期效能，完成三年建设目标，通过主管部门的绩效考核指标，以及面对各地自然条件、建设项目不同、运营主体不同的情况下，如何建立长效机制保障海绵城市综合效能的可持续性运行和有效监管，都极大地考验地方政府海绵城市的管理运维能力。

二、国家及地方政策法规

海绵城市建设目前尚未出台相关法规性文件，相关政策主要集中在规划编制、工程项目实施计划及金融支撑等方面，对全过程的监管和后期保障方面的政策相对较少，各地根据不同建设需求，其出台的政策类型也有所不同（表5-3）。据不完全统计，已经列入试点的城市出台的政策约占20%，指南导则约占80%；非试点城市出台的政策约占70%，指南导则约占30%；由此可见处于不同的阶段，其需求不同。实施阶段需要具体的指南导则做指导，推进阶段更多地需要政策的支撑。中央及部门发布的相关政策主要集中在敦促建设、建立规范、金融支持等方面，并从全国总体层面上将原本复杂的水系统相关建设任务进行整合。

表5-3　国务院及中央各部委主要相关政策

部门	时间	文件	要点
住建部	2014年10月	《海绵城市建设技术指南》	提出了海绵城市建设的基本原则、规划控制目标、落实及其构建技术框架
财政部、住建部、水利部	2015年1月15日	《关于开展中央财政支持海绵城市建设试点工作的通知》	中央财政对海绵城市建设试点给予三年专项资金补助
国务院	2015年4月16日	《水污染防治行动计划》	分别提出到2020年及到2030年，全国七大重点流域水质优良比例、城市建成区黑臭水体、城市集中式饮用水水源水质等指标的达标目标
住建部	2015年7月10日	《海绵城市建设绩效评价与考核办法（试行）》	提出水生态、水环境、水资源、水安全、制度建设及执行情况、显示度六个方面指标
住建部	2015年8月28日	《城市黑臭水体整治工作指南》	对城市黑臭水体整治工作的目标、原则、工作流程等，均作出明确规定，并对城市黑臭水体的识别、分级、整治方案编制方法以及整治技术的选择和效果评估、政策机制保障提出了明确的要求
国务院办公厅	2015年10月11日	《国务院办公厅关于推进海绵城市建设的指导意见》	到2020年，城市建成区20%以上的面积达到目标要求；到2030年，城市建成区80%以上的面积达到目标要求

续表 5-3

部门	时间	文件	要点
住建部	2015 年 12 月 10 日	《住房和城乡建设部国家开发银行关于推进开发性金融支持海绵城市建设的通知》	对纳入海绵城市建设项目储备库并采用 PPP 模式整体打包运作的项目，在符合贷款条件的情况下给予贷款规模倾斜，优先提供中长期信贷支持
国务院	2016 年 2 月 2 日	《关于深入推进新型城镇化建设的若干意见》	在城市新区、各类园区、成片开发区全面推进海绵城市建设。在老城区结合棚户区、危房改造和老旧小区有机更新，妥善解决城市防洪安全、雨水收集利用、黑臭水体治理等问题。加强海绵型建筑与小区、海绵型道路与广场、海绵型公园与绿地、绿色蓄排与净化利用等设施建设。加强自然水系保护与生态修复，切实保护良好水体和饮用水源
住建部	2016 年 3 月 11 日	《海绵城市专项规划编制暂行规定的通知》	明确专项规划编制要求及内容，并要求设市城市于 2016 年 10 月底前完成设市城市海绵城市专项规划草案，按程序报批

　　各地方出台的政策集中在推进海绵城市建设工作方面。随着海绵城市在我国的全面铺开建设，为了应对海绵城市建设管理的需要，各省、直辖市政府积极推进海绵城市建设。普遍出台关于落实《国务院办公厅关于推进海绵城市建设的指导意见》的实施意见，文件中主要明确总体建设目标及任务，以及分年度建设目标及任务，成为该地方海绵城市建设的引领性文件（表 5-4）。

表 5-4　地方政府海绵城市相关政策及核心内容示例

省份	文件	要点
安徽省	安徽省住房和城乡建设厅《关于开展海绵城市建设的指导意见》	2017 年，全省海绵城市建设试点工作全面开展，合肥等 9 个市、南陵等 6 个县都在先行先试，城市建成区年径流控制率达 70% 以上；池州市作为国家海绵城市建设试点通过验收，总结经验向全省推广
上海市	上海市政府办公厅《关于贯彻落实〈国务院办公厅关于推进海绵城市建设的指导意见〉的实施意见》	各区县将建设不少于 1 个"海绵城市"区域，2020 年基本形成生态保护和低影响开发雨水技术与设施体系，形成完善的排水防涝体系，形成初期雨水污染治理体系
河北省	河北省人民政府办公厅《关于推进海绵城市建设的实施意见》	2017 年底，各市（含定州市、辛集市）均要规划不少于 20 km² 区域进行海绵城市建设试点

续表 5-4

甘肃省	甘肃省人民政府办公厅《关于推进海绵城市建设的实施意见》	到 2020 年，年降雨量在 150 mm 以下的设市城市建成区 50% 以上面积达到目标要求；其他设市城市 20% 以上面积达到目标要求
江西省	江西省政府办公厅《关于推进海绵城市建设的实施意见》	2016 年起，全省各地新建的城区、园区和成片开发区要全面落实海绵城市建设要求
云南省	云南省人民政府办公厅《关于加快推进海绵城市建设工作的实施意见》	到 2030 年，全省所有城市建成区 80% 以上面积达到海绵城市建设标准要求
四川省	四川省政府办公厅《关于推进海绵城市建设的实施意见》	加快海绵型城市新区建设，着力抓好海绵型县城和小城镇建设
山东省	山东省人民政府办公厅关于贯彻国发办〔2015〕75 号文件推进海绵城市建设的实施意见	推进海绵型建筑与小区建设，开展海绵型道路与广场建设，加强海绵型城市绿地与公园建设，实施城市水系保护和生态修复，做好城区黑臭水体整治
辽宁省	辽宁省政府办公厅《关于推进海绵城市建设的实施意见》	到 2020 年每个市至少要建设 1 个海绵城市示范区
	辽宁省住建厅关于《工程设计落实海绵城市建设理念的通知》	2 万平方米以上新建建筑要配套海绵设施
重庆市	重庆市政府办公厅关于《推进海绵城市建设的实施意见》	加快推荐 1+3 海绵城市试点，力争到 2020 年，试点区县（自治县）城市建成区 30% 以上，非试点区县（自治县）城市建成区 20% 以上面积达到目标要求
陕西省	陕西省政府办公厅关于《推进海绵城市建设的实施意见》	推进海绵城市建设，在全省选择 2 ~ 3 个城市开展海绵城市建设省级试点
海南省	海南省政府办公厅关于《推进海绵城市建设的实施意见》	到 2020 年，城市建成区 20% 以上的面积达到海绵城市建设目标要求，到 2030 年，城市建成区 80% 以上的面积达到目标要求
湖南省	《湖南省贯彻落实〈水污染防治行动计划〉实施方案》	将试点建设 2 ~ 3 个海绵城市
	湖南省政府办公厅《关于推进海绵城市建设的实施意见》	到 2020 年，县以上城市将基本实现雨污分流
江苏省	江苏省政府办公厅《关于推进海绵城市建设的实施意见》	2017 年底，市区范围内至少建成一处具有一定规模的综合示范区，县（市）建成一定数量的示范项目，全省形成一批在全国有影响的试点城市、示范区域、示范项目
	《江苏省国民经济和社会发展第十三个五年规划纲要》	推动南京江北新区等海绵城市建设
山西省	山西省政府办公厅《关于推进海绵城市建设的实施意见》	2016 年底前，太原市、山西科技创新城要率先开工建设海绵城市示范项目，各设施城市完成海绵城市建设规划编制工作，到 2017 年，城市建成区 10% 以上的面积达到目标要求

第二节　挑战

第一批海绵城市试点城市在建设实施中已经不同程度出现受原有条状化管理体系的制约，作为国家的城市建设行业主管，住建部为了海绵城市的规划建设实施以及效能发挥，提出相关政策支持和具体实施指导办法，从顶层设计为海绵城市建设实施的全生命周期提供了保障措施。但我国城市行政管理体系复杂，每个城市设置的城市建设管理相关部门的职能权限、管理章程、办事程序、相关法律法规不尽相同，综合性、系统性的海绵城市的建设在申报、审批、融资、建设、验收、考核等环节会受到城市现行条块管理体系的制约。如何通过建立完善的管理体系，能够把控海绵城市实施全过程的指标落地，实现全过程各阶段目标可控、任务目标清晰明确和责任逐级分解落实的管理模式，是目前很多海绵城市试点地区期盼的。

目前从国家层面，海绵城市建设主要由住房和城乡建设部主管，住建部对城市从规划、建设、运行等过程有政策制定的职责，对城市道路、绿地、水系统、排水防涝等基础设施建设具有监管权。以住建部作为国家主管部门对推动海绵城市建设实施，可以有效起到推动和保障的作用。

当前各地海绵城市建设办公室多以住建局为牵头单位，组织实施相应建设工作。园林、市政道路、市政管网等建设职能集中在住建局部门中的情况下，部门协调及建设实施较为顺利。但当与城市规划、土地利用、流域水体、环保监管设施等相关内容关联时，需要协同解决，涉及部门利益时，会制约海绵城市建设项目实施进度和增加项目投资。大多部门平级设立且已形成成熟的管理体制的情况下，海绵功能的纳入则需在打破管理机构壁垒方面做出较大努力。如一个湿地公园的建设，会涉及水资源的匹配、上下游水体的条件、公园功能的定位调整、与周边环境的融合等，涉及很多部门之间问题的协同处理，通常需要市政府出面才能解决。再如城市绿地系统，现有城市将海绵功能整合进现有绿地系统也较为困难，涉及道路纵向、坡度、标高的配合等，特别是现行国家绿地系统管理规范中规定，城市绿地不允许长时间积水以致苗木死亡，且不允许初期弃流进入绿地，防止其对于植被生长带来不利影响。因此建设下沉式绿地，使其承担初期雨水的滞蓄及净化功能，或是利用大型城市绿地作为防涝体系中的临时集中滞蓄空间在行政管理审批中则较难实现，单独建立大型调蓄池又面临巨额投资，总体协调优化管理工作贯穿海绵城市实施全过程。

一、规划阶段管理

当前海绵城市专项规划主要衔接城市总体规划和相关的专项规划，海绵城市专项规划涉及的指标需要分解到相关专项规划中，主要涉及雨水规划、水系规划、绿化园林、道路竖向、用地性质及其他涉水规划等内容。目前大多城市规划管理部门主要负责总体规划编制，专项规划处于自上而下的部门垂直管理，原本总体规划对于专项规划的约束性不够，海绵城市规划处于一个中间单独层面的规划地位，它与上下的协同管理和融合，是目前管理模式下短时间很难解决的问题，传统管理模式与海绵城市需求的管理模式如图 5-1 所示。

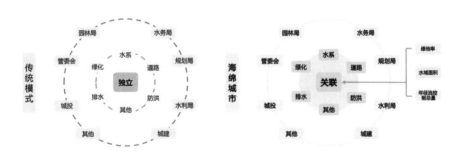

图 5-1 传统管理模式与海绵城市需求的管理模式示意

二、建设实施阶段管理

从第一批海绵城市试点城市实施建设开始，每个城市工程项目少则几十个多则几百个，投资几十亿到几百亿，三年时间最少建成 15 km^2 示范区，采用常规的城市建设管理模式很难实现。当前试点城市大多在申报阶段成立了"海绵城市办公室"，代替政府组织申报和专项规划编制工作，前期起到重要作用，但在保障规划指标在建设实施过程中可操作性方面缺乏执行力，无论海绵办依托在原有城市建设主管部门还是一个独立的临时机构，都需要加强过程管理的能力和协调相关部门的权限。面对建设实施周期受限、建设项目类型多、涉及部门多、建设模式不同、实施周期交叉等问题，海绵城市管理部门缺少经验借鉴，如何将海绵城市建设实施阶段管控好，保障建成后的项目实现绩效指标，是目前海绵办实施过程中亟待解决的管理问题。

三、运维阶段管理

海绵城市建设不是一个短暂的三年建设周期，而是我国城镇化发展转型的长期需求，原有城市建设"重建设轻管理，重投入轻运营"的做法不再适应海绵城市长周期的建设需求。海绵城市建设目标的实现很大程度上取决于后续管理维护，如城市面源污染控制，直接成果是确保海绵城市建设区域内的河湖水系水质不低于地表 Ⅳ 类，该指标的完成不仅仅与雨水的收集和污水排放方式有关，还涉及道路、绿化、水体和工业点源等方面的日常保洁和排放监管等内容，需要环保监管部门、市政管网运维部门、污水处理厂运行管理部门、环卫部门、道路绿化等维护部门的职能配合。

第三节　改善管理及政策体系的建议

一、建立联动管理体系

目前中国的海绵城市建设还处于起步阶段，海绵系统的形成涉及很多跨部门的项目，规划指标的实现与绩效考核指标的衔接穿插在项目实施的全过程中，如此庞大系统的工程需要借助网络信息强化管理手段，建立信息动态智能化管控平台，实现各阶段目标管理任务的有效衔接。

1. 规划设计阶段的管理改进

1）推行规划融合的管理体系

海绵城市规划管理部门在政府批准了海绵城城市专项规划后，要尽快与城市总体规划审批的部门沟通，调整融合两个规划之间不协同的指标，同时要将确定建设指标体系作为控制性指标分解到相关专业专项规划中（图5-2），同时细化指标分解用于各专项规划调整的依据。

在《海绵城市专项规划编制暂行规定》中明确提出在专项规划中要提出海绵城市建设指标体系。规划指标与建设指标的有效衔接，直接涉及很多行业的规划内容，需要有效融合相关规划内容，形成以指标体系为核心的规划管理方式。目前编制海绵城市专项规划，主要规划指标大都依据《海绵城市建设绩效评价与考核办法（试行）》中的考核指标确定，如雨水年径流总量控制率规划指标，会涉及城市雨水收集方式的调整、城市绿地的做法、下渗地面区域的确定等内容，结合城市自然条件和建设条件实际，考虑公众接受程度，细化指标在城市不同地块区域的比例，提出典型区域地块的规划指标的权重，不宜采用摊大饼方式直接将规划指标均匀分摊，需考虑综合效能的作用，必要时局部可以采用有效补偿机制完成指标任务。在规划、土地审批过程中利用信息平台数据的吻合度作为审批依据，时时可以监督和检查本部门海绵城市建设指标的执行监管完成情况。

2）建立动态更新的规划管控平台

面对众多规划信息的融合协调，多建设对象的指标分解与整合，以及及时了解实施过程中原有分摊指标调整的动态变化对整个系统的影响，需要建立大数据和物联网支撑的管控平台，动态掌握各种规划指标实施过程的调整变化，及时判断某一指标的变化对其他规划的影响，构建具有分析诊断、模型预测、决策支持功能的协同管控信

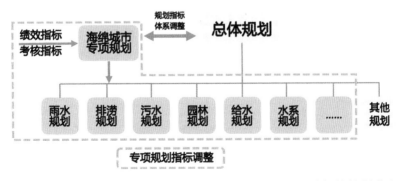

图5-2　多专项规划融合关系

息化管控平台，实现规划管理的动态监管和时时调控，保障总体规划目标的落地实施。

2. 建设实施过程的管理改进

1）建立集成化的管理体系

海绵试点城市建设实施周期短，实施内容涉及管理部门多，完全依靠政府协调不现实，单一部门主管难以胜任，建立多政府管理与实施部门参与的建设实施管理机构（图5-3），有助于上位规划指标的落实和建设指标的有效分解，政府管理部门负责监管协调，实施部门负责指标落实到项目中。通过层层分解，指标逐级落实，不同部门在建设实施过程中发挥不同的职能和作用，政府职能部门能随时掌握指标实施情况，及时协调解决，实施部门从上至下或从下至上都能找到相互对应的规划指标和建设指标，实现集成化的动态管理模式。

2）搭建海绵城市智能化管控平台

海绵城市的建设必须由传统条状建设管理转向系统性多目标的统筹管理建设，过程的动态监管，需要大量数据信息作支撑，一个建设指标的实现，需要通过多项目联动实施，才能实现预期效能。例如"污水再生利用率"这个指标，不仅仅涉及城市污水厂规模对再生水量的影响、再生水的用户需求量、水资源的优化配置以及城市供水量的重新分配，更涉及供水部门、污水部门、再生水部门、水系管理部门等诸多部门的管理内容协调（图5-4）。

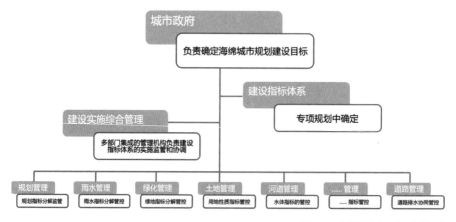

图5-3 海绵城市建设管理机构示意

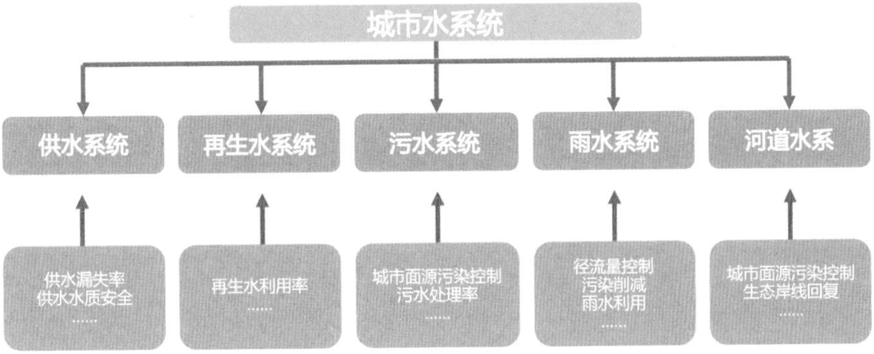

图 5-4 城市水系统组成示意

所以建设实施过程的管理必须有信息共享资源，借助国家大数据物联网的建设，通过精细化指标的管控，实现真正信息共享、数据互联、资源共用的海绵系统管理平台。由于各城市管理体制，城市原有信息化平台系统不同，在这里不做统一模式案例，搭载智慧城市建设的信息化平台，将海绵城市建设实施全过程纳入智能管控环节中。实现项目立项、评审、审查、开工许可、竣工验收、运行交接等环节管控与指标数据关联，形成动态化、精细化、智能功能化管理。

二、完善配套机制设计

为保障海绵城市规划建设管理实施，国家相关部委已经出台多个政策性文件，包括建设指南、行政要求、水污染治理条例、考核办法、经费支持条件、规划编制要求等内容，但在以后的建设中需进一步完善政策法规保障，才能为实现海绵城市建设的整体性和系统性提供支撑条件。

1. 立法确定专项规划法定地位

海绵城市专项规划的地位需要法律保障。按照住建部颁布的《海绵城市专项规划编制暂行规定》（简称《规定》）中的要求："海绵城市专项规划是建设海绵城市的重要依据，是城市规划的重要组成部分。海绵城市专项规划可与城市总体规划同步编制，也可单独编制。"随着海绵城市专项规划在全国设地市全面推进，海绵城市专项规划与城市总体规划的从属关系，与其他城市设施专项规划的地位关系，需要结合不同城市各自实际情况，通过法规性、政策性文件予以明确。

1）明确监测办法

虽然该《规定》对海绵城市建设提出了考核指标的要求与方法，但并没有明确如何划分评估等级、如何去评价、对数据与监控点的要求。一些西方国家从 20 世纪 70 年代就开始构建相关的管理措施，比如美国的"最佳管理措施"（BMPs）。这些国家的评估体系非常清晰明确，除了在建设之前严格审查工程图外，还要通过监测数据来对项目的实施进行评估。例如，美国西雅图在城市排污口设置了监测系统，规定每个排污口每年只能排放一次，超过则会采取相应处罚措施。

2）增强绩效考核评估办法弹性

为保证项目建成后发挥效果，应根据各城市实际情况及早建立后评估办法，并借助信息化智能平台和精细化指标管控（图 5-5），保障建设指标实施的过程绩效监管评估和同步调整。由于试点城市涉及我国各省份（含新疆生产建设兵团），这些城市社会条件、自然条件、经济条件、环境条件等方面各不相同，为保障建成后发挥预期的绩效指标，需要结合本地情况制定评估办法，采取项目评估、区域评估、示范核心区评估等相关办法，分级评估海绵城市建设成效。例如当个别项目小区域范围受自然条件所限达不到个别指标的，应考虑建立补偿机制，通过区域协同实现总体建设目标。

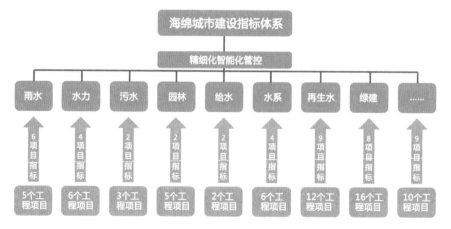

图 5-5　海绵城市指标精细化层级管控示意

3）制定奖惩机制

在激励机制方面，为保障海绵城市建设社会效益，应通过设立奖励机制调动各个城市和项目业主的积极性，可以建立生态补偿机制，引入综合补偿机制，建立双边、多边区域生态补偿基金。例如新西兰政府为了鼓励绿色屋顶建设，规定每平方英尺（约合 0.092 9 m^2）的屋顶花园会返还给建设者 5 新西兰元（约合 23.5 元人民币）；其他国家还提出通过增加容积率标准、减少暴雨管理费、优先审批等激励方式来鼓励项目中 LID 设施的应用。有的新开发城市建设，在总体规划指标体系中，明确湿地零损失等内容，通过奖惩制度，保障指标的落地。

三、提升管理部门能力建设

部门管理能力提升可以通过与国内有经验的咨询机构、设计院所、大型企业联合等模式建设。发达国家也曾经历过这个阶段，所以亦可引进国外的先进经验，包括国际组织，如亚洲开发银行的各种技术援助途径，通过人员培训、技术咨询、管理咨询、专家指导等模式，快速提升我国的海绵城市建设实施全过程的管理水平。

第三章　PPP 规划案例解析
——以宣城市为例

在传统的项目实施中项目规划与投融资两者之间基本脱节，导致很多项目在实际操作时出现很多资金方面的问题。安徽省在本轮的海绵城市项目研究中率先打破了原来的思维框架，创新性地将投融资规划环节前置，并与规划方案有机地结合起来，通过财务的测算论证形成方案的迭代，使规划"量力而行"，让方案更加落地。

为此，方案以规划中的 PPP 项目为抓手，面向项目最终实施的若干核心问题：

（1）要花多少钱？（规模）

（2）上哪儿去找钱？（来源）

（3）去哪儿找合适的钱？（资金成本）

（4）钱如何借来？如何还？（操作方案）

由于规划阶段就初步完成了财政承受能力测试和物有所值研究，使得方案成果直接申报专项基金成为可能。

第一节　总体概况

宣城市海绵城市建设工程建设项目包括道路与广场、公园与绿地、建筑与小区、自然水系保护与生态修复、污水治理、排水防涝共 6 类，具体安排见表 5-5。

表 5-5　宣城市海绵城市工程总投资一览表

项目类型	占比（%）
道路与广场	33%
公园与绿地	29%
建筑与小区	15%
自然水系保护与生态修复	3%
污水治理	17%
排水防涝	3%

宣城市海绵城市建设在积极争取中央财政性投资的同时，将加大地方财政投入力度，建立多元化投资机制，发挥市场机制的调节作用，充分利用政府资金债券，改变投融资方式，拓宽融资渠道，引入社会和企业资本。

宣城市海绵城市建设中进行 PPP 专项投融资规划，通过特许经营、投资补助、政府购买服务等多种方式，鼓励社会资本投资城镇污水处理、配套管网、城市道路、停车设施、水系治理、雨水调蓄利用设施等海绵城市相关建设项目。2016 年开工的建设项目中，城市道路建设、水体治理、公园建设、污水处理厂及配套管网建设等多种项目计划采用 PPP 投融资模式。

宣城市海绵城市 PPP 规划方案主要可分为项目包划定、财政可承受能力分析、物有所值评价等。

由于海绵城市项目不是一个单一类型的项目，而是一系列相关项目的总和，因此如何进行"切割"和"整合"是在设计 PPP 方案过程中需要慎重考虑的问题。

第二节 项目包方案划定

一、项目包方案划定总体原则

（1）近期地方政府计划重点实施的项目（2017、2018 两年重点建设的）。

（2）具有多重效益的项目（经济效益、社会民生效益、解决实际问题）。

（3）符合国开行、农发行政策要求的，易通过审批的项目。

（4）具有连片效益，体现海绵城市建设要求的项目。

二、具体采用 PPP 模式的打包方案

1. 方案一

考虑到宣城示范区的整体海绵城市规划项目库是预计 3 年内实施、建成并通过考核，符合选择要求，因此，将整个示范区作为海绵城市项目包的筛选基础。采取"目标类型筛选模式"，将示范区内各类型海绵建设需求综合考虑，并近期重点建设、具有多重效益、符合国开行或农发行审批要求的项目予以打包（表 5-6）。

（1）对海绵化道路类、水系类、建筑小区类、公园类、污水治理类、排水防涝类、其他类七类综合考虑。

（2）有选择的筛选整个示范区内的近期、具有综合效益的各类海绵项目作为打包方案。

表 5-6 方案一打包汇总一览表

序号	名称	投资（万元）	备注
道路类	道路 A	7500	—
	道路 B	4500	—
	道路 C	2700	—
水系	水系 A	32 000	—
	水系 B	3900	—
	水系 C	40 000	—

续表 5-6

序号	名称	投资（万元）	备注
公园	公园 A	55 000	—
	公园 B	26 200	—
污水治理	污水治理项目 A	210 000	—
	污水治理项目 B	9000	—
排水防涝	新建立交泵站	310	—
	改建排涝泵站	3800	—
建筑小区	建筑 A	8000	—
	建筑 B	6000	—

2. 方案二

重点考虑在同一汇水区域（排水分区），将有联系的道路、绿地、水系整治、防涝项目进行了整合，整合后项目设置更合理，实施过程更简便，实施效果更好，展示效果更具有综合性，更易于考核，打包汇总见表 5-7。

（1）从源头到末端的一个流域内的海绵城市建设示范工程。

（2）从项目库中筛选近期项目较为集中、实施时间较紧迫的汇水区作为选择。

（3）从绿轴（敬洋公园）—周边配套路网（有容路、谢公路、集贤路、双塔路）—道岔河综合整治—别士桥排涝泵站—宛溪河景观带。

（4）体现了一个排水分区内海绵城市从源头调蓄、中途转输、末端控制的全过程。

（5）选择道汊河雨水片区内的所有海绵项目作为打包方案。

表 5-7　方案二打包汇总一览表

序号	名称	投资（万元）	备注
1	道路 A	2700	道路类
2	道路 B	7500	道路类
3	道路 C	4500	道路类
4	道路 D	4000	道路类

续表 5-7

序号	名称	投资（万元）	备注
5	道路 E	300	道路类
6	水系 A	3900	水系
7	水系 B	40 000	水系
8	公园 A	55 000	—
9	公园 B	26 200	—
10	污水治理项目 A	210 000	污水治理
11	污水治理项目 B	9000	污水治理
12	新建立交泵站	3800	排水防涝
13	改建排涝泵站	360	排水防涝
14	扩建排涝泵站	280	排水防涝
15	建筑 A	8000	建筑小区
16	建筑 B	950	建筑小区

3. 方案三

考虑到宣城示范区的整体海绵城市规划项目库是预计 3 年内实施、建成并通过考核，符合选择要求，因此，将整个示范区作为海绵城市项目包的筛选基础。

（1）采取"总承包模式"，将示范区内海绵城市建设项目统一打包。

（2）省厅支持项目类型中黑臭水体整治及水环境和海绵城市有重叠，建议黑臭水体整治项目若参与项目打包，可选取示范区外的项目。

（3）市政道路和桥梁单个项目独立于海绵城市项目包，故应剔除纯市政道路项目。

（4）从项目库中剔除已开工项目、完全社会资本项目、纯市政道路项目，将剩下的项目统一打包，由项目公司负责整个项目的施工图设计、投资、建设、运营维护和移交的全过程，实行合同管理和绩效考评。

（5）选择将示范区内筛选后的所有海绵项目作为统一打包的方案。

总结：上述 PPP 项目打包方案在项目的特点和出发点上各具优势和考量，后续将通过财政承受能力论证对项目打包方案的划定进行最终确认。

第三节　财政可承受能力

通常，一个 PPP 项目上马之前需要进行财政可承受能力评价。故对于项目集合，也有必要进行类似的评价。若超过财政可承受能力，则需对之前确定的项目规模进行再次调整，直至符合。

根据《政府和社会资本合作项目财政承受能力论证指引》（财金〔2015〕21号），科学评估项目实施对当前及今后年度财政支出的影响，为 PPP 项目财政管理提供依据，以文件第二十一条"每一年度全部 PPP 项目需要从预算中安排的支出责任，占一般公共预算支出比例应当不超过 10%"作为能力评估依据，对政府的财政可承受能力进行评估测算。

一、财政责任识别

本项目特许经营期内的财政支出责任，主要包括股权投资、股权回报、运营补贴、风险承担和配套投入等。

（1）股权投资。城投平台代表政府进行股权投资，在初始投资后，后期如果有增资须按比例投入资金。

（2）股权回报。特许经营期满后，社会投资人向城投平台转让全部股权，年股权收益率设定相应比例。

（3）运营补贴。财政需安排相关资金对项目进行运营补贴。

（4）风险承担支出。包括违约或提前终止等突发情况，政府方按合同条款约定支付违约金或补偿金。

（5）配套投入。社会投资人承担项目前期费用，如有超出将由政府方承担。

二、财政情况预测分析

据宣城市财政局提供的资料显示，地方政府未来长期财政收入和支出受多种因素影响。考虑与目前增长水平的衔接，以及随着各年基数不断扩大，增长率有逐步走低的趋势，为对 PPP 项目财政承受能力进行论证，PPP 方案暂按以下增长率方案预测未来宣城市财政一般预算支出。同时，根据《政府和社会资本合作项目财政承受能力论证指引》（财金〔2015〕21号），在进行财政支出能力评估时，要求"每一年度全部 PPP 项目需要从预算中安排的支出责任，占一般公共预算支出比例应当不超过 10%"。因此本报告仅对宣城市一般公共预算支出进行预测：2015—2020 年期间，增长率暂按 6% 预计；2021—2030 年，4%；2031—2045 年，3%。

三、政府财政承受能力评估

鉴于本项目涉及多个子项目且投资额巨大，采用"政府补贴支出费用占一般预算支出比例"作为参考指标，汇总计算结果。三种打包方案的财政承受能力分析见表 5-8 至表 5-10。

表 5-8　PPP 项目打包方案一财政承受能力分析

项目名称	测算结果
项目总投资	229 910 万元
项目数量	14 个
项目建设期（3 年）政府支出责任	9196 万元
项目建设期政府支出责任（平均值）	3065 万元 / 年
项目运营期（20 年）政府支出责任	522 484 万元
项目运营期政府支出责任（平均值）	26 124 万元 / 年
占一般公共预算支出百分比（最大值）	4.87 %
占一般公共预算支出百分比（最小值）	2.50%
占一般公共预算支出百分比（平均值）	3.08%

表 5-9　PPP 项目打包方案二财政承受能力分析

项目名称	测算结果
项目总投资	171 290 万元
项目数量	15 个
项目建设期（3 年）政府支出责任	6852 万元
项目建设期政府支出责任（平均值）	2284 万元 / 年
项目运营期（20 年）政府支出责任	389 031 万元
项目运营期政府支出责任（平均值）	19 452 万元 / 年
占一般公共预算支出百分比（最大值）	3.63%
占一般公共预算支出百分比（最小值）	1.86%
占一般公共预算支出百分比（平均值）	2.30%

表5-10 PPP项目打包方案三财政承受能力分析

项目名称	测算结果
项目总投资	340 560万元
项目数量	30个
项目建设期（3年）政府支出责任	13 625万元
项目建设期政府支出责任（平均值）	4542万元/年
项目运营期（20年）政府支出责任	822 459万元
项目运营期政府支出责任（平均值）	41 123万元/年
占一般公共预算支出百分比（最大值）	7.68%
占一般公共预算支出百分比（最小值）	3.93%
占一般公共预算支出百分比（平均值）	4.85%

四、设定边界条件

根据本项目的实施方案，边界条件如下：

（1）项目的特许经营期限：共计23年，其中建设期3年，维护期20年。

（2）项目公司资本金及股权比例：项目公司注册资金为项目总投资的20%，中选社会投资人与政府授权出资人出资比例分别为80%、20%，双方均以货币出资。

（3）融资责任及项目收益水平：社会投资人负责本项目除项目注册资本外所有的资金筹措；项目投资财务内部收益率（税后）按不高于7%进行测算。

（4）建设期利息：以现行商业银行五年期贷款利率为标准，根据工程实际进度，按流动资金即社会投资人到账资金计算。

（5）项目回报机制：无使用者付费，采用政府付费的支付方式（市财政以财政补贴方式进行支付）。

（6）项目前期工作：本项目由政府方完成如下前期工作，包括项目立项、环评报告及批复、项目可行性研究报告及批复、项目初步设计及审批、施工图设计、土地报批、征地拆迁等各相关工作，由政府方在特许经营合同签署后向项目公司交接。

（7）项目前期工作费用的承担：项目立项、环评报告及批复、项目可行性研究报告及批复、项目初步设计、施工图设计、项目土地报批、征地拆迁费用等各前期相关工作费用由项目公司承担。

（8）项目建设管理：项目工程建设管理由政府指定的部门与项目公司签订合同进行委托代建，勘察、设计、监理、施工等环节由代建单位负责管理。

（9）工程建设范围：根据项目建议书、可行性研究报告、初步设计方案等内容确定，由项目公司负责投资建设。

（10）运营维护范围：根据项目建议书、可行性研究报告、初步设计方案等内容确定，由项目公司负责运营维护及管理。

（11）项目进入运营期后，政府方将按照PPP项目合同的约定支付相关补贴费用，具体的支付安排以社会投资人投标相关竞价金额和PPP项目合同约定为准。

（12）经营期届满资产移交：项目资产到期按协议约定标准无偿移交政府指定机构。

（13）经营成本：设定为项目公司承担维护范围的工程造价总额的6%。经营成本按年度考核支付。

注：测算均基于项目为非使用者付费项目，回报机制为财政可行性缺口补助。但在实际操作过程当中，污水处理厂项目的回报及付费机制为使用者付费结合财政可行性缺口补助，基于此，财政支出责任将略有下降。

五、结论

三个PPP项目打包方案，总投资分别约为23亿元、17亿元和34亿元。财政支出责任占一般预算支出的最大值均出现在运营期，并呈现逐年递减趋势。三个方案特许经营期内占一般公共预算支出百分比最大值分别为4.87%、3.63%、7.68%。

在财政承受能力方面，根据（财金〔2015〕21号）文中"每一年度全部PPP项目需要从预算中安排的支出责任，占一般公共预算支出比例应当不超过10%"，因此，三个PPP项目打包方案均属于财政支出责任压力在可接受范围。

在行业和领域均衡性方面，相较于方案一和方案三，方案二前期政府付费占宣城市就PPP项目的财政支出比例较为合适，为其他PPP项目预留了空间，且不会过重增加项目初期的本地财政负担。因此，PPP项目打包方案二更有利于宣城市各类PPP项目均衡性。

基于以上分析，宣城海绵城市PPP方案建议采用PPP项目打包方案二作为实施对象。

第四节 物有所值评价

与项目集合的财政可承受能力评价相类似，项目集合在实施 PPP 方案之前也有必要进行物有所值评价的评价。但值得注意的是，PPP 项目集合的物有所值评价并不等于集合内各项目的物有所值评价的累加，还应该进一步体现项目整合后的协同优势，具体包括以下几个方面。

一、促进政府职能转变

PPP 模式可以促进政府职能转变，提高政府治理国家的能力。政府从繁多的事务中脱身出来，从过去的基础设施建设公共服务提供者转变为一个监管者，减少对微观事务的干预，增加在规划、监管方面的精力投入，保证公共服务质量，提高公共服务效率。通过 PPP 模式吸引社会资金投入建设，使政府获得更多的资金来源，可用于其他基础设施及公共服务领域。

二、增加供给，节约成本

根据国发〔2014〕43 号文和财预〔2014〕351 号文，PPP 项目所形成债务不计入政府债务（但相应政府支付义务要纳入预算），PPP 因此成为地方政府未来除举债融资外解决"公用事业"资金问题的关键方式。本项目采取 PPP 模式是解决政府投资项目资金筹集的有效路径，主要表现为：增加基础设施领域供给，合理配置资源；节约全生命周期费用。

三、优化风险配置

采用 PPP 模式，政府和社会资本按照最优化原则分担风险，政府科学合理地向社会资本转移风险，在一定程度上更合理地分配了风险。

（1）融资风险：在 PPP 模式下，由于政府方提供一部分资本金，降低了项目公司筹措资金的风险；政府公共部门的参与，降低了政府公共部门回收特许经营权的风险，提高了项目整体风险承担能力。

（2）设计和建设管理风险：在传统模式下，社会资本独自承担建设管理风险，不利于发挥社会资本进行项目建设的积极性，由于社会资本考虑到这一风险可能带来的损失，往往不会做出合理的报价。而在 PPP 模式下，双方共同设立项目公司，风险共担，这也有利于发挥各方降低风险的积极性。

（3）政治风险：在传统模式下，公共部门自身违约或变更政策、延误审批等事项带来的政府信用风险和审批延误风险由社会资本承担，其余风险全部由公共部门承担。双方对彼此承担的风险缺乏关注和理解，不利于双方进一步开展合作。而在 PPP 模式下，双方共同成立项目公司，可以实现风险共担，双方协商确定合理风险分配比例，共同发挥应对风险的能力。

（4）法律风险：在传统政府购买模式下，运营阶段的风险是由政府公共部门承担，增加了公共部门的法律风险，不利于双方合作的进一步开展。而在 PPP 模式下，双方共同协商，合理确定法律风险的分配。

（5）自然风险：在传统政府购买模式下，自然风险实质是上在不同阶段分别由政府公共部门和社会资本承担，双方缺乏风险共担机制。社会资本参与公共基础设施建设，为了获取可观利润，往往在项目建设和运营过程中忽略环境保护，从而对环境造成破坏。在 PPP 模式下，由于政府股东的参与介入，政府方起到监管的角色，可以有效控制此类问题，将对环境的影响和破坏降到最低。

四、提高运营效率

PPP 模式引进了专业的建设公司，能够一定程度上提高运营效率。社会投资人在报价时，将预先做好全生命周期内的成本和资金规划，提高成本的可预测性和透明度，降低项目建成后缺少运营维护资金的风险。而政府方在设定《合作协议》和《特许经营协议》时，将充分考虑项目建设的标准和运营效果，以绩效评价方式支付补贴，激励社会资本提高运营效率，具体表现为：

（1）PPP 模式正是因为社会资本的流入而使政府的资金压力得到缓解。

（2）由于 PPP 往往同时肩负建设和运营，因此政府选择 PPP 模式只需承担运营的激励成本即可。

（3）在 PPP 模式中，价格规制体系是核心内容。对政府来说，适当的规制能够保护合作关系运作的效率；对社会资本来说，规制能够提供条款保护，以保证其合法权益。

（4）PPP 模式促进创新和公平竞争。政府对社会资本提供的服务进行质量、数量和及时性等方面的绩效监测和管理，按绩效向社会资本付费，并且罚劣奖优。PPP 模式打破地区封锁和行业垄断，完善了竞争机制，放开了自然垄断行业竞争型业务，这有利于市政公共服务提供者进行管理、改进以促进节约成本，从而促进了行业的创新。

第五节　PPP 方案的操作手法

根据《财政部关于推广运用政府和社会资本合作模式有关问题的通知》（财金〔2014〕76 号）、《政府和社会资本合作项目政府采购管理办法》（财库〔2014〕215 号）、《关于开展政府和社会资本合作的指导意见》（发改投资〔2014〕2724 号）等文件精神，为保障海绵城市创建工作的资金投入，应创建区域将形成以地方政府和社会投入为主的多元化投融资机制。因此，有必要分类梳理项目类别，按类别采取不同的模式解决资金问题，针对用地红线内附属性质项目、经营性公共项目、非经营性公共项目等不同的项目类别，采用包括 BOT、TOT、DBFO 等在内的多元化、有针对性的投融资解决方案。

一、用地红线内的附属性项目

对于这类项目，建议由建设主体出资，政府按绩效给予补贴或奖励。

根据现有的宣城市城市规划和土地出让情况，对于海绵城市建设范围内由房地产开发商和社会单位自建的项目，由于这些项目全部以企业为主进行投资建设，为激励企业主动投入海绵城市建设，与主体工程同步建设下凹式绿地、透水铺装、生态滤沟、雨水花园、雨水收集回用设施等雨水综合利用措施，根据《海绵城市规划建设项目管理办法》中提出的具体要求，通过将控制指标纳入规划设计条件，强制地块开发建设主体建设雨水设施，建成后由项目主体移交专业公司或自主进行运营管理，逐渐形成长效机制。运营中，将按年度对项目的雨水径流控制效果进行考核，根据考核结果分级予以补贴、奖励或污水处理费减免（图5-6）。

图 5-6　建筑红线内项目运营管理模式

二、经营性的公共项目

污水厂是经营性公共项目的典型代表。对于这类项目，建议采用特许经营方式，以 BOT、BOO（建设—拥有—经营）、TOT（移交—经营—移交）、ROT 等模式为主进行融资。

第六节　PPP 项目落地与资金来源

一、项目落地

从政府管理部门的角度，将复杂的 PPP 结构设计进行抽丝剥茧，梳理简化成股比、资本金、经营年限、担保、移交、回报 6 个边界条件。

1. 股比

首先需要考虑的问题是各方的股比。股比的安排除了体现对项目的控制权，其背后也反映了企业经营的战略。

（1）如果国有投资人希望做大自己的资产规模或者出于其他特定目的，则会要求超过 50% 的股权，以实现并表的目的，并主导经营管理（杭州地铁 PPP 项目）；

（2）如果国有投资人没有做大规模的要求，而是希望撬动和引入更多的社会资本，则会考虑降低持股比例，只要求持有"黄金股"，能够对董事会重大事项有否决权，而不过多的干预项目经营（京港地铁 PPP 项目中京投持股 2%）。

从目前看到的情况来讲，地方政府普遍希望采取后一种模式。但值得注意的是，政府不能既持有很少比例股份又希望加大对企业控制。因为，这样一方面会吓退社会投资人，另外一方面根据会计准则，一旦拥有了对企业的实际控制权（无论股权结构如何），则必须进行并表。

2. 资本金

资本金是一个值得关注的问题。一般对项目投资而言，资本金的下限已经被工程可行性研究报告锁定了。

上调资本金比例意味着：社会投资人实际投入资金加大，社会投资人的沉没成本更高，项目财务表现更加健壮，相对也更容易争取到一些政策性的金融支持（如专项债券等）。但由于社会投资人所投入的资本金在项目生命周期内无法流转，社会投资人需要募集更多的资金去做其他项目，必然遏制投资人参与的积极性。

下调资本金则意味着：加大杠杆率，社会投资人能够用更小的投入撬动更大的盘子，但是项目的风险也会加大，但对社会投资人的吸引力较大。下调资本金的途径只有两种：一种是按照国家规定申请（例如 2015 年底，国务院允许对于部分大型基础设施项目适当降低资本金比例）；另一种则是在当前的实际操作中，被广泛采用的大杠杆率模式：自有资本金 + 基金放大。后一模式的具体操作方式有如下两种：

（1）社会投资人和某基金组成联合体，共同投标。其中，社会投资人投入 10% 的资本金，某基金投入 90% 的资本金。这一模式下，只需要招标时设置条款同意联合体投标即可。

（2）社会投资人和某金融机构发起成立一家基金管理公司，然后再进行募资。这样可以实现十倍甚至数十倍的杠杆率。如果计划接受这一模式，则在拟定招标时，最好须提前设定"同时允许由某社会资本自行或其子公司所发起设立的基金参与组建 SPV 公司，并负责具体实施"的条款，否则将会涉嫌违背《招标法》中禁止转让项目中标方的要求。

有些地方在资本金不足的情况下，也承诺将中央奖励不用于补贴项目运营，而用作资本金入股（如沈阳综合管廊 PPP 项目）。

3. 经营年限

经营年限是个对项目融资很重要的问题。一般而言，政府希望尽量延长经营期，企业希望尽量缩短经营期。如果企业准备全部以自有资金投入资本金，则对于经营年限对融资不会构成太大的挑战（如港铁投北京地铁 4 号线）；但是如果计划采用自由资本金＋基金放大的模式，则过长的经营期将会给募资带来很大的困难。这是因为，PPP 项目收益率不高，经营期限长，所以基本无法从社会进行募资，只能从商业机构进行募资。而国内的商业机构普遍比较保守，一般四大行只能给出 10 年左右的期限，国开行略长，约 15 年。超过 20 年的存续期，目前市场上比较难以找到这样的资金。如果业主坚持要求做 25 年甚至是 30 年的经营期，则社会投资人需要自行承担基金接续的风险。当然，采用某些技术手段（比如邀请某资产管理公司来兜底）可以对冲这一风险，但是成本也会相应地提高。

需要特别关注的一个问题是目前正在征求意见中的 PPP 法，要求"一般不少于25 年"。一旦确定并出台，将对现有的融资模式构成重大的挑战。

4. 担保

很多社会资本，尤其是通过基金加杠杆之后的社会资本，会要求参股的国有资本承担 SPV 公司债务融资的担保。这一点在实际操作中是需要关注的。根据会计准则"实质大于形式"的规定，如果国有资本为 PPP 项目提供了全部的担保，则项目必须并表。

但是由于在实际的项目融资过程中，没有担保要获得银行的债务融资是比较困难的，尤其是对于那些没有经营性收入的项目（如票款，无法用于抵押）。目前，有些地方采用的妥协方式是，国有资本按照在 SPV 公司里的股比提供担保，且最高上限不超过 50%。

另外，有些基金需要政府担保一定的收益，并保证其退出的渠道（对于基金而言，进之前需要先设定退出路径）。这种类型的担保会导致项目偏离对 PPP 的认定标准，从而被财政部划定为明股实债。

5. 移交

一般而言，目前大部分的 PPP 项目都是采用的无偿移交。但是对于某些地市，如果补贴收入过高，则有可能突破预算 10% 的上限。有些地方会尝试允许在运营期结束后，以有偿的方式进行移交。这一条款也可以被讨论，用于增加项目吸引力。

6. 回报

当前，国内大部分 PPP 项目对于 IRR 的收益大部分在 4.9%（当前五年期中长期贷款利率）再增加 2% ~ 3%。对于企业而言，这一收益或低于其名义融资成本。但实际上，对于企业而言，利润还可以来自于以下渠道：新合同刺激该公司的股票产生了溢价，企业内部利润（尤其是施工利润）的让渡等。

由于资金有时间价值，故前述所提到的优先分红权可以用于调整项目汇报。但如果涉及社会资本和国有资本的合资，该条款还需要得到国资体系的提前批准，否则在实际操作过程中会涉嫌侵蚀国有资产利益。

二、项目资金来源

项目资金来源包括政府直接投资、开发企业自建和企业自投、社会资本投入。

1. 中央财政专项资金

根据《开展中央财政支持海绵城市建设试点工作的通知》（财建〔2014〕838号），中央财政对海绵城市建设试点给予专项资金补助，历时三年，具体补助数额按城市规模分档确定，直辖市每年 6 亿元，省会城市每年 5 亿元，其他城市每年 4 亿元。对采用 PPP 模式达到一定比例的，将按上述补助基数奖励 10%。宣城市为安徽省地级市，中央财政支持海绵城市建设试点专项资金补助每年 4 亿元，三年总计 12 亿元。

专项建设基金创设于 2015 年 8 月，旨在解决重大项目资本金不足的问题。专项建设债券的操作方式为：国开行、农发行向邮储银行定向发行专项建设债券，国开行、农发行利用专项建设债券筹集资金，建立专项建设基金，国开基金或者农发基金采用股权方式投入项目公司。第五批专项建设债券定向发行对象已扩大至工行、农行、中行、建行及全国性股份制银行等金融机构。中央财政则按照专项建设债券利率的 90% 给予贴息。因此，专项建设基金作为资本金投入项目公司所要求的投资回报率很低，仅为 1.2%。换言之，项目公司以 1.2% 的成本获取项目资本金，远低于市场平均融资成本。同时，专项建设基金入股时间长达 10 ~ 20 年，因而专项建设基金备受地方政府青睐。

目前，各地正在组织申报第六批专项建设基金。第六批专项建设基金的规模为 6000 亿元，相比第五批增加 2000 亿元。去年发改委共投放四批计 8000 亿元的专项建设基金。值得注意的是，第六批专项建设基金项目投向要求和第五批有所不同：专项建设基金五大领域分类并无变化，但 29 个专项增加至 34 个。具体而言，第六批在第五批基础上减少了体育设施建设、电动汽车充电基础设施、园区循环化改造三项。增加的专项有 8 个，分别是城市地下综合管廊、集成电路、国家级新区基础设施建设等八项。

国家发改委《关于做好 2016 年第二批专项建设基金项目申报工作的通知》（下称通知）称，发改委按照加强供给侧管理与改革的精神，对专项建设基金投向范围进行了优化调整，并已报经国务院同意。通知要求，第六批专项建设基金主要安排 2016 年三季度前可以新开工建设、能够产生新拉动的项目，以及 2014 年以来开工、主要在 2016 年形成工作量的项目。此外，优先考虑项目收益适中，回报率为 3% ~ 5%，回收周期为 10 ~ 20 年的项目。整装的大项目和 PPP 项目也优先考虑。文件要求各地发展改革部门和有关中央企业于 2016 年 4 月 15 日前将第六批申报项目上报国家发改委。

2. 地方政府财政配套资金

根据宣城市地方公共财政能力，地方政府直接投资主要对于试点区域内的老旧小区改造、水系整治、市政公用基础设施等纯公益类项目。根据宣城市 2013—2015 年公共财政收支情况，可以看出宣城市可支配收入逐年上升，且略有盈余。

3. 土地出让金

由于海绵城市的实施，周围土地价值将大幅提升，陆续将有成熟的土地可以在土地交易市场上出让。目前，城内土地约每亩 100 多万元，区域内现有储备土地较多。按保守估计，均价每亩可以 150 万元计算，所得收入按照国土资源部关于土地开发的管理规定，应优先用于偿还项目前期的土地开发费用。

4. 银行借贷

金融是现代经济的核心，是提升地市核心竞争力，推动城市产业升级和创新的重要保障。宣城市金融业经过多年的建设，初步形成了比较完备且充满活力的金融体系。除了传统的银行和保险机构，宣城市有活跃的民间金融服务体系，同时有着与国家政策性银行如国家开发银行，进出口银行等良好的合作基础。

这其中，国开行和农发行的资金由于成本较低，应该积极进行争取，以降低整体的融资成本。目前，宣城市政府与多家金融机构签订了支持城镇建设、改善生态环境的战略合作协议。

5. 地方政府债券

我国于 2014 年 5 月，由财政部印发《2014 地方政府债券自发自还试点办法》，开创了地方政府债券新纪元。主要体现在：第一，这是首次凭地方政府信誉直接由政府自主发行自主偿还的债券，债券偿还资金要纳入财政预算。第二，首次要求地方政府债券要进行信用评级，公开披露发行主体的经济、财政状况，以及债务数据，信息透明度较以前有所提高。第三，对发债利率、资金用途做出了严格限制，资金主要用于保障性住房、公路建设等公益性项目。并将债券期限相应延长，可发行 5 年、7 年、10 年债券。

宣城市海绵城市建设资金可以专项地方债券的形式经人大批准后发行，债券融资用于海绵城市建设项目的实施。

6. 影子银行

银子银行是近年来快速发展的体系，主要是指传统银行体系外的金融服务主体，包括信托、基金等。事实上，这些银行以外的金融实体在过去几年，也为基础设施建设提供了大量的资金来源。但是对于 PPP 项目而言，由于周期较长且动辄涉及上亿元甚至数十亿元，所以无论是基金还是信托都不可能从市场上向中小型客户进行募资，其使用的主要来源是银行体系的资金。考虑到目前国内五年期以上中长期贷款的成本维持在 4.9% 左右，若加上基金管理费用，成本应在每年 6% 左右，信托则略高一些，达到 8% ~ 10%。虽然成本略高，但是有助于社会投资人降低自有资金在项目资本金中的比例，提高自有资金的周转效率。故如果该部分资金用好了，对 PPP 的实施也有裨益。

但是，由于这类资金来自银行体系，故在国内当前的金融环境下很难做到超过 10 年，部分来自保险体系的资金可以达到 15 年左右。与国际成熟资本市场的金融机构相比，国内金融机构属于风险相对厌恶型，因此容易向地方政府提出担保要求。而且，由于资金需要提前设计好明确的退出渠道（例如私募基金），因此也容易向地方政府提出明确的回购要求。这些问题都是在 PPP 项目融资过程中应该注意避免的。因为这种政府兜底的安排，极有可能被判罚为 PPP 融资模式中的违规操作。

1）PPP 基金

国家发展改革委《关于开展政府和社会资本合作的指导意见》（发改投资〔2014〕2724 号）中明确提出："鼓励项目公司或合作伙伴通过成立私募基金、引入战略投资者、发行债券等多种方式拓宽融资渠道"。PPP 项目私募基金得到政策的支持，这与 PPP 项目自身的特点关系密切，PPP 项目的各主体之间的关系复杂，投资规模大、回收时间长，因此 PPP 项目需要较为灵活的融资方式。

2015 年 5 月 19 日，国务院办公厅转发财政部、发展改革委、人民银行《关于在公共服务领域推广政府和社会资本合作模式指导意见》的通知（国办发〔2015〕42 号），特别指出中央财政出资引导设立中国政府和社会资本合作融资支持基金，作为社会资本方参与项目，提高项目融资的可获得性。鼓励地方政府在承担有限损失的前提下，与具有投资管理经验的金融机构共同发起设立基金，并通过引入结构化设计，吸引更多社会资本参与。通过设立 PPP 基金，运用规模化及专业化的运营方式降低融资成本，可以避免传统融资方式的瓶颈。

（1）PPP 基金的投资方式包括：

① 直接投资 PPP 项目：直接投资 PPP 项目主要是轨道交通，市政供水、供气、供暖，污水处理，保障房，医疗设施及养老服务设施等。这些项目都是具有长期稳定需求的项目，并且长期合同关系明确、投资规模需求大、市场化程度高。

② 投资于 PPP 项目的运营公司：投资于 PPP 项目的运营公司主要是通过对公司的股权进行投资，整体投资风险较高，回报率较高。为了分散风险可以一次性投资多个项目。

在各地不断涌现的 PPP 产业投资基金中，根据基金发起人的不同而分成三种模式。

模式一：由金融机构联合地方国企发起成立有限合伙基金，一般由金融机构做 LP 优先级，地方国企或平台公司做 LP 的次级，金融机构指定的股权投资管理人做 GP。这种模式下整个融资结构是以金融机构为主导的。例如：2015 年 2 月兴业基金管理有限公司与厦门市轨道交通集团签署了厦门城市发展产业基金合作框架协议，基金总规模达 100 亿元，将投资于厦门轨道交通工程等项目。该基金采用 PPP 模式，由兴业基金全资子公司兴业财富资产管理有限公司通过设立专项资管计划，与厦门市政府共同出资成立"兴业厦门城市产业发展投资基金"有限合伙企业。兴业财富和厦门轨道交通集团各出资 70% 和 30%，分别担任优先级有限合伙人和劣后级有限合伙人，厦门轨道交通集团按协议定期支付收益给优先级有限合伙人，并负责在基金到期时对优先级合伙人持有的权益进行回购，厦门市政府提供财政贴息保障。

模式二：有建设运营能力的实业资本发起成立产业投资基金，该实业资本一般都具有建设运营的资质和能力，在与政府达成框架协议后，通过联合银行等金融机构成立有限合伙基金，对接项目。例如：某建设开发公司与某银行系基金公司合资成立产业基金管理公司担任 GP，某银行系基金公司作为 LP 优先 A，地方政府指定的国企为 LP 优先 B，该建设开发公司还可以担任 LP 劣后级，成立有限合伙形式的产业投资基金，以股权的形式投资项目公司。项目公司与业主方（政府）签订相应的财政补贴协议，对项目的回报模式进行约定，业主方根据协议约定支付相关款项并提供担保措施。这类有运营能力的社会资本发起成立产业投资基金，可以通过加杠杆的形式提高 ROE。全球范围看建筑业的毛利率是 3%，净利率是 1% ~ 2%，而且对投入资本要求很高，通过成立产业投资基金参与基建项目，若企业出资 10%，可以放大 9 倍杠杆，除去付给优先级 LP 的成本后，放大杠杆的过程就会有很大一块利润，再加上建筑总包的利润，也能实现在营业收入一定的情况下提高净资产收益率。

模式三：由省级政府层面出资成立引导基金，再以此吸引金融机构资金，合作成立产业基金母基金。各地申报的项目，经过金融机构审核后，由地方财政做劣后级，母基金做优先级，杠杆比例大多为 1 : 4。地方政府做劣后，承担主要风险，项目需要通过省政府审核。这种模式一般政府对金融机构还是有隐性的担保，其在河南、山东等地运用比较广泛。例如：2014 年 12 月，河南省政府与建设银行、交通银行、浦发银行签署"河南省新型产业投资基金"战略合作协议，总规模将达到 3000 亿元，具体可细分为"建信豫资城镇化建设发展基金""交银豫资产业投资基金"和"浦银豫资城市运营发展基金"。

（2）产业投资基金参与 PPP 的还款来源主要有以下几种：

① 准经营性项目：使用者付费不足以使社会资本获得合理的回报，政府会通过可行性缺口补助给予补贴收入，如在污水处理、垃圾处理等项目中，政府通过补贴的方

式来保障参与项目的社会资本达到合理的收益。

② 经营性项目：经营性项目的收入完全来源于项目运营，主要依赖项目本身的运营管理，在保证特许经营协议约定质量基础上，通过提升效率、节约成本来获取盈利，主要由商品或者服务的使用者付费，供电、供水等一般属于此类项目。

③ 公益性项目：市政道路、排水管网、生态环境治理等项目没有收入或者只有很少收入，社会资本的收入主要来源于政府的资产服务购买收入，如需要政府支付服务费用或购买资产。

（3）PPP 模式下产业投资基金的退出方式主要有以下几种途径：

① 资产证券化退出是指产业投资基金的资金投入到 PPP 项目公司后，在项目运营成熟后，通过将项目公司资产注入上市公司、发行资产证券化产品或海外发行房地产投资信托基金（REITs）等资产证券化方式，获得投资收益，实现投资的退出。

② 股权回购或转让退出是指产业投资基金的资金投入到 PPP 项目公司后，在项目投资公司完成项目任务（或阶段性投资任务后）后，由政府、开发运营公司进行股权回购；或将股权转让给政府、开发运营公司或其他投资者。

③ 项目清算退出是指产业投资基金的资金投入到 PPP 项目公司后，在项目投资公司完成项目任务（或阶段性投资任务）后，通过项目投资公司清算（或注册资本减少）的方式，返还产业投资基金应当获取的股权收益，实现投资的退出。

2）信托

在国家政策导向作用下，越来越多的基础建设项目未来或将通过 PPP 模式突围，而信托公司在其中扮演的角色，也将根据自身及股东资源情况加强介入，逐步从 PPP 通道进一步升级为主动管理。目前，信托公司多作为财务投资人介入，入股项目公司的资金通过向机构投资者发行集合资金信托计划募集，由于 PPP 项目期限较长，往往超出机构投资人的投资期，需要通过拆资金后形成期限错配解决，而形成的流动性敞口由信托公司自主管理，其余开发建设资金通过项目公司向国开行、商业银行申请贷款获得。

信托公司参与省 PPP 项目投资基金已有先例。中航信托、交银信托与川投集团合资成立川投航信基金公司，管理四川省 PPP 项目投资基金。紫金信托与江苏信托则以基金管理人的身份参与 PPP 项目，参与江苏省 PPP 融资支持基金，作为信托公司事务管理型业务获取管理收入。2016 年初，山西省财政厅与兴业银行、兴业信托、北京首创集团共同发起设立"山西省改善城市人居环境 PPP 投资引导基金"，该基金由省级母基金和市县级子基金构成，母基金先期规模为 16.1 亿元，子基金 128 亿元。母基金将由兴业信托通过设立信托计划出资 12 亿元，持有 74.53% 的份额。该信托计划的出资方或为兴业银行。除了持有母基金份额外，兴业信托还与晋中投资集团、首创资本共同签订了《晋中市改善城市人居环境 PPP 投资基金意向书》，拟共同探讨发起设立晋中市改善城市人居环境 PPP 投资基金，一期规模为 16 亿元人民币，由首创资本作为基金管理人并负责其管理运作。

但大多数信托公司对 PPP 业务仍在探索推进中。参与 PPP 项目也极其考验公司募集低成本资金的能力，需要信托公司同银行、保险等金融机构加强同业合作。

7. 专项基金和奖励资金

目前，各地纷纷设立了各种类型的专项基金或引导基金。宣城市的海绵城市项目要积极争取并用好这些资金。

此外，中央财政奖励资金也可以作为项目资金的重要来源。中央财政资金对于建设海绵城市的支持："直辖市每年 6 亿元，省会城市每年 5 亿元，其他城市每年 4 亿元。"同时，对采取 PPP 模式建设海绵城市还提出了鼓励措施："对采用 PPP 模式达到一定比例的，将按上述补助基数奖励 10%。"

2015 年底，财政部发布《关于实施政府和社会资本合作项目以奖代补政策的通知》（以下简称《通知》），明确自 2016 年起，中央财政将通过以奖代补方式支持政府和社会资本合作（PPP）项目规范运作，保障 PPP 项目实施质量。财政部在 2016 年财政年度开始之前推出《通知》，其主要原因是希望用财政补贴，一方面撬动市场与社会合作方的激情，另一方面给地方政府执行政策的"定心丸"。因为，从过去一年的实际情况来看，PPP 政策的执行存在一个怪相，不仅"政府热心、市场冷淡"，而且在各级政府、各地政府中，也普遍存在质疑声。此项补贴由普惠金融发展专项资金支持，这属于中央对地方政府的专项转移支付范畴，这是给地方政府和市场一个强烈政策性信号，鼓励各方继续努力推进，"促进示范项目规范运作，鼓励地方融资平台公司加大存量项目转型力度"。

"以奖代补"政策执行有三个关键环节：

首先，要对项目进行清晰的甄别，判断其是否符合政策要求，是否符合 PPP 概念范畴，是否适用于补贴政策；

其次，要监控项目的实施情况，作为评判资金使用效果的重要指标；

第三，各级财政部门以及财政部专员办必须具备相应的甄别、评价与监管能力。

因此，该政策能否执行得好，依赖于以上三个关键点，并且财政部拿出专项转移支付资金支持 PPP 发展，本身的绩效问题就值得关注。"以奖代补"的时间截点，就在立项之后，但是资金统筹使用涵盖项目全生命周期。PPP 项目通常都是长期项目，资金一旦拨付，如何确保拨给项目的补助资金能够被有效使用？一旦遇到项目中途出现问题，补贴项目的资金又该如何处理？这些需要制定更详细的管理制度加以完善。

附录 海绵城市相关政策文件

1. 住房和城乡建设部关于印发城市排水（雨水）防涝综合规划编制大纲的通知（建城〔2013〕98号）。

2. 住房和城乡建设部关于印发海绵城市建设技术指南——低影响开发雨水系统构建（试行）的通知（建城函〔2014〕275号）。

3. 国务院办公厅关于做好城市排水防涝设施建设工作的通知（国办发〔2013〕23号）。

4. 关于开展中央财政支持海绵城市建设试点工作的通知（财建〔2014〕838号）。

5. 关于组织申报2015年海绵城市建设试点城市的通知（财办建〔2015〕4号）。

6. 关于组织申报2016年海绵城市建设试点城市的通知（财办建〔2016〕25号）。

7. 住房和城乡建设部办公厅关于印发海绵城市建设绩效评价与考核办法（试行）的通知（建办城函〔2015〕635号）。

8. 2015年海绵城市建设试点名单。

9. 国务院办公厅关于推进海绵城市建设的指导意见（国办发〔2015〕75号）。

10. 环境保护部《2014年中国环境状况公报》。

11. 中共中央国务院关于进一步加强城市规划建设管理工作的若干意见（中发〔2016〕6号）。

12. 关于开展2016年中央财政支持海绵城市建设试点工作的通知（财办建〔2016〕25号）。

13. 住房和城乡建设部关于印发海绵城市专项规划编制暂行规定的通知（建规〔2016〕50号）。

14. 住房和城乡建设部办公厅关于做好海绵城市建设项目信息报送工作的通知（建办城函〔2016〕246号）。

15. 安徽省人民政府办公厅关于加快推进海绵城市建设的通知（皖政办秘〔2015〕228号）。

16. 安徽省住房和城乡建设厅关于开展海绵城市建设的指导意见。

17. 池州市申报2015年海绵城市建设试点申报材料。

18. 池州市海绵城市建设三年计划。

19. 深圳市城市规划设计研究院《对海绵城市专项规划的若干认识》。

20. 安徽省城市基础设施领域PPP工作手册。

21. 住房和城乡建设部、国家开发银行关于推进开发性金融支持海绵城市建设的通知（建城〔2015〕208号）。

22. 住房和城乡建设部、中国农业发展银行关于推进政策性金融支持海绵城市建设的通知（建城〔2015〕240号）。

23. 国务院关于加强地方政府性债务管理的意见（国发〔2014〕43号）。

24. 国务院办公厅关于政府向社会力量购买服务的指导意见（国办发〔2013〕96号）。

25. 财务部关于推广运用政府和社会资本合作模式有关问题的通知（财金〔2014〕76号）。

26. 地方政府性存量债务清理处置办法（征求意见稿）（国务院 43 号）。

27. 国务院关于创新重点领域投融资机制鼓励社会投资的指导意见（国发〔2014〕60 号）。

28. 国务院办公厅转发财政部发展改革委人民银行关于在公共服务领域推广政府和社会资本合作模式指导意见的通知（国办发〔2015〕42 号）。

29. 国务院关于调整和完善固定资产投资项目资本金制度的通知（国发〔2015〕51 号）。

30. 政府和社会资本合作模式操作指南（试行）（财金〔2014〕113 号）。

31. 关于政府和社会资本合作示范项目实施有关问题的通知（财金〔2014〕112 号）。

32. 财政部关于印发《政府和社会资本合作项目政府采购管理办法》的通知（财库〔2014〕215 号）。

33. 财政部关于印发《政府采购竞争性磋商采购方式管理暂行办法》的通知（财库〔2014〕214 号）。

34. 关于印发《政府和社会资本合作项目财政承受能力论证指引》的通知（财金〔2015〕21 号）。

35. 财政部、环保部关于推进水污染防治领域政府和社会资本合作的实施意见（财建〔2015〕90 号）。

36. 国务院办公厅转发财政部、人民银行、银监会关于妥善解决地方政府融资平台公司在建项目后续融资问题意见的通知（国办发〔2015〕40 号）。

37. 财政部关于推广运用政府和社会资本合作模式有关问题的通知（财金〔2014〕76 号）。

38. 财政部关于印发《政府采购竞争性磋商采购方式管理暂行办法》的通知（财库〔2014〕214 号）。

39. 财政部关于印发《中央财政服务业发展专项资金管理办法》的通知（财建〔2015〕256 号）。

40. 财政部关于实施政府和社会资本合作项目以奖代补政策的通知（财金〔2015〕158 号）。

41. 关于印发《PPP 物有所值评价指引（试行）》的通知（财金〔2015〕167 号）。

42. 财政部公布第一批政府和社会资本合作示范项目。

43. 财政部出台关于加强政府采购活动内部控制管理的指导意见（财库〔2016〕99 号）。

44. 《政府和社会资本合作项目财政管理办法》征求意见稿。

45. 上海市人民政府办公厅关于贯彻落实《国务院办公厅关于推进海绵城市建设的指导意见》的实施意见（沪府办〔2015〕111 号）。

46. 河北省人民政府办公厅关于推进海绵城市建设的实施意见（冀政办发〔2015〕48 号）。

47. 江西省人民政府办公厅关于推进海绵城市建设的实施意见（赣府厅发〔2016〕4 号）。

48. 云南省人民政府办公厅关于加快推进海绵城市建设工作的实施意见（云政办发〔2016〕6 号）。

49. 四川省关于推进海绵城市建设的实施意见（川办发〔2016〕6 号）。

50. 山东省人民政府办公厅关于贯彻国发办〔2015〕75 号文件推进海绵城市建设的实施意见（鲁政办发〔2016〕5 号）。

51. 辽宁省人民政府办公厅关于推进海绵城市建设的实施意见（辽政办发〔2016〕10 号）。

52. 重庆市人民政府办公厅关于推进海绵城市建设的实施意见（渝府办发〔2016〕37 号）。

53. 陕西省人民政府办公厅关于推进海绵城市建设的实施意见（陕政办发〔2016〕20 号）。

54. 海南省人民政府办公厅关于推进海绵城市建设的实施意见（琼府办发〔2016〕58 号）

55. 湖南省人民政府关于印发湖南省贯彻落实《水污染防治行动计划》实施方案的通知（湘政办发〔2015〕53 号）。

56. 湖南省人民政府办公厅关于推进海绵城市建设的实施意见（湘政办发〔2016〕20号）。

57. 江苏省人民政府办公厅关于推进海绵城市建设的实施意见（苏政办发〔2015〕139号）。

58. 省政府关于印发江苏省国民经济和社会发展第十三个五年规划纲要的通知（苏政办发〔2016〕35号）。

59. 山西省人民政府办公厅关于推进海绵城市建设管理的实施意见（晋政办发〔2016〕27号）。

60. 西咸新区海绵城市三年行动计划。

参考文献

[1] 车伍，桑斌，刘宇，等.城市雨水控制利用标准体系及问题分析[J].中国给水排水，2016，
32（10）：22-28.

[2] 翟俊.协同共生：从市政的灰色基础设施、生态的绿色基础设施到一体化的景观基础设施[J].
规划师，2012，28（9）：71-74.

[3] 车伍，李俊奇，张雅君.中国的水资源危机及其对策[J].北京建筑工程学院学报，2001,17（3）：
4-7.

[4] 车伍，李俊奇.城市雨水利用技术与管理[M].北京：中国建筑工业出版社，2006.

[5] 车伍，刘红，孟光辉.雨水利用与城市环境[J].北京节能，1999（3）：13-14.

[6] 车伍，吕放放，李俊奇，等.发达国家典型雨洪管理体系及启示[J].中国给水排水，2009，
25（20）：12-17.

[7] 陈卫，孙文全，孙慧.城市雨水资源利用途径及其生态保护[J].中国给水排水，2000,15（6）：
26-27.

[8] 程江，徐启新，杨凯，等.国外城市雨水资源利用管理体系的比较及启示[J].中国给水排水，
2007，23（12）：68-72.

[9] 程江，杨凯，黄民生，等.下凹式绿地对城市降水径流污染的削减效应[J].中国环境科学，
2009，29（6）：611-616.

[10] 丁跃元.德国的雨水利用技术[J].北京水利，2002（6）：38-40.

[11] 董淑秋，韩志刚.基于"生态海绵城市"构建的雨水利用规划研究[J].城市发展研究，
2011，18（12）：37-41.

[12] 丰华丽，王超，李剑超.河流生态与环境用水研究进展[J].河海大学学报，2002，30（3）：
19-23.

[13] 焦飞宇.裁弯取直对河流健康状况的影响研究[D].天津大学，2012：47-50.

[14] 李雅.哈尔滨群力国家城市湿地公园雨洪调蓄能力评价[J].现代园林，2013，10（1）：
43-50.

[15] 刘海龙，李迪华，韩西丽.生态基础设施概念及其研究进展综述[J]. 城市规划，2005，29
（9）：70-75.

[16] 刘海龙，俞孔坚，詹雪梅，等.遵循自然过程的河流防洪规划——以浙江台州永宁江为例[J].
城市环境设计，2008（4）：29-33.

[17] 马正林.由历史上西安城的供水探讨今后解决水源的根本途径[J].陕西师范大学学报，
1981，（4）：70-77.

[18] 潘国庆，车伍，李俊奇，等.中国城市径流污染控制量及其设计降雨量[J].中国给水排水，
2008，24（22）：25-29.

[19] 宋云，俞孔坚.构建城市雨洪管理系统的景观规划途径——以威海市为例[J].北京大学，

2007（8）：64-70.

[20] 王永新．我国古代的淤灌工程 [J]. 治淮，1994，（4）：43-44.

[21] 吴季松．水务知识读本 [M]. 北京：中国水利水电出版社，2003.

[22] 吴庆洲．广州古代的城市水利 [J]. 人民珠江，1990（6）：36-38.

[23] 徐波．谈城市绿地系统规划的基本定位 [J]. 城市规划，2002，26（11）：20-22.

[24] 俞孔坚，李迪华，吉庆萍．景观与城市的生态设计：概念与原理 [J]. 中国园林，2001，17（6）：3-10.

[25] 俞孔坚，李迪华．城市景观之路——与市长们交流 [M]. 北京：中国建筑工业出版社，2003：149-153.

[26] 俞孔坚，刘玉杰，刘东云．河流再生设计——浙江黄岩永宁公园生态设计 [J]. 中国园林，2005，21（5）：1-7.

[27] 俞孔坚，李迪华，韩西丽．论"反规划"[J]. 城市规划，2005，29（9）：64-89.

[28] 俞孔坚，陈晨，牛静．最少干预——绿林中的红飘带，秦始皇汤河滨河公园设计 [J]. 城市环境设计，2007（1）：18-27.

[29] 俞孔坚，乔青，李迪华，等．基于景观安全格局分析的生态用地研究——以北京市东三乡为例 [J]. 应用生态学报，2009，20（8）：1932-1939.

[30] 俞孔坚，张媛，刘云干．生态基础设施先行：武汉五里界生态城设计案例探析 [J]. 规划师，2012，28（10）：26-29.

[31] 俞孔坚."海绵"的哲学 [J]. 景观设计学，2015（2）：4-9.

[32] 俞孔坚．海绵城市的三大关键策略：消纳、减速与适应 [J]. 南方建筑，2015（3）：4-7.

[33] 俞孔坚，李迪华，袁弘，等."海绵城市"理论与实践 [J]. 城市规划，2015，39（6）：26-36.

[34] 张蕾．传统的绿色基础设施之华北黄泛平原古城坑塘景观启示 [J]. 给水排水，2013SL：247-251.

[35] 张元勋．城市雨水资源化技术 [J]. 污染防治技术，2005（1）：28-31.

[36] 中华人民共和国建设部．GB 50014—2006《室外排水设计规范》[S]. 北京：中国计划出版社，2011.

[37] 朱强，俞孔坚，李迪华．景观规划中的生态廊道宽度 [J]. 生态学报，2005，25（9）：2406-2412.

图书在版编目（CIP）数据

海绵城市：从理念到实践 / 卫超主编. —— 南京：
江苏凤凰科学技术出版社，2018.1
（海绵城市设计系列丛书）
ISBN 978-7-5537-8546-2

Ⅰ. ①海… Ⅱ. ①卫… Ⅲ. ①城市建设－研究－安徽
Ⅳ. ①TU984.254

中国版本图书馆CIP数据核字(2017)第186205号

海绵城市设计系列丛书

海绵城市：从理念到实践

主 编	卫 超	
项 目 策 划	凤凰空间 / 翟永梅	
责 任 编 辑	刘屹立　赵　研	
特 约 编 辑	翟永梅	

出 版 发 行	江苏凤凰科学技术出版社
出版社地址	南京市湖南路1号A楼，邮编：210009
出版社网址	http：//www.pspress.cn
总 经 销	天津凤凰空间文化传媒有限公司
总经销网址	http：//www.ifengspace.cn
印 刷	北京博海升彩色印刷有限公司

开 本	710 mm×1 000 mm　1 / 16
印 张	22.75
字 数	436 000
版 次	2018年1月第1版
印 次	2018年1月第1次印刷

标 准 书 号	ISBN 978-7-5537-8546-2
定 价	198.00元

图书如有印装质量问题，可随时向销售部调换（电话：022-87893668）。